应用型本科 电气工程及自动化专业系列教材

智能控制及其 LabVIEW 应用

主　编　徐本连
副主编　施健　蒋冬梅　朱培逸　鲁明丽

西安电子科技大学出版社

内 容 简 介

　　本书面向控制科学与工程、机械工程、计算机科学与工程等学科,主要围绕模糊控制、神经网络和群智能算法这三大主流智能控制方法,以 LabVIEW 为软件开发平台,以实际工程项目为目标,由浅入深地阐述了这些方法的应用实现过程。

　　本书取材新颖,注重实例,具有一定的前瞻性、创新性和引导性,较好地体现了这一领域的最新进展,可作为高等院校和科研院所计算机、自动化、机械、管理等专业的广大师生和科技工作者的参考书。

图书在版编目(CIP)数据

智能控制及其 LabVIEW 应用/徐本连主编.
—西安:西安电子科技大学出版社,2017.12(2022.3 重印)
ISBN 978 - 7 - 5606 - 4754 - 8

Ⅰ. ①智…　Ⅱ. ①徐…　Ⅲ. ①软件工具—程序设计—应用—智能控制—研究
Ⅳ. ①TP273

中国版本图书馆 CIP 数据核字(2017)第 268681 号

策　　划　高　樱
责任编辑　高雯婧　阎　彬
出版发行　西安电子科技大学出版社(西安市太白南路 2 号)
电　　话　(029)88202421　88201467　　邮　编　710071
网　　址　www.xduph.com　　　　电子邮箱　xdupfxb001@163.com
经　　销　新华书店
印刷单位　咸阳华盛印务有限责任公司
版　　次　2017 年 12 月第 1 版　2022 年 3 月第 4 次印刷
开　　本　787 毫米×1092 毫米　1/16　印　张　12.5
字　　数　289 千字
印　　数　2801～3800 册
定　　价　35.00 元
ISBN 978 - 7 - 5606 - 4754 - 8/TP
XDUP 5056001 - 4

应用型本科 电气工程与自动化专业系列
教材编审专家委员名单

前　言

当前，高度复杂、非线性与不确定性系统的控制已经成为控制科学和工程科学发展的前沿方向，实际的复杂工程作为其重要的应用领域也不断地推动着这一学科的发展。以模糊控制、神经网络和群智能算法为代表的智能控制作为一个新兴的学科领域，在理论发展和应用研究中都取得了长足的进展，为解决非线性或难以建模的复杂系统控制问题提供了新的思路与方法，得到了广大研究人员的关注。

目前智能控制相关的方法有很多，在许多学科中都得到了应用，相应的出版物也较多，但体现工程实践及应用开发的新手段、新成果等方面的书籍仍非常缺乏。本书在注重理论知识的同时，直接面向具体工程实例的应用，围绕模糊控制、神经网络和群智能算法三大主要内容展开，阐述这些方法的原理及其实际应用。

本书中的所有数值例子与工程实例均在高度可视化的工程软件 LabVIEW 平台上予以实现。LabVIEW 在工业界应用广泛，界面友好，可视化功能丰富，较好地体现了学习中的可操作性与可观测性，更加符合本书注重工程应用实例开发这一特色。

本书是在国家自然科学基金项目研究成果的基础上，结合作者多年应用型本科课程教学经验撰写而成的。本书将内容与科研成果分结构、分层次地融入到知识体系之中，同时也吸纳了国内外该领域的众多代表性研究成果。本书内容新颖，覆盖面广，深入浅出，注重理论联系实际，紧跟智能控制当前研究的前沿成果，在引入数值例子的基础上，进一步以实际工程项目应用为纽带，力图体现这一领域目前的最新研究进展，并使读者能够快速理解和掌握相关内容。

本书的编写队伍由具有科研与工程经验的一线教师构成。全书由主编徐本连进行统稿并审定。全书共分 4 章：第 1 章从智能控制的发展需求及发展历史的角度出发，对智能控制的基本概念和研究内容进行了阐述，本章主要由徐本连和鲁明丽完成；第 2 章在模糊集合、模糊蕴含、模糊推理等模糊数学的基础之上详细介绍了模糊控制的工作原理和设计方法，本章主要由朱培逸完成；第 3 章介绍了神经网络的基础知识，包括前馈、反馈神经网络的典型结构及其相应学习算法，本章主要由施健完成；第 4 章介绍了目前比较流行的几种群智能算法，包括蚁群算法、粒子群算法和烟花算法，并对其在多目标跟踪中的应用进行了研究，本章主要由徐本连和蒋冬梅完成。

这里要非常感谢硕士生张董、李明月在本书撰写过程中给予的程序开发支持；特别感谢南方科技大学史玉回教授在百忙之中认真审阅书稿，并提出了许多宝贵的建议。同时，也感谢西安电子科技大学出版社在本书出版过程中所付出的努力。

由于作者水平和资料有限，书中不妥之处在所难免，敬请广大读者批评指正。

作　者

2017 年 8 月

目 录

第 1 章　概　　论

1.1　控制科学发展新阶段——智能控制

1.1.1　智能控制的提出

自 1932 年奈奎斯特研究反馈放大器的稳定性以来,控制理论学科已历经 80 多年的发展。20 世纪 30 年代到 50 年代是经典控制理论逐渐走向成熟的阶段,这一时期的控制对象主要为单输入单输出的线性系统,系统模型由传递函数描述,模型分析主要采用根轨迹法与频率法。在解决实际工程和技术的问题中,PID(比例-积分-微分)控制作为经典控制理论发展的主要成果,成功地运用在了诸多工业控制对象之上。20 世纪 60 年代前后,随着现代电子计算机技术的普及以及实际控制对象的变化,现代控制理论逐步形成并得到了重大发展。阿波罗登月、飞行器控制、飞船对接、高精度制导等重大项目都是现代控制理论与计算机应用的经典案例。现代控制理论主要适用于多输入多输出的时变或非线性系统,系统模型由状态方程描述,以极大值原理、动态规划、卡尔曼滤波等现代数学方法为理论基础,模型分析与设计主要采用最优控制、自适应控制、系统辨识等方法。

随着社会的发展以及科技水平的不断提升,研究对象越来越复杂,控制要求也不断提高,传统控制理论的局限性日益显现。一般来说,实际工业过程对象常常表现出高度复杂性、非线性与不确定性等特征,难以建模,或者即使能够建立模型,其结构也相当复杂或存在病态,难于实施有效的控制方案。自适应控制和鲁棒控制等虽然可以在一定程度上补偿或抵御不确定性,但其本质上仍依赖于模型的辨识度,因此在模型未知或严重不确定时,都存在难以弥补的缺陷。

在实际工业中,很多成功的控制策略除了包含传统控制理论的数学模型之外,也都隐含着人的直觉思维推理。传统控制理论模型难以有效地利用对象中包含的定性信息,也无法集成人类的经验知识、技巧以及推理能力,面对复杂系统的控制要求时显得无能为力,这也无疑是其面临的重大挑战。在这一需求与背景下,智能控制的概念应运而生。

智能控制是将人类经验知识、决策推理等与控制理论相结合,模拟人类智能并解决复杂系统控制问题的理论与方法。智能控制最初的研究对象主要为基于知识推理的机器人,而今,智能控制几乎囊括了除传统控制以外的所有领域,也许以后"智能控制"将会跨越"智能"的定义界限,成为真正意义上的"控制"。关于"智能"的定义,历史上的争议已长达几个世纪,而作为一个新兴的学科领域,有关智能控制的定义、理论、结构框架等尚无统一的描述。总体而言,智能控制目前还处于开创性的研究阶段,理论基础有待夯实。

1.1.2 智能控制的发展

智能控制的概念最早是由美籍华裔科学家 K. S. Fu 教授提出的，他将人工智能与决策支持相结合并应用于不确定环境下的自适应问题。之后，他又研究了启发式智能行为与控制原理的相互关系。由于他在这一领域的开创性工作，K. S. Fu 教授被公认为智能控制的先行者与奠基人。然而，尽管智能控制在很多领域都展现了其在工程应用中的重要性及适用性，却并未引起控制学术界足够的重视。

此后，智能控制成为一门新兴学科的条件逐渐成熟。智能控制的诞生可以追溯到 1985 年 8 月在美国纽约特洛伊市召开的第一次学术讨论会。与会科学家经过深入讨论后，就智能控制的基本原理、框架等达成了共识。会后不久，IEEE 智能控制技术委员会成立了，吸引了多达 300 多名成员加入。研究者们对智能控制的定义及其涵盖的范围进行了热烈的讨论，智能控制作为一门学科已经初具雏形。

第二次智能控制会议于 1987 年 1 月在美国费城由 IEEE 控制系统学会与计算机学会联合组织召开，这次会议延续了之前的讨论，并总结了学科内的研究进展，同时对学科未来的研究方向进行了探讨，并就某些具体的重点方向达成了一致。第二次会议得到了多方赞助，与会人员较第一次会议大幅增加，来自包括美国、欧洲各国、日本、中国等多个国家和地区的 150 多位专家学者参加了本次会议，并提交了 60 余篇论文与报告。

1987 年 8 月在美国华盛顿召开了第三次智能控制学术研讨会。这次研讨会又有数百位科学家加入了智能控制技术委员会，与会人数为历届之最，参会人员来自全球各个国家和地区，这也表明智能控制作为一门新兴学科已被广大研究人员所接受。随着 1989 年 9 月第四次智能控制国际会议（美国纽约奥尔巴尼市）的召开，智能控制的理论框架已经基本成型，这也标志着智能控制这一新兴学科真正建立了起来。

自 20 世纪 90 年代以来，国际上很多学术机构定期或不定期地组织召开以智能算法为主题的国际学术会议及研讨会，如 WCCI(IEEE World Congress on Computational Intelligence)、CEC(IEEE Congress on Evolutionary Computation)、SSCI(IEEE Symposium Series on Computational Intelligence)等。国内的智能控制相关研究也非常活跃，学术团体纷纷成立，并组织举行了如 ICSI(International Conference on Swarm Intelligence)、IWSIS (International Workshop on Swarm Intelligent Systems)等国际知名的系列学术会议。这些都体现了智能控制这一新领域良好的发展势头。

1.2 智能控制的几个重要分支

如前所述，智能控制是一门多学科交叉的学科，包含了一大类控制技术，如人工智能、进化计算、模糊控制、神经网络、群智能算法、机器学习、遗传算法等。以下对智能控制的几个比较重要的分支作一个简要的回顾，以了解其基本思想。

1.2.1 模糊控制

控制论的创始人维纳认为人类能胜过最完美的机器，主要原因就是人具有运用模糊概念的能力。在自然界、人类社会以及人的思维模式中到处存在着模糊现象，模糊数学也因此而产生。相较于经典数学的精确描述，模糊数学也能对客观事物作出准确的反映。模糊数学最初是由加州大学伯克利分校的扎德(L. A. Zadeh)教授于 1965 年提出的，他的论文 Fuzzy Set 首次引入了隶属度函数的概念。但模糊数学的相关理论直到 1974 年，由伦敦大学的曼达尼(E. H. Mamdani)教授将其应用于实际蒸汽发动机的控制后才逐渐被认可。从广义上讲，模糊控制指的是应用模糊集合理论，统筹考虑系统的一种控制方式。1975 年英国的 P. J. King 和 Mamdani 将模糊系统应用于工业反应过程的温度控制；1976 年荷兰的 W. J. M. Kickert 和 H. R. VanNauta 将模糊控制应用于热水装置中；1977 年英国的 C. P. Procyk 和 Mamdani 将模糊控制应用于十字路口的交通指挥，使车辆的平均等候时间减少了 7%；1980 年丹麦的 F. LSMIDTH 公司将模糊控制应用于水泥窑生产的过程控制中，成为应用模糊控制的经典案例。此后，模糊控制在工业制造、自动控制、汽车、金融、教育等领域得到了广泛的应用，几乎已经深入到了当今社会的方方面面。

由于模糊控制不需要精确地建立对象的数学模型，因此它是解决不确定系统控制的一种有效途径。早期的模糊控制在对复杂的不确定系统进行控制时，由于对信息的模糊化处理过于简单，导致控制精度较低；同时，模糊规则过于依赖于现场，调试时间长，难以满足实时性要求。目前，大量研究者对模糊控制进行了许多改进，发展了多种形式的模糊控制，如模糊自适应控制、模糊 PID 控制、模糊专家系统、模糊辨识等，并在稳定性、鲁棒性等方面取得了较大进展。

模糊控制的实施过程主要包含三个步骤(如图 1-1 所示)：

(1) 模糊化：将输入的精确量转换为不同模糊集合下的隶属度；

(2) 模糊推理：根据模糊控制规则进行推理得到模糊输出；

(3) 解模糊：根据最大隶属度、重心法等方法将模糊输出转化为精确量。

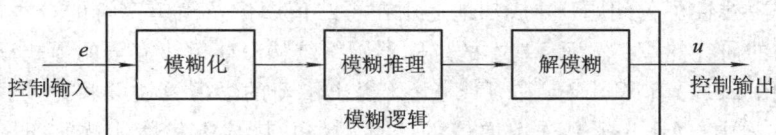

图 1-1　模糊控制的实施过程

可以看出，模糊控制是对实际系统进行精确到模糊，再到精确的操作过程。初始的输入与终端的输出为精确量，而规则推理则是一个模糊过程。从模糊控制的角度来看，任何的物理量之中都包含了其他的分量，世界上不存在真正意义上的精确量。相较于精确量对变量的硬划分，用论域及模糊概念来描述变量可以更准确、更柔性地反映物理量。因此，无论是模糊化还是模糊推理，都包含了人们对客观世界规律的本质理解。

1.2.2　神经网络

Saridis 认为向人脑学习是实现智能控制的唯一途径。人脑与数字计算机的运行规律是完全不同的，神经网络计算模型的灵感正是来自于此。与人脑类似，神经网络的计算能力首先来自于高度并行的分布式结构，其次是它的自学习与推广能力。这两个高效的信息处理特征使得神经网络能够解决很多复杂问题。此外，神经网络还有很多其他的重要特质，如非线性、自适应以及易于硬件实现等。

人工神经网络的发展历经了一个多世纪（如表 1-1 所示），在此过程中出现了许许多多不同领域的杰出人物，他们通过几十年的潜心研究才提出了很多相关概念。

表 1-1 神经网络发展历史

时　间	发 展 内 容
19 世纪 90 年代至 20 世纪 40 年代	物理学、心理学、神经学方面的基础研究
20 世纪 40 年代至 20 世纪 60 年代	MP 模型、感知器、线性网络
20 世纪 60 年代至 20 世纪 80 年代	研究低潮期
20 世纪 80 年代至今	Hopfield 网络、BP 网络、径向基神经网络、深度学习

神经网络的背景研究工作可以追溯到 19 世纪末 20 世纪初。这些工作来自很多交叉学科，如物理学、心理学与神经生理学等。早期的这些研究着重于人脑在学习、视觉等领域的综合理论，而关于神经元机理的数学模型在这一时期尚未出现。

20 世纪 40 年代初，心理学家 Warren McCulloch 和数学家 Walter Pitts 率先提出了神经网络的概念。他们构造了一个表示大脑基本组成的神经元数学模型，并通过研究发现基于神经元互相连接的模型可以进行任意的算术与逻辑运算。这一工作也被认为是神经网络的开创性工作。

1949 年 Hebb 和其他学者通过研究神经系统的自适应定律，提出了改变神经元连接强度的 Hebb 学习规则。

人工神经网络首次在实际中成功应用是在 20 世纪 50 年代末。1958 年 Rosenblatt 首次引入了感知器的概念，设计了相应的学习规则，并完成了该网络的硬件实现。感知器网络可以快速可靠地解决线性可分问题，并成功地运用在了二值图像及简单字符的分类问题中，这引发了神经网络的研究热潮。然而，基本的感知器网络结构只能解决有限的模式识别问题。

几乎同时，Bernard Widrow 和 Ted Hoff 提出了新的学习算法并将之应用在自适应线性单元的训练之中。Adaline 是连续取值的线性网络，其结构和性能都与 Rosenblatt 的感知器网络类似，主要用于自适应系统。

然而，根据 Marvin Minsky 和 Seymour Papert 于 1969 年发表的研究结果，感知器网络与自适应线性网络都存在着本质上的缺陷。Rosenblatt 和 Widrow 也清楚这些局限，他们都提出了新的网络，但其结构更为复杂，针对旧网络结构的学习算法也不再适用于新网络的训练。遗憾的是，他们都未能成功地改进学习算法。

很多科学家受 Minsky 和 Papert 的悲观结论的影响，认为神经网络的研究已经走入了死胡同。在此后相当长的一段时间内，神经网络的研究几乎陷于停滞。但这一阶段仍然有一些重要的工作在不断进行。1972 年，Teuvo Kohonen 和 James Anderson 分别独立地提出了可以用作记忆存储器的新网络结构。Stephen Grossberg 在自组织网络方面的研究也很活跃，提出了集中非线性动态系统的结构。

20 世纪 60 年代神经网络研究的低潮主要是由两个原因引起的，一是缺乏关于网络新结构的思路，二是当时还没有功能强大的数字计算机进行仿真实验。到了 20 世纪 80 年代，这些问题都迎刃而解。个人电脑与工作站得到了大范围普及，功能也越来越强大，同时，很多重要的新概念与新思路也不断涌现，其中有两个新概念的出现标志着神经网络的重生。

　　首先是 Hopfield 在他 1982 年的论文中引入能量函数用于解释递归网络的运行机理，并将其视作关联记忆，这就是著名的 Hopfield 网络。其次就是几位学者分别独立地提出了误差反传算法，主要用于多层感知器网络的训练。其中最有影响力的误差反传算法论文是由 David Rumelhart 和 James McClelland 于 1986 年发表的。这些算法都成功地解决了 20 世纪 60 年代 Minsky 和 Papert 提出的问题。

　　随着这些工作的不断展开，神经网络的研究进入了复兴时期。在过去的十年中发表的神经网络相关论文成千上万，神经网络在实际中的应用也层出不穷。尽管无法预计神经网络未来会取得怎样的成就，但是无论在基础理论还是应用研究领域，神经网络都已经展示了其强大的潜力。

1.2.3　群智能算法

　　"群"这一概念常用于描述一些相互作用、相邻个体的集合体，如蜂群、蚁群、鸟群、鱼群等。鱼聚集成群可以有效地逃避捕食者，因为任何一条鱼发现异常都可带动整个鱼群逃避。蚂蚁成群则有利于寻找食物，因为任一只蚂蚁发现食物都可带领蚁群共同搬运和进食。

　　对于群体中的个体而言，其行为主要取决于它对周围的感知，是随机的，也无法进行精准预测，因此个体行为能力非常有限，几乎不可能独立存在于自然世界中。自组织的个体通过形式多样的聚集协同导致了群智能的产生。群体可以通过这种智能行为来有效地利用周边的环境与资源。群体的自组织能力可以通过微观层次的交互行为引申到宏观层次的群体行为，这也是群智能的关键特征。Bonabeau 等人用四个特征来描述群体的自组织行为（如图 1-2 所示）。

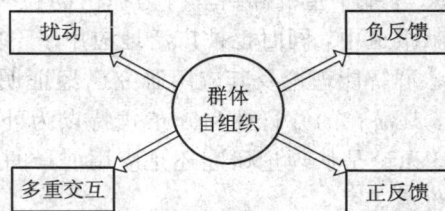

图 1-2　群体的自组织行为

　　（1）正反馈：最简单的特征，也是自组织的首要特征。在个体进行交互时，信息的加强都可视作正反馈，如蚂蚁信息素的释放、蜜蜂跳舞等。

　　（2）负反馈：用于平衡正反馈效应，并使得整个群体模式能够稳定下来。为了避免饱和情况的发生，如觅食过程中的食物源耗尽、过度竞争等，引入负反馈机制是十分必要的。

　　（3）扰动：对于保持群体的多样性非常重要，有助于新行为模式的发现，如随机漫步、误差、随机任务分配等。

　　（4）多重交互：群体内个体进行多重交互，将来自其他个体的信息作为行为决策的重要参照之一，最终将信息传播到整个群体。

　　目前，已有的群智能算法都是源于对动物界的协作与分工行为的模拟，主要强调对社会系统中个体之间相互协同作用模式的模拟。这一点与进化计算不同，进化计算是对生物演化中适者生存的模拟。协作分工与自组织能力一样，是许多社会性种群的重要特征。在群体外部或内部发生变化时，个体任务分配的灵活性也是劳动力分工的显著特征。

　　Mark Millonas 在 1994 年提出了构建一个群智能系统所应满足的五个基本原则：

　　（1）近邻原则：群内个体具有执行简单的时间或空间上的评估和计算的能力。

　　（2）质量原则：群内个体对环境（包括群内其他个体）的关键性因素（食物的质量、安全性等）的变化作出响应。

（3）多样性原则：群内不同个体对环境中的某一变化所表现出的响应行为具有多样性，群体资源的分配不应过于集中或过于分散。

（4）稳定性原则：群体应能过滤环境的某些波动，不是每次环境的变化都会导致整个群体行为模式的改变。

（5）自适应原则：当环境发生变化，且值得群体付出相应代价以获得正回报时，群体应能在环境允许的情况下改变其行为模式。

以上五条原则已经成为群智能的最基本理论，现有的群智能方法和策略都符合这些原则。

生态学家们纷纷根据上述特征对群体的行为进行了建模分析。近年来，大量研究者在相关的模型上得到了灵感，他们在进行各种自组织分布式设计的同时，也开发出了各种群智能新方法用于解决现实生活中的难题，如交通规划、网络路由、游戏开发、工业控制以及金融分析等。

群智能理论目前在一些场合得到了应用，也出现了一些基于群智能的算法和策略。在20世纪90年代，两种典型的群智能算法的出现吸引了研究人员的兴趣，它们分别是由Dorigo 等人于1991年基于蚂蚁群体行为提出的蚁群算法，以及由 Kennedy 和 Eberhart 在1995年基于鱼群和鸟群行为提出的粒子群算法。这两种算法及其改进算法出现在了大量文献报道中，同时也被广泛地应用于不同领域。

群智能理论及其应用研究已经证明了它是一种能够有效解决大部分优化问题的新方法，其潜在的并行性和分布式特点为处理大量的以数据库形式存在的数据提供了技术保证。无论是从理论研究还是应用前景的角度来看，群智能算法都具有重要的学术意义和现实价值。

1.3　智能控制系统的构成

1.3.1　智能控制系统的结构

智能控制系统是指能够模拟人类智能行为，具备学习、决策、调度、执行等能力的系统。智能行为本质上是一种从输入到输出的映射关系，是指系统在特定的输入激励下，能够产生合理的响应。

自从智能控制的概念提出以来，很多研究人员都提出了不同的智能控制系统结构思想。由于智能控制具有非常明显的交叉学科（多元）特点，一般都将智能控制看成是一个多元交接的结构。

K. S. Fu 教授通过对多个自学习控制系统的研究，采用"智能控制系统"来描述自动控制系统与人工智能的交接。这种结构也被称为二元结构，K. S. Fu 以远距离环境下机器人的自动控制系统为例对这一结构进行了详细说明。在这一结构中，既包括了高层的智能决策单元，如人机组合控制，也包括了低层的智能应用单元，如数据采集、计算执行等。

G. N. Saridis 教授于1977年将智能控制系统的二元结构理论扩展成三元结构。他认为二元结构的两元相互作用无法有效应用于智能控制，因此主张在其中引入运筹学的概念。三元结构将智能控制描述为人工智能、自动控制与运筹学的交接，这一结构也在1985年的第一次智能控制大会上引发了热烈讨论。与此同时，Saridis 还从智能控制的功能模块结构观点出发，提出了分级智能控制系统，为解决大系统计算的复杂性及性能模式的多样性等问题提供了行之有效的方法。按照智能程度的高低，该结构分为组织级、协调级和执行级，各级别随着智能程度的增加其相应精度降低。最低级的执行级必须高精度地执行局部控制任务以满足特定的性能指标要求，一般需要建立准确的模型。次高级的协调级用来协调各子任务的运行，不需要较高的运算精度，但需要具备较高的决策能力及一定的学习能力，以在变化的环境中改善性能。最高级的组织级将自然语言翻译成机器语言，是语言的组织者，它通过任务规划与组织，识别控制情况，提出适当的控制模式，并能对低层进行直接干预。

此后，蔡自兴教授在深入研究了智能控制的结构理论及其与其他相关学科理论的关系之后，提出了四元系统结构，将智能控制描述为人工智能、自动控制、运筹学与信息论的交接。信息是知识的载体，也是解释知识和智能的一种手段。信息参与了智能控制的全过程，是控制与实现智能的基本工具，同时信息论与系统论、控制论共同构成了系统科学基础理论，在智能控制系统中，三者也有着紧密的关系与相互作用。因此，将信息论引入智能控制系统可以将人工智能、自动控制与运筹学有机地联系起来。

1.3.2　智能控制系统的特点

智能控制系统一般具有如下特点：

（1）自适应与再学习。虽然自适应并不意味着再学习，但对于智能控制系统而言，当被控对象及其环境发生未知变化时，为了使系统在运行过程中去不断提取有关模型的信息，使模型逐步完善，系统再学习的能力也是必不可少的。而智能系统更广泛意义上的自适应功能甚至不需要依赖模型就可以进行自适应估计，从而表现出很好的适应性能。

（2）自治性与智能性。自动控制系统在一定意义上都具有自治性。一个系统如果在没有外界干预的情况下，能够在不确定环境下长时间稳定运行，则称该系统是高度自治的。对于实际的控制系统而言，自治的程度各有不同。比如一个自适应控制器与另一个参数、结构都固定的反馈控制器相比，更加适用于不确定环境下的控制问题，因此也就具有更高的自治性。自治系统不一定表现出"智能"，但对于高度自治的控制系统而言，"智能"是必不可少的。

（3）分层递阶。随着科学技术与生产力水平的不断提高，实际的控制问题也变得越来越复杂。为了降低系统的复杂度，智能控制系统必须设计相应的分层递阶功能结构来对整个控制策略进行有效的分析与评价。这里所说的分层递阶不仅仅指的是系统硬件控制器层面，同时也包含了时空维度上的各级功能模块。当环境发生变化时，不同层级的功能结构也必须能够从对象及其环境的未知特性中学习，从而使系统性能得以改善。

根据以上的观点，智能控制系统的工作特点可以总结如下：必须具有自学习/再学习能力以应对未知的复杂环境变化；在应对未知的变化时能够表现出高度自治性；具有处理复杂问题的分层递阶结构。

1.3.3　智能控制系统研究的主要工具

1. 数学工具

传统的自动控制理论主要以目标的传递函数、状态方程作为研究对象，以数值计算与分析为工具来解决控制问题。智能控制作为多元交叉学科，在工具上也是多方面的融合，主要有以下几种形式：

（1）符号推理。从模仿人在控制决策方面表现出的智能入手，智能控制在规则控制这一方向上的发展也非常迅速。以逻辑推理与符号运算为基础的规则控制可以将直观的过程行为表达为推理规则的形式，而无需建立精确的数学解析模型。

（2）模糊集合。模糊语言是人类进行表达交流的重要方式，模糊控制在形式上也是以规则进行逻辑推理的，其规则均以被量化了的模糊语言集表示，但其逻辑值为 0 到 1 之间的连续值，因此本质上是一种数值推理方法。由于同样不需要数学模型，因此模糊集合也是解决不确定系统控制问题的重要方法。

（3）神经网络理论。神经网络模拟了人体神经结构模型，通过简单的连接关系来实现复杂的映射关系。从系统的角度来说，神经网络在本质上是一个不依赖于对象机理的非线性黑箱模型，因此也常被看成是介于逻辑推理与数值分析之间的一种工具和方法。

（4）优化算法。控制系统通常需要通过对系统的控制效果进行评价，据此修改系统结构和参数来改善系统的响应。优化理论是解决这一问题的常用方法，也是智能控制系统设计的精髓。同时，现代优化算法，尤其是启发式算法，大量借鉴了自然界、生物界和社会学的各种智能行为，是"智能"的集中体现。

2. 软件工具

智能控制象征着自动控制的未来，目前在实际工业生产中也得到了越来越广泛的应用。在智能控制理论的基础上研究开发的各种智能控制系统也层出不穷，正确评价这些控制系统的控制效果及适用范围，并将其进行普及与推广应用是一个亟待解决的重要问题。

随着现代数学方法、计算机技术和仿真理论的发展，系统数字仿真已经成为控制系统设计与分析的重要手段。以模型来替代真实系统，可以有效地研究对象系统的特性，从而构造合适的智能控制器。

目前常用的智能控制系统仿真工具软件主要包括 Matlab 和 LabVIEW。Matlab 软件为很多工程计算领域提供了准确、高效的多功能工具箱，在信号和图像处理等领域的算法开发与分析上具有较大的优势，因此也具有很强的专业性。

LabVIEW 是美国 National Instruments 公司推出的虚拟仪器开发平台软件，是一种非常优秀的面向对象的图形化编程语言，以其强大的数据采集、数据处理、数据分析和仪器控制功能在现代控制领域中得到了广泛的应用。同时，LabVIEW 提供各种总线接口和常用仪器的驱动程序，用户可将其与硬件直接连接，方便地完成信号数据采集、信号分析等任务。相较于 Matlab 而言，LabVIEW 可以很方便地建立交互式的系统控制界面，人机交互更为友好，可视化功能极为丰富，设计开发过程更加人性化，学习过程中的时效性与可观测性也更为突出。因此，更易于上手并且适用于工业界应用的 LabVIEW 软件是进行智能控制系统仿真的有力工具。

3. 案例工具

近几十年以来，随着现代技术的发展以及人们对智能的不断追求，智能控制的基础理论研究已经达到了较高的水平，对科学技术的发展也起着积极的推动作用。智能控制的应用也有了长足的进步，2013 年全球的智能控制器工业化产值已经达到了 1.0711 万亿美元，并保持着每年 20% 的递增态势。其中，中国的产值达到了 1337 亿美元的规模。然而智能控制在实际工业生产中的应用比例还远远落后于传统控制。因此，大力推广并普及智能控制系统在实际中的应用，无论是对于提高生产力的水平，还是反过来推进智能控制的理论研究，都有着非常积极的意义。

为了使理论与实际能密切结合，达到学术性和应用性的统一，本书以工程项目为纽带，通过分析各种智能控制系统的应用原理，使读者在学习过程中直接感触"理论对应用产生支撑，应用需要理论指导"这一基本工程逻辑。

1.4   智能控制的未来

第三代控制理论——智能控制将随着计算机技术的不断进化和工程控制实践的进一步要求而飞速发展。它从数学、物理学、机器人、仿生学、神经科学等基础科学与新兴科学中汲取各种智能化思想，却并非是各种已知算法与技术的简单集成，而是更高层面的有机融合。

经过多年的发展，智能控制已在很多实际应用中被证明是行之有效的，但目前仍未建立起系统的、严谨的理论基础。无论在深度还是广度上，智能控制还有很多的问题等待着人们去研究，同时建立在严格数学框架基础上的新概念与新方法也亟待提出。

（1）每种智能方法都有其优缺点，通过各种方法的综合有可能带来更好的控制效果，并在实施过程中来抵消各自的缺陷与不足。当然，"智能"的提升并非通过将多种方法简单叠加就可以达到。

（2）智能控制的理论研究还要进一步深入，比如数学稳定性、收敛性、鲁棒性、设计理论以及与其他自适应方法的比较研究等。

（3）结合其他学科的一些研究热点，比如神经生理学、认知心理学等学科理论，深入地研究和模仿人在控制中表现的经验、技巧与策略。

（4）解决智能控制器的具体实现，包括软件和硬件。提高运行速度，实现实时控制，研制各种解决实际工业控制难题的智能机和智能仪表等。

习   题

1.1   给出你所理解的智能控制的定义。

1.2   列出智能控制与传统控制的区别。

1.3   当前智能控制发展所面临的挑战有哪些？

1.4   模糊数学与经典数学主要有哪些不同？

1.5   神经网络主要有哪些特点？

1.6   你知道目前有哪些群智能算法吗？试总结它们的相同与不同之处。

1.7   通过阅读文献了解智能控制更多的应用领域。

1.8   给出一个运用智能控制解决问题的简单实例，简述其步骤，并用编程工具（LabVIEW/C/C++/Matlab）实现。

第 2 章 模 糊 控 制

2.1 概 述

模糊控制建立在人工经验基础之上。一个熟练的操作人员往往可以凭借丰富的实践经验，采取适当的对策来巧妙地控制一个复杂的过程。若能将这些熟练操作员的实践经验加以总结和描述，并用语言表达出来，就会得到一种定性的、不精确的控制规则。如果借用模糊数学方法将其定量化，并进一步转化成模糊控制算法，就形成了模糊控制理论框架。

模糊控制尚无统一的定义。从广义上，可将模糊控制定义为："以模糊集合理论、模糊语言变量及模糊推理为基础的一类控制方法"，或定义为"采用模糊集合理论和模糊逻辑，并与传统的控制理论相结合，模拟人的思维方式，对难以建立数学模型的对象实施的一种控制方法"。

模糊控制理论具有以下一些明显的特点：

（1）模糊控制不需要被控对象的数学模型。模糊控制是以人对被控对象的控制经验为依据而设计的控制器，故无需知道被控对象的数学模型。

（2）模糊控制是一种反映人类智慧的智能控制方法。模糊控制采用人类思维中的模糊量，如"高""中""大""小"等，控制量由模糊推理导出，这些模糊量和模糊推理是人类智能活动的体现。

（3）模糊控制易于被人们接受。模糊控制的核心是模糊规则，模糊规则是用语言来表示的，如"今日气温高，则今天天气暖和"等，易于被一般人所接受。

（4）模糊规则构造容易。模糊控制规则易于软件实现。

（5）鲁棒性和适应性好。通过专家经验设计的模糊规则可以对复杂的对象进行有效的控制。

2.2 模糊集合及其运算

2.2.1 模糊集合的概念

对于多数控制系统而言，其主要且重要的信息来源有两种，即来自传感器的数据信息和来自专家的语言信息。数据信息常用 0.5、2、3、3.5 等数字来表示，而语言信息则用诸如"大""小""中等""非常小"等文字来表示。传统的工程设计方法只能用数据信息而无法使用语言信息，而人类解决问题时所使用的大量知识是经验性的，它们通常是用语言信息来描述的。语言信息通常呈经验性，是模糊的。因此，如何描述模糊语言信息成为解决问题的关键。

模糊集合的概念是由加州大学伯克利分校的扎德(L. A. Zadeh)教授于 1965 年首先提出来的。模糊集合的引入，可将人的判断、思维过程用比较简单的数学形式直接表达出来，模糊集合理论为人类提供了能充分利用语言信息的有效工具，它是模糊控制的数学基础。

1. 模糊集合和隶属度函数

在数学上经常用到集合的概念，例如集合 A 由 4 个离散值 x_1，x_2，x_3，x_4 组成，即

$$A = \{x_1, x_2, x_3, x_4\}$$

再如，集合 A 由 0 到 1 之间的连续实数值组成，即

$$A = \{x, x \in R, 0 \leqslant x \leqslant 1.0\}$$

以上两个集合是清晰的。对任意元素 x，只有两种可能：属于 A，不属于 A。这种特性可以用特征函数 $\mu_A(x)$ 来描述，即

$$\mu_A(x) = \begin{cases} 1 & x \in A \\ 0 & x \notin A \end{cases} \tag{2.1}$$

为了表示模糊概念，需要引入模糊集合和隶属度函数及隶属度的概念，隶属度函数定义为

$$\mu_A(x) = \begin{cases} 1 & x \in A \\ (0, 1) & x \in A \text{ 的程度} \\ 0 & x \notin A \end{cases} \tag{2.2}$$

式中，A 称为模糊集合，由 0、1 及 $\mu_A(x)$ 构成，$\mu_A(x)$ 表示元素 x 属于模糊集合 A 的程度，取值范围为 $[0, 1]$，称 $\mu_A(x)$ 为 x 属于模糊集合 A 的隶属度。

隶属度将普通集合中特征函数的取值 $\{0, 1\}$ 扩展到闭区间 $[0, 1]$，即可用 0 到 1 之间的实数来表达某一元素属于模糊集合的程度。

2. 模糊集合表示

(1) 模糊集合 A 由离散元素构成，表示为

$$A = \frac{\mu_1}{x_1} + \frac{\mu_2}{x_2} + \cdots + \frac{\mu_i}{x_i} + \cdots \tag{2.3}$$

或

$$A = \{(\mu_1, x_1), (\mu_2, x_2), \cdots, (\mu_i, x_i), \cdots\} \tag{2.4}$$

(2) 模糊集合 A 由连续函数构成，各元素的隶属度就构成了隶属度函数 $\mu_A(x)$，此时 A 表示为

$$A = \frac{\int \mu_A(x)}{x} \tag{2.5}$$

在模糊集合的表达中，出现的运算符号不代表数学意义上的除号、加号和积分，它们是模糊集合的一种表达方式，表示"构成"或"属于"。

模糊集合是以隶属度函数 $\mu_A(x)$ 来描述的，隶属度概念是模糊集合理论的基石。

下面再举三个模糊集合的例子。

例 2.1　在整数 1，2，$\cdots$，10 组成的论域中，即论域 $X = \{1, 2, 3, 4, 5, 6, 7, 8, 9, 10\}$，设 A 表示模糊集合"几个"，且各元素的隶属度函数依次为 $\mu_A(x) = \{0, 0, 0.3, 0.7,$

1，1，0.7，0.3，0，0}，这里论域 X 是离散的，则 A 可表示为

$$A = \{(x, \mu_A(x)) | x \in X\}$$
$$= \{(1, 0), (2, 0), (3, 0.3), (4, 0.7), (5, 1), (6, 1), (7, 0.7), (8, 0.3),$$
$$(9, 0), (10, 0)\}$$

或者

$$A = \sum_{i=1}^{10} \frac{\mu_A(x_i)}{x_i} = \frac{0}{1} + \frac{0}{2} + \frac{0.3}{3} + \frac{0.7}{4} + \frac{1}{5} + \frac{1}{6} + \frac{0.7}{7} + \frac{0.3}{8} + \frac{0}{9} + \frac{0}{10}$$

例 2.2 设论域 $U = \{$张三，李四，王五$\}$，评语为"学习好"。设 3 个人学习成绩总评分是张三得 95 分，李四得 90 分，王五得 85 分，3 人都学习好，但又有差异。

若采用普通集合的观点，选取特征函数

$$C_A(u) = \begin{cases} 1 & \text{学习好} \in A \\ 0 & \text{学习差} \in A \end{cases}$$

此时特征函数分别为 $C_A($张三$) = 1$，$C_A($李四$) = 1$，$C_A($王五$) = 1$。这样就反映不出三者的差异。若采用模糊子集的概念，选取 $[0, 1]$ 区间上的隶属度来表示它们属于"学习好"模糊子集 A 的程度，就能够反映出 3 人的差异。

采用隶属度函数 $\frac{x}{100}$，由 3 人的成绩可知，其"学习好"的隶属度分别为 $\mu_A($张三$) = 0.95$，$\mu_A($李四$) = 0.90$，$\mu_A($王五$) = 0.85$。"学习好"这一模糊子集 A 可表示为

$$A = \{0.95, 0.90, 0.85\}$$

其含义为张三、李四、王五属于"学习好"的程度分别是 0.95、0.90、0.85。

例 2.3 以年龄为论域，取 $x \in [0, 100]$，Zadeh 给出了"年轻"的模糊集 Y，其隶属度函数为

$$Y(x) = \begin{cases} 1.0 & 0 \leqslant x \leqslant 25 \\ \left[1 + \left(\frac{x - 25}{5}\right)^2\right]^{-1} & 25 < x < 100 \end{cases}$$

"年轻"的隶属度函数曲线如图 2-1 所示。

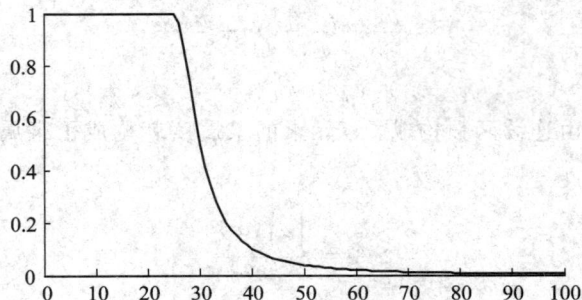

图 2-1 "年轻"的隶属度函数曲线

2.2.2 模糊集合的运算

由于模糊集合是用隶属度函数来表征的，因此两个子集之间的运算实际上就是逐点对隶属度进行相应的运算。

（1）空集。模糊集合 A 的空集 $\varnothing$ 为普通集，它的隶属度为 0，即

$$A = \varnothing \Leftrightarrow \mu_A(u) = 0 \tag{2.6}$$

（2）全集。模糊集合 A 的全集 E 为普通集，它的隶属度为 1，即

$$A = E \Leftrightarrow \mu_A(u) = 1 \tag{2.7}$$

（3）等集。两个模糊集 A 和 B，若对所有元素 u，它们的隶属度函数相等，则 A 和 B 也相等，即

$$A = B \Leftrightarrow \mu_A(u) = \mu_B(u) \tag{2.8}$$

（4）补集。若 A^c 为 A 的补集，则

$$A^c \Leftrightarrow \mu_{A^c}(u) = 1 - \mu_A(u) \tag{2.9}$$

例如，设 A 为"成绩好"的模糊集，某学生 u_0 属于"成绩好"的隶属度 $\mu_A(u_0) = 0.8$，则 u_0 属于"成绩差"的隶属度 $\mu_{A^c}(u_0) = 1 - 0.8 = 0.2$。

（5）子集。若 B 为 A 的子集，则

$$B \subseteq A \Leftrightarrow \mu_B(u) \leqslant \mu_A(u) \tag{2.10}$$

（6）并集。若 C 为 A 和 B 的并集，则

$$C = A \bigcup B$$

一般地，有

$$A \bigcup B \Leftrightarrow \mu_{A \cup B}(u) = \max(\mu_A(u), \mu_B(u)) = \mu_A(u) \vee \mu_B(u) \tag{2.11}$$

（7）交集。若 C 为 A 和 B 的交集，则

$$C = A \bigcap B$$

一般地，有

$$A \bigcap B \Leftrightarrow \mu_{A \cap B}(u) = \min(\mu_A(u), \mu_B(u)) = \mu_A(u) \wedge \mu_B(u) \tag{2.12}$$

（8）模糊运算的基本性质。模糊集合除具有上述基本运算性质外，还具有如表 2-1 所示的运算性质。

表 2-1　模糊运算的基本性质

名　　称	运　算　法　则
1. 幂等律	$A \bigcup A = A,\ A \bigcap A = A$
2. 交换律	$A \bigcup B = B \bigcup A,\ A \bigcap B = B \bigcap A$
3. 结合律	$(A \bigcup B) \bigcup C = A \bigcup (B \bigcup C)$ $(A \bigcap B) \bigcap C = A \bigcap (B \bigcap C)$
4. 吸收律	$A \bigcup (A \bigcap B) = A$ $A \bigcap (A \bigcup B) = A$
5. 分配律	$A \bigcup (B \bigcap C) = (A \bigcup B) \bigcap (A \bigcup C)$ $A \bigcap (B \bigcup C) = (A \bigcap B) \bigcup (A \bigcap C)$
6. 复原律	$(A^c)^c = A$
7. 对偶律	$(A \bigcup B)^c = A^c \bigcap B^c$ $(A \bigcap B)^c = A^c \bigcup B^c$
8. 两极律	$A \bigcup E = E,\ A \bigcap E = A$ $A \bigcup \varnothing = A,\ A \bigcap \varnothing = \varnothing$

例 **2.4** 设 $A=\dfrac{0.9}{u_1}+\dfrac{0.2}{u_2}+\dfrac{0.8}{u_3}+\dfrac{0.5}{u_4}$, $B=\dfrac{0.3}{u_1}+\dfrac{0.1}{u_2}+\dfrac{0.4}{u_3}+\dfrac{0.6}{u_4}$, 求 $A\cup B$, $A\cap B$。

解：

$$A\cup B=\frac{0.9}{u_1}+\frac{0.2}{u_2}+\frac{0.8}{u_3}+\frac{0.6}{u_4}$$

$$A\cap B=\frac{0.3}{u_1}+\frac{0.1}{u_2}+\frac{0.4}{u_3}+\frac{0.5}{u_4}$$

2.2.3 隶属度函数

1. 隶属度函数的特点

普通集合用特征函数来表示，模糊集合用隶属度函数来描述。隶属度函数很好地描述了事物的模糊性隶属度函数，它具有以下两个特点：

(1) 隶属度函数的值域为 [0, 1]，它将普通集合只能取 0 和 1 两个值，推广到 [0, 1] 闭区间上连续取值。隶属度函数的值 $\mu_A(x)$ 越接近于 1，表示元素 x 属于模糊集合 A 的程度越大。反之，$\mu_A(x)$ 越接近于 0，表示元素 x 属于模糊集合 A 的程度越小。

(2) 隶属度函数完全刻画了模糊集合，隶属度函数是模糊数学的基本概念，不同的隶属度函数所描述的模糊集合也不同。

2. 几种典型的隶属度函数

典型的隶属度函数一般有 11 种，即双 S 形、联合高斯型、高斯型、广义钟形、Ⅱ形、双 S 形乘积、S 状、S 形、梯形、三角形、Z 形。在模糊控制中应用较多的隶属度函数有以下 6 种：

(1) 高斯型。高斯型隶属度函数由 σ 和 c 两个参数确定，即

$$f(x,\sigma,c)=\mathrm{e}^{\frac{-(x-c)^2}{2\sigma^2}} \tag{2.13}$$

式中，参数 σ 通常为正，参数 c 用于确定曲线的中心，如图 2-2 所示。

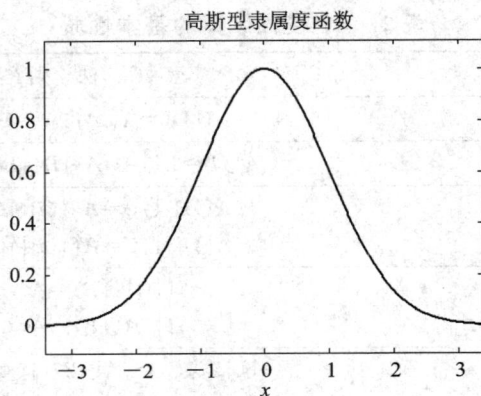

图 2-2　高斯型隶属度函数曲线

(2) 广义钟形。广义钟形隶属度函数由 a、b、c 3 个参数确定，即

$$f(x,a,b,c)=\frac{1}{1+\left|\dfrac{x-c}{a}\right|^{2b}} \tag{2.14}$$

式中，参数 a 和 b 通常为正，参数 c 用于确定曲线的中心，如图 2 – 3 所示。

广义钟形隶属度函数

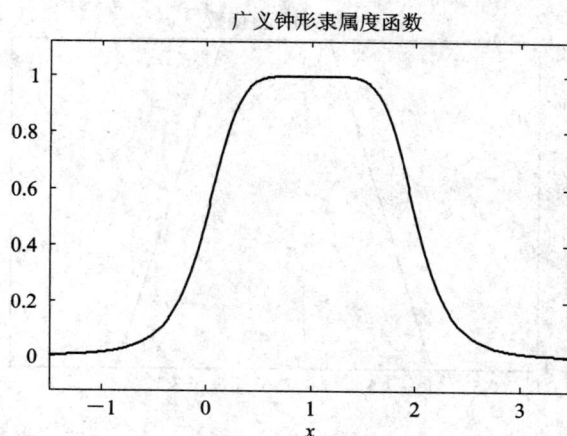

图 2 – 3　广义钟形隶属度函数曲线

（3）S 形。S 形隶属度函数由 a 和 c 两个参数确定，即

$$f(x, a, c) = \frac{1}{1 + e^{-a(x-c)}} \qquad (2.15)$$

式中，参数 a 的正负符号决定了 S 形隶属度函数的开口朝左或朝右，用来表示"正大"或"负大"的概念，如图 2 – 4 所示。

S形隶属度函数

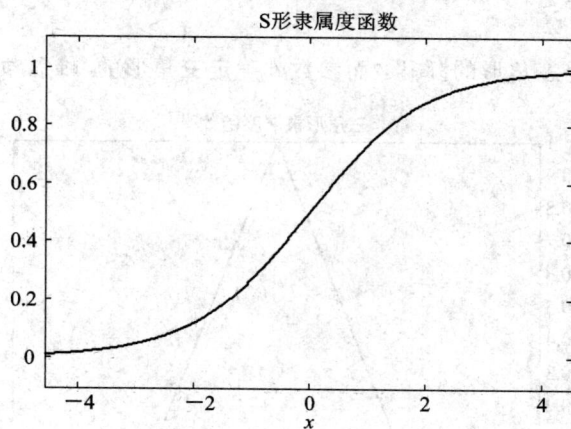

图 2 – 4　S 形隶属度函数曲线

（4）梯形。梯形曲线可由 a、b、c、d 4 个参数确定，即

$$f(x, a, b, c, d) = \begin{cases} 0 & x \leqslant a \\ \dfrac{x-a}{b-a} & a \leqslant x \leqslant b \\ 1 & b \leqslant x \leqslant c \\ \dfrac{d-x}{d-c} & c \leqslant x \leqslant d \\ 0 & x \geqslant d \end{cases} \qquad (2.16)$$

式中，参数 a 和 d 确定梯形的"脚"，而参数 b 和 c 确定梯形的"肩膀"，如图 2-5 所示。

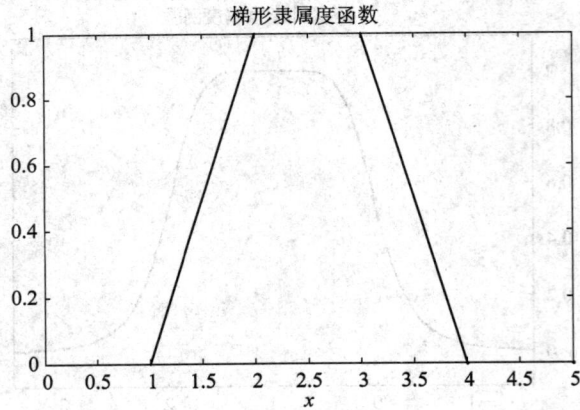

图 2-5 梯形隶属度函数曲线

（5）三角形。三角形曲线的形状由 a、b、c 3 个参数确定，即

$$f(x, a, b, c) = \begin{cases} 0 & x \leqslant a \\ \dfrac{x-a}{b-a} & a \leqslant x \leqslant b \\ \dfrac{c-x}{c-b} & b \leqslant x \leqslant c \\ 0 & x \geqslant c \end{cases} \tag{2.17}$$

式中，参数 a 和 c 确定三角形的"脚"，而参数 b 确定三角形的"峰"，如图 2-6 所示。

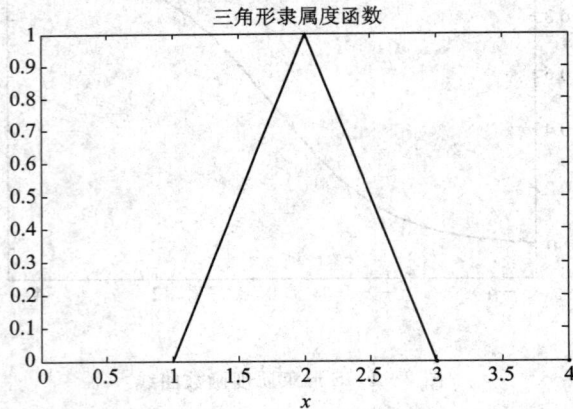

图 2-6 三角形隶属度函数曲线

（6）Z 形。这是基于样条函数的曲线，因其呈现 Z 形状而得名，如图 2-7 所示。

在上述隶属度函数中，高斯型、广义钟形、梯形和三角形可用于描述具有中间模糊状态的模糊概念，如"中等个""年轻人"等。S 形和 Z 形可用于描述一个完整的模糊概念，如水箱液位的高低、人的胖瘦等。

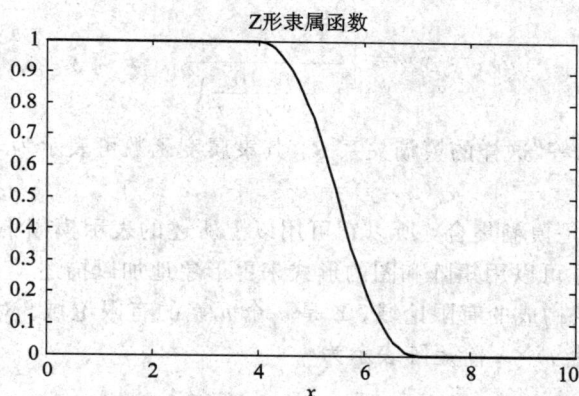

图 2 - 7　Z形隶属度函数曲线

3. 隶属度函数的确定方法

隶属度函数是模糊控制的应用基础，目前还没有成熟的方法来确定隶属度函数，通常的方法还停留在经验和实验的基础上，主要经过初步确定初始的隶属度函数，然后通过"学习"和实践来不断地调整和完善。遵照这一原则，隶属度函数确定方法有以下几种：

（1）模糊统计法。根据所提出的模糊概念进行调查统计，提出与之对应的模糊集 A，通过统计实验，确定不同元素隶属于 A 的程度，即

$$u_0 \text{ 对模糊集 } A \text{ 的隶属度} = \frac{u_0 \in A \text{ 的次数}}{\text{实验总次数 } N} \tag{2.18}$$

（2）主观经验法。当论域为离散论域时，可根据主观认识，结合个人经验，经过分析和推理，直接给出隶属度，这种确定隶属度函数的方法已经被广泛应用。

（3）神经网络法。利用神经网络的学习功能，由神经网络自动生成隶属度函数，并通过网络的学习自动调整隶属度函数的值。

2.3　模糊关系及其运算

在日常生活中经常听到诸如"A 与 B 很相似""X 比 Y 大很多"等描述模糊关系的语句，借助于模糊集合理论，可以定量地描述这些模糊关系。

2.3.1　模糊关系的定义及表示

n 元模糊关系 R 是定义在直积 $X_1 \times X_2 \times \cdots \times X_n$ 上的模糊集合，它可表示为

$$\begin{aligned}
R_{X_1 \times X_2 \times \cdots \times X_n} &= \{((x_1, x_2, \cdots, x_n), \mu_R(x_1, x_2, \cdots, x_n)) \mid (x_1, x_2, \cdots, x_n) \\
&\in X_1 \times X_2 \times \cdots \times X_n\} \\
&= \int_{X_1 \times X_2 \times \cdots \times X_n} \mu_R(x_1, x_2, \cdots, x_n)/(x_1, x_2, \cdots, x_n)
\end{aligned} \tag{2.19}$$

例 2.5　设 X 是实数集合，$x, y \in X$，对于"y 比 x 大得多"的模糊关系 R，其隶属度函数可以表示为

$$\mu_{\boldsymbol{R}}(x, y) = \begin{cases} 0, & x \geqslant y \\ \dfrac{1}{1 + \left(\dfrac{10}{y-x}\right)^2}, & x < y \end{cases}$$

而对于"x 和 y 大致相等"这样的模糊关系 $\boldsymbol{R}$，其隶属度函数可表示为

$$\mu_{\boldsymbol{R}}(x, y) = \mathrm{e}^{-\alpha|x-y|}, \ \alpha > 0$$

因为模糊关系也是模糊集合，所以它可用以上所述的表示模糊集合的方法来表示。此外，有些情况下，它还可以用矩阵和图的形式来更形象地加以描述。

设 X 是 m 个元素构成的有限论域，Y 是 n 个元素的有限论域。对于 X 与 Y 的一个模糊关系 $\boldsymbol{R}$，可以用一个 $m \times n$ 阶矩阵表示为

$$\boldsymbol{R} = \begin{bmatrix} r_{11} & r_{12} & \cdots & r_{1n} \\ r_{21} & r_{22} & \cdots & r_{2n} \\ \cdots & \cdots & \cdots & \cdots \\ r_{m1} & r_{m2} & \cdots & r_{mn} \end{bmatrix} \tag{2.20}$$

或

$$\boldsymbol{R} = [r_{ij}], \ r_{ij} = \mu_{\boldsymbol{R}}(x_i, y_j) \tag{2.21}$$

我们称一个矩阵是模糊矩阵，如果它的每个元素属于 $[0,1]$，令

$$F_{m \times n} = \{\boldsymbol{R} = [r_{ij}], 0 \leqslant r_{ij} \leqslant 1\}$$

式中，$F_{m \times n}$ 表示 $m \times n$ 阶模糊矩阵的全体。

在有限论域之间，普通集合与布尔矩阵建立了一一对应的关系，模糊关系与模糊矩阵建立了一一对应的关系，通常都把模糊矩阵和模糊关系看作是同一回事，均以 $\boldsymbol{R}$ 表示。

例 2.6 设有一组学生 X，$X = \{$小明，小刚，小旺$\}$，他们所学课程为 Y，$Y = \{$语文，数学，英语，物理$\}$。他们的考试成绩如表 2-2 所示。

取隶属度函数 $\mu(u) = u/100$，其中 u 为成绩。如果将他们的成绩转化为隶属度，则构成一个 $x \times y$ 上的一个模糊关系 $\boldsymbol{R}$，见表 2-3。

表 2-2 考试成绩表

课程＼姓名	语文	数学	英语	物理
小明	78	87	90	83
小刚	89	81	90	80
小旺	62	79	86	77

表 2-3 考试成绩表的模糊化

课程＼姓名	语文	数学	英语	物理
小明	0.78	0.87	0.90	0.83
小刚	0.89	0.81	0.90	0.80
小旺	0.62	0.79	0.86	0.77

将表 2-3 写成矩阵的形式，得

$$\boldsymbol{R} = \begin{bmatrix} 0.78 & 0.87 & 0.90 & 0.83 \\ 0.89 & 0.81 & 0.90 & 0.80 \\ 0.62 & 0.79 & 0.86 & 0.77 \end{bmatrix}$$

该矩阵称为模糊矩阵，其中各个元素必须在 $[0,1]$ 闭环区间内取值，矩阵 $\boldsymbol{R}$ 也可以用关系图来表示，如图 2-8 所示。

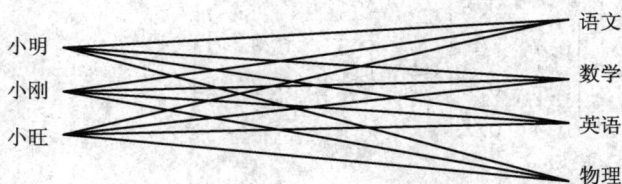

图 2-8 模糊矩阵 R 的关系图

2.3.2 模糊关系的运算

由于模糊矩阵本身是表示一个模糊关系的子集 R，因此，根据模糊集的并、交、补运算的定义，模糊矩阵也可作相应的运算。

设模糊矩阵 R 和 Q 是 $X \times Y$ 上的模糊关系，$R = (r_{ij})_{m \times n}$，$Q = (q_{ij})_{m \times n}(i = 1, 2, \cdots, m; j = 1, 2, \cdots, n)$。模糊矩阵的并、交、补运算分别如下：

(1) 模糊矩阵并：

$$R \cup Q = (r_{ij} \vee q_{ij}) \tag{2.22}$$

(2) 模糊矩阵交：

$$R \cap Q = (r_{ij} \wedge q_{ij}) \tag{2.23}$$

(3) 模糊矩阵补：

$$R^c = (1 - r_{ij}) \tag{2.24}$$

例 2.7 设 $R = \begin{bmatrix} 0.3 & 0.2 & 1 \\ 0.8 & 1 & 0 \end{bmatrix}$，$Q = \begin{bmatrix} 0.3 & 0 & 0.7 \\ 0.1 & 0.8 & 1 \end{bmatrix}$，则

$$R \cup Q = \begin{bmatrix} 0.3 \vee 0.3 & 0.2 \vee 0 & 1 \vee 0.7 \\ 0.8 \vee 0.1 & 1 \vee 0.8 & 0 \vee 1 \end{bmatrix} = \begin{bmatrix} 0.3 & 0.2 & 1 \\ 0.8 & 1 & 1 \end{bmatrix}$$

$$R \cap Q = \begin{bmatrix} 0.3 \wedge 0.3 & 0.2 \wedge 0 & 1 \wedge 0.7 \\ 0.8 \wedge 0.1 & 1 \wedge 0.8 & 0 \wedge 1 \end{bmatrix} = \begin{bmatrix} 0.3 & 0 & 0.7 \\ 0.1 & 0.8 & 0 \end{bmatrix}$$

$$R^c = \begin{bmatrix} 0.7 & 0.8 & 0 \\ 0.2 & 0 & 1 \end{bmatrix}, \quad Q^c = \begin{bmatrix} 0.7 & 1 & 0.3 \\ 0.9 & 0.2 & 0 \end{bmatrix}$$

2.3.3 模糊矩阵的合成

模糊矩阵的合成是指，由第一个集合和第二个集合之间的模糊关系及第二个集合和第三个集合之间的模糊关系得到第一个集合和第三个集合之间的模糊关系的一种运算。模糊矩阵的合成类似于普通矩阵的乘积，将乘积运算换成"取小"，将加运算换成"取大"即可。下面给出常用的 max-min 合成法。

设 R 是 $X \times Y$ 中的模糊关系，S 是 $Y \times Z$ 中的模糊关系，所谓的 R 和 S 的合成是指定义在 $X \times Z$ 上的模糊关系 Q，记为

$$Q = R \cdot S$$

或

$$\mu_{R \cdot S}(x, z) = \vee \{\mu_R(x, y) \wedge \mu_S(y, z)\} \tag{2.25}$$

式中，$\wedge$ 代表取小(min)，$\vee$ 代表取大(max)，故式(2.25)定义的合成称为 max-min 合成。

例 2.8 已知 $\boldsymbol{R} = \begin{bmatrix} 1 & 0.8 \\ 0.7 & 0 \\ 0.5 & 0.5 \\ 0.4 & 0.2 \end{bmatrix}$，$\boldsymbol{S} = \begin{bmatrix} 1 & 0.6 & 0 \\ 0.4 & 0.7 & 1 \end{bmatrix}$，则

$$\boldsymbol{Q} = \boldsymbol{R} \circ \boldsymbol{S} = \begin{bmatrix} 1 & 0.8 \\ 0.7 & 0 \\ 0.5 & 0.5 \\ 0.4 & 0.2 \end{bmatrix} \circ \begin{bmatrix} 1 & 0.6 & 0 \\ 0.4 & 0.7 & 1 \end{bmatrix}$$

$$= \begin{bmatrix} (1 \wedge 1) \vee (0.8 \wedge 0.4) & (1 \wedge 0.6) \vee (0.8 \wedge 0.7) & (1 \wedge 0) \vee (0.8 \wedge 1) \\ (0.7 \wedge 1) \vee (0 \wedge 0.4) & (0.7 \wedge 0.6) \vee (0 \wedge 0.7) & (0.7 \wedge 0) \vee (0 \wedge 1) \\ (0.5 \wedge 1) \vee (0.5 \wedge 0.4) & (0.5 \wedge 0.6) \vee (0.5 \wedge 0.7) & (0.5 \wedge 0) \vee (0.5 \wedge 1) \\ (0.4 \wedge 1) \vee (0.2 \wedge 0.4) & (0.4 \wedge 0.6) \vee (0.2 \wedge 0.7) & (0.4 \wedge 0) \vee (0.2 \wedge 1) \end{bmatrix}$$

$$= \begin{bmatrix} 1 & 0.7 & 0.8 \\ 0.7 & 0.6 & 0 \\ 0.5 & 0.5 & 0.5 \\ 0.4 & 0.4 & 0.2 \end{bmatrix}$$

2.4 模 糊 推 理

2.4.1 语言变量与蕴含关系

模糊变量的取值不是精确的量值，而是用模糊语言表示的模糊集合。例如，若"年龄"看成是一个模糊语言变量，则它的取值不是确定的具体岁数，而是诸如"年幼""年轻""年老"等模糊语言表示的集合。L. A. Zadeh 为语言变量给出了以下的定义：

语言变量由一个五元组 $(x, T(x), U, G, M)$ 来表征，其中：x 是变量的名称；U 是 x 的论域；$T(x)$ 是语言变量值的集合，每个语言变量值是定义在论域 U 上的一个模糊集合；G 是语言法则，用以产生语言变量 x 值的名称；M 是语义规则，用于产生模糊集合的隶属度函数。

例如，若定义"速度"为语言变量，则 T（速度）可能为

$$T（速度） = \{慢, 适中, 快, 很慢, 稍快, \cdots\}$$

上述每个语言变量值如慢、适中等定义是在论域 U 上的一个模糊集合。设论域 $U = [0, 160]$，则可以认为速度大致低于 60 km/h 为"慢"，80 km/h 左右为"适中"，大于 100 km/h 以上为"快"……这些模糊集合可以用如图 2-9 所示的隶属度函数来描述。

如上所述，每个模糊语言值相当于一个模糊集合，通常在模糊语言前面加上"极""非""相当""比较""略""稍微"等修饰词，其结果改变了该模糊语言的含义，相应的隶属度函数也应改变。例如，设原来的模糊语言为 A，其隶属度函数为 μ_A，则通常有

$$\mu_{极A} = \mu_A^4, \quad \mu_{非常A} = \mu_A^2, \quad \mu_{相当A} = \mu_A^{1.25}$$

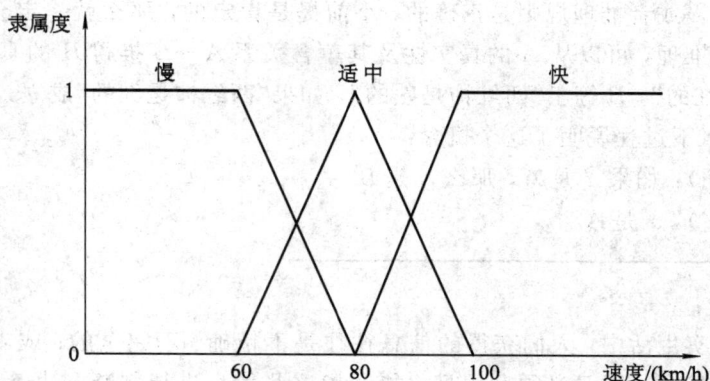

图 2 - 9　模糊语言变量"速度"的隶属度函数

$$\mu_{比较A} = \mu_A^{0.75}, \ \mu_{略A} = \mu_A^{0.5}, \ \mu_{稍微A} = \mu_A^{0.25}$$

例 2.9　在论域 $U = [0, 100]$ 岁内，定义了年龄语言变量值"老"的模糊子集隶属度函数为

$$\mu_{老}(x) = \begin{cases} 0 & x < 50 \\ \dfrac{1}{1 + \left(\dfrac{x-50}{5}\right)^{-2}} & x \geqslant 50 \end{cases}$$

现以 60 岁为例，通过隶属度函数分别计算它属于"极老""非常老""相当老""比较老""略老""稍微老"的程度为

$$\mu_{极老}(60) = [\mu_{老}(60)]^4 = (0.8)^4 = 0.41$$
$$\mu_{非常老}(60) = [\mu_{老}(60)]^2 = (0.8)^2 = 0.64$$
$$\mu_{相当老}(60) = [\mu_{老}(60)]^{1.25} = (0.8)^{1.25} = 0.757$$
$$\mu_{比较老}(60) = [\mu_{老}(60)]^{0.75} = (0.8)^{0.75} = 0.845$$
$$\mu_{略老}(60) = [\mu_{老}(60)]^{0.5} = (0.8)^{0.5} = 0.89$$
$$\mu_{稍微老}(60) = [\mu_{老}(60)]^{0.25} = (0.8)^{0.25} = 0.946$$

以 $x =$ 年龄为例，表征语言变量的五元体结构图如图 2 - 10 所示。

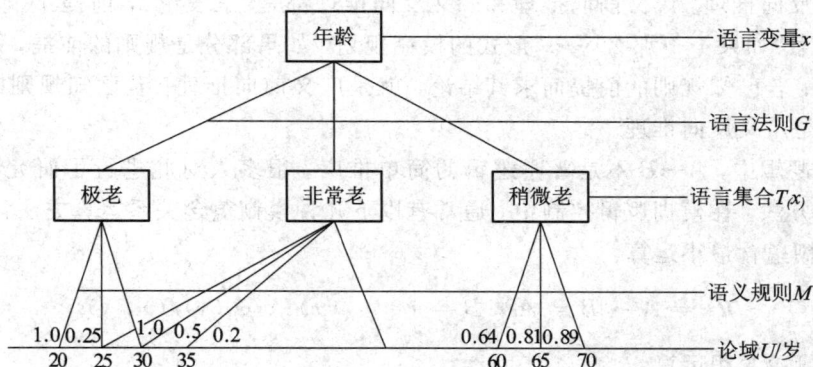

图 2 - 10　表证语言变量的五元体结构图

从已知条件求其结果的思维过程就是推理。用传统的二值逻辑进行假言推理和归纳推

理时，只要大前提或者推理规则是正确的，小前提是肯定的，那么就一定会得到肯定的结论。即按照假言推理，可以从 A 的真实性及其蕴含关系 $A \rightarrow B$ 推得 B 的真实性。例如，A 等于"西红柿是红的"，B 等于"西红柿是熟的"，如果"西红柿是红的"成立，那么"西红柿是熟的"也成立。以下过程说明了这个概念：

前提 1（规则）：如果 x 是 A，那么 y 是 B

前提 2（事实）：x 是 A

后件（结论）：y 是 B

然而，在现实生活中，人们获得的信息往往是不精确、不完全的；或者事实本身就是模糊而不完全确定的，但又必须利用且只能利用这些信息进行判断和决策，此时，人们的推理是以近似的方式利用假言进行推理的。

模糊逻辑推理是一种近似推理，它是从一组模糊"如果……那么……"规则和已知事实中得出结论的推理过程。例如，假定有相同的蕴含规则"如果西红柿是红的，那么它是熟的"，而且已知"西红柿是或多或少有些红"，那么可以推得"西红柿是或多或少有些熟"。这可以表示为

前提 1（规则）：如果 x 是 A，那么 y 是 B

前提 2（事实）：x 是 A'

后件（结论）：y 是 B'

其中，A' 接近于 A，B' 接近于 B，A' 和 B' 都是适当论域的模糊集合时，前面的推理过程被称为近似推理或模糊推理，也被称为广义前向推理。对于事实是"y 是 B'"时，通过前提 1 的规则，同样可以得出结论"x 是 A'"。如果

前提 1（规则）：如果 x 是 A，那么 y 是 B

前提 2（事实）：y 是 B'

后件（结论）：x 是 A'

则称为广义反向推理。广义前向推理和广义反向推理都是"三段论"，前提 1（即所谓的"大前提"）是一条"如果……那么……"形式的模糊规划，如果部分是规则的前提，那么部分是规则的结论；若已知规则的前提而求其结论，就是广义前向推理；若已知规则的结论而求其前提，则是广义反向推理。

在模糊逻辑中，$A \rightarrow B$ 不是普通逻辑的简单推广。很多人对此进行了研究，并提出了许多定义的方法，在模糊逻辑控制中，通常有以下几种模糊蕴含关系运算方法：

（1）模糊蕴含最小运算：

$$\boldsymbol{R}_C = A \rightarrow B = A \times B = \int_{X \times Y} \mu_A(x) \wedge \mu_B(y)/(x, y)$$

（2）模糊蕴含积运算：

$$R_P = A \rightarrow B = A \times B = \int_{X \times Y} \mu_A(x)\mu_B(y)/(x, y)$$

（3）模糊蕴含算术运算：

$$R_a = A \to B = A \times B = (A^c \times Y) \oplus (X \times B)$$
$$= \int_{X \times Y} 1 \wedge [1 - \mu_A(x) + \mu_B(y)]/(x, y)$$

（4）模糊蕴含的最大最小运算：
$$R_m = A \to B = A \times B = (A \times B) \bigcup (\overline{A} \times Y)$$
$$= \int_{X \times Y} [\mu_A(x) \wedge \mu_B(y)] \vee [1 - \mu_A(x)]/(x, y)$$

（5）模糊蕴含的布尔运算：
$$R_b = A \to B = A \times B = (A^c \times Y) \bigcup (X \times B)$$
$$= \int_{X \times Y} [1 - \mu_A(x)] \vee \mu_B(y)/(x, y)$$

2.4.2 近似推理

上面列举了 5 种模糊蕴含关系的运算方法，它们均可以应用于广义前向推理和广义反向推理的模糊推理中，模糊推理也叫近似推理，这两个术语可以不加区分地混用。

对于广义前向推理，结论 B' 是根据模糊集合 A' 和模糊蕴含关系 $A \to B$ 的合成推理出来的，因此可以得到如下的近似推理关系：
$$B' = A' \circ (A \to B) = A' \cdot \boldsymbol{R}_{A \to B}$$
式中，$\boldsymbol{R}_{A \to B}$ 为模糊蕴含关系，"$\circ$"是合成运算符。假定模糊集合 A' 具有如下形式：
$$A = \int_X \frac{\mu_A(x)}{x}$$
$$非常 A = A^2 = \int_X \frac{\mu_A^2(x)}{x}$$
$$略 A = A^{0.5} = \int_X \frac{\mu_A^{0.5}(x)}{x}$$
$$非 A = \overline{A} = \int_X \frac{1 - \mu_A(x)}{x}$$

根据 A' 的各种表达式，利用近似推理公式可以推出相应的 B'。

类似地，对于广义反向推理，有如下的近似推理公式：
$$A' = (A \to B) \circ B' = B' \circ \boldsymbol{R}_{A \to B}^{\mathrm{T}}$$
式中，$\boldsymbol{R}_{A \to B}$ 为模糊蕴含关系；"$\circ$"是合成运算符；T 表示对矩阵的转置；B' 是模糊集合，它具有如下形式：
$$B = \int_Y \frac{\mu_B(y)}{y}$$
$$非(非常 B)B = \overline{(非常 B)} = \int_Y \frac{1 - \mu_B^2(y)}{y}$$
$$非(略 B)B = \overline{略 B} = \int_Y \frac{1 - \mu_B^{0.5}(y)}{y}$$
$$非 B = \overline{B} = \int_Y \frac{1 - \mu_B(y)}{y}$$

例 2.10 若 x 小则 y 大，已知 x 较小，问 y 如何？

设论域 $X=Y=\{1, 2, 3, 4, 5\}$，则

$$[小] = \frac{1}{1} + \frac{0.5}{2}$$

$$[较小] = \frac{1}{1} + \frac{0.4}{2} + \frac{0.2}{3}$$

$$[大] = \frac{0.5}{4} + \frac{1}{5}$$

首先，按照模糊蕴含的最大最小运算模糊关系得

$$\boldsymbol{R}_{小\to大} = [\mu_小(x) \wedge \mu_大(y)] \vee [1 - \mu_小(x)]$$

$$= \begin{bmatrix} 1 \\ 0.5 \\ 0 \\ 0 \\ 0 \end{bmatrix} \wedge [0 \quad 0 \quad 0 \quad 0.5 \quad 1] \vee \left(\begin{bmatrix} 1 \\ 1 \\ 1 \\ 1 \\ 1 \end{bmatrix} - \begin{bmatrix} 1 \\ 0.5 \\ 0 \\ 0 \\ 0 \end{bmatrix} \right)$$

$$= \begin{bmatrix} 0 & 0 & 0 & 0.5 & 1 \\ 0.5 & 0.5 & 0.5 & 0.5 & 0.5 \\ 1 & 1 & 1 & 1 & 1 \\ 1 & 1 & 1 & 1 & 1 \\ 1 & 1 & 1 & 1 & 1 \end{bmatrix}$$

其次，根据广义前向推理的近似推理规则，模糊集合 $A=x$ 较小，可得

$$B = A \circ \boldsymbol{R}_{小\to大}$$

$$= [1 \quad 0.4 \quad 0.2 \quad 0 \quad 0] \circ \boldsymbol{R}_{小\to大}$$

$$= [0.4 \quad 0.4 \quad 0.4 \quad 0.5 \quad 1]$$

将 $B=[0.4 \quad 0.4 \quad 0.4 \quad 0.5 \quad 1]$ 与 $Y_大=[0 \quad 0 \quad 0 \quad 0.5 \quad 1]$ 相比较，可以得到 $B=$ y 较大的结论。

因此问题的答案是：当 x 较小时，y 较大。

2.5　模糊控制中常见的两种模糊推理模型

2.5.1　Mamdani 模糊推理模型

Mamdani 型的模糊推理方法是最常见的算法，它是由 Mamdani 在 1975 年为了控制蒸汽发动机而提出来的，这种方法采用综合一系列有经验的操作者提供的线性控制规律来控制锅炉，其原理源于 Zadeh 关于模糊算法在复杂系统和决策处理中应用的思想。

在这种推理方式中，模糊规则具有以下一般形式：

　　　R_i：如果 x_1 是 A_1^i，$\cdots$，and x_n 是 A_n^i，则 y 是 B^i，$i = 1, 2, \cdots, m$

其中，$x_1, \cdots, x_n, y$ 表示模糊系统的输入和输出变量，$A_1^i, \cdots, A_n^i, B^i$ 是变量 $x_1, \cdots, x_n,$ y 的取值，它们都是模糊集合。

该模糊规则反映了模糊控制器的输入与输出关系，因此称它为控制器的模糊模型。实

际上,该模糊规则可以反映一般系统的输入与输出关系,因此也可称其为系统的模糊模型。又由于该模糊规则形式是由 Mamdani 首先提出来的,因而也称该模型为 Mamdani 模糊推理模型。

要设计一个 Mamdani 模型的模糊控制器来实现语言控制,必须解决以下 3 方面的问题:

(1) 精确量的模糊化,把语言变量的语言值化为某适当论域上的模糊子集。

(2) 模糊控制算法的设计,通过一组模糊条件语句构成模糊控制规则,并计算模糊控制规则决定的模糊关系。

(3) 输出信息的模糊判决,并完成由模糊量到精确量的转化。

图 2-11 所示为基于 Mamdani 模型的模糊控制器的结构图。由图可以看到,该模糊控制器由模糊化、知识库、模糊推理和解模糊 4 部分组成。

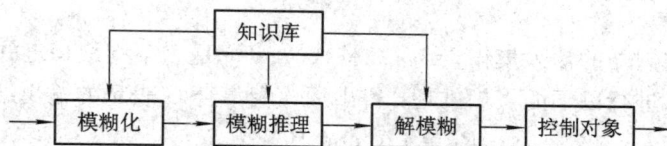

图 2-11　基于 Mamdani 模型的模糊控制器的结构图

1. 模糊化

模糊化的作用是将输入的清晰量转换成模糊量,其中输入量包括外界的参考输入、系统的输出或状态等。

模糊化接口接收的输入量只有误差信号 e_t,由 e_t 再生成误差变化率 $\dot{e}_t$ 或误差的差分 Δe_t,模糊化接口主要完成以下两项功能。

(1) 论域变换: e_t 和 $\dot{e}_t$ 都是非模糊的普通变量,它们的论域(即变化范围)是实数域上的一个连续闭区间,称为真实论域,分别用 X 和 Y 来代表。在模糊控制器中,真实论域要变换到内部论域 X' 和 Y'。如果内部论域是离散的(有限个元素),模糊控制器称为"离散论域的模糊控制器"($D\text{-}FC$),如果内部论域是连续的(无穷多个元素),模糊控制器称为"连续论域的模糊控制器"($C\text{-}FC$)。对于 $D\text{-}FC$,X',$Y'=\{0\pm$ 整数$\}$;对于 $C\text{-}FC$,X',$Y'=[-1,1]$。无论是 $D\text{-}FC$ 还是 $C\text{-}FC$,论域变换后 e_t、$\dot{e}_t$ 变成 e_t^*、$\dot{e}_t^*$,相当于乘了一个比例因子。

(2) 模糊化:论域变换后 e_t^* 和 $\dot{e}_t^*$ 仍是非模糊的普通变量,对它们分别定义若干个模糊集合,如:"负大(NL)""负中(NM)""负小(NS)""零(Z)""正小(PS)""正中(PM)""正大(PL)",并在其内部论域上规定各个模糊集合的隶属度函数。在 t 时刻输入信号的值 e_t 和 $\dot{e}_t$ 经论域变换后得到 e_t^* 和 $\dot{e}_t^*$,再根据隶属度函数的定义可以分别求出 e_t^* 和 $\dot{e}_t^*$ 对各模糊集合的隶属度,如 $\mu_{NL}(e_t^*)$、$\mu_{NM}(e_t^*)$,这样就把普通变量的值变成了模糊变量(即语言变量)的值,完成了模糊化的工作。注意在这里,e_t^* 和 $\dot{e}_t^*$ 既代表普通变量又代表模糊变量,作为普通变量时其值在论域 X'、Y' 中,是普通数值;作为模糊变量时其值在论域[0,1]中,是隶属度。

2. 知识库

知识库中存储着有关模糊控制器的一切知识,它们决定着模糊控制器的性能,是模糊控制器的核心。知识库又分为两部分，分别介绍如下。

（1）数据库：此数据库区别于计算机软件中数据库的概念。知识库的数据库存储着有关模糊化、模糊推理、解模糊的一切知识，如前面已经介绍的模糊化中的论域变换方法、输入变量各模糊集合的隶属度函数定义等，以及将在下面介绍的模糊推理算法、解模糊算法、输出变量各模糊集合的隶属度函数定义等。

（2）规则库：其中包含一组模糊控制规则，即以"如果……，那么……"形式表示的模糊条件语句，例如：

R_1：如果 x 是 A_1 and y 是 B_1，那么 z 是 C_1；

R_2：如果 x 是 A_2 and y 是 B_2，那么 z 是 C_2；

⋮

R_m：如果 x 是 A_m and y 是 B_m，那么 z 是 C_m。

3. 模糊推理

设已知模糊控制器的输入模糊量为：x 是 A' and y 是 B'，则根据已知的输入及上述的模糊控制规则可以进行以下的模糊推理，得出用模糊集合 C' 表示的输出结果为

$$R_i = (A_i \text{ and } B_i) \rightarrow C_i \tag{2.26}$$

$$R = \bigcup_{i=1}^{m} R_i \tag{2.27}$$

$$C' = (A' \text{ and } B') \circ R \tag{2.28}$$

其中包括了 3 种主要的模糊逻辑运算：and 运算、合成运算"∘"和蕴含运算"→"。and 运算通常采用求交（取小）或求积（代数积）的方法；合成运算"∘"通常采用"最大-最小"或"最大-积（代数积）"的方法；蕴含运算"→"通常采用求交（R_c）或求积（R_p）的方法。

4. 解模糊

以上通过模糊推理得到的结果仍是模糊量，而对于实际的控制则必须为清晰量。因此需要将模糊量转换成清晰量，这就是清晰化计算所要完成的任务。清晰化计算通常有以下几种方法：

（1）最大隶属度：若输出量模糊集合 C' 的隶属度函数只有一个峰值，则取隶属度函数的最大值为清晰值，即

$$\mu_{C'}(z_0) \geqslant \mu_{C'}(z), \quad z \in \mathbf{Z} \tag{2.29}$$

式中，z_0 表示清晰值。若输出量的隶属度函数有多个极值，则取这些极值的平均值为清晰值。

（2）中位数法：取 $\mu_{C'}(z)$ 的中位数作为 z 的清晰量，即 $z_0 = df(z) = \mu_{C'}(z)$ 的中位数，它满足

$$\int_a^{z_0} \mu_{C'}(z)dz = \int_{z_0}^b \mu_{C'}(z)dz \tag{2.30}$$

也就是说，以 z_0 为分界，$\mu_{C'}(z)$ 与 z 之间面积两边相等。

（3）加权平均法：这种方法取 $\mu_{C'}(z)$ 的加权平均值为 z 的清晰值，即

$$z_0 = df(z) = \frac{\int_a^b z\mu_{C'}(z)dz}{\int_a^b \mu_{C'}(z)dz} \tag{2.31}$$

它类似于重心计算,所以也称重心法。对于论域为离散的情况则有

$$z_0 = \frac{\sum\limits_{i=1}^{m} z_i \mu_C(z)}{\sum\limits_{i=1}^{m} \mu_C(z)} \qquad (2.32)$$

5. 论域、量化因子、比例因子

设误差的实际范围为 $[-x_e, x_e]$,误差变化的实际范围为 $[-x_e, x_e]$,被控对象控制变量 u(模糊控制器输出变量)的基本论域为 $[-y_u, y_u]$,控制量的基本论域也是精确量,误差变量所取的模糊子集的论域为

$$\{-n, -n+1, \cdots, 0, \cdots, n-1, n\}$$

误差变化变量所取的模糊子集的论域为

$$\{-m, -m+1, \cdots, 0, \cdots, m-1, m\}$$

控制量所取的模糊子集的论域为

$$\{-l, -l+1, \cdots, 0, \cdots, l-1, l\}$$

为了进行模糊化处理,必须将输入变量从实际范围转换到相应的模糊集的论域,这中间需将输入变量乘以相应的量化因子。量化因子一般用 K 表示,误差的量化因子 K_e 及误差变化的量化因子 K_e 分别由下面两个公式来确定,即

$$K_e = \frac{n}{x_e} \qquad (2.33)$$

$$K_e = \frac{m}{x_e} \qquad (2.34)$$

在模糊控制器实际工作过程中,一般误差和误差变化的基本论域选择范围要比模糊论域选择范围小得多,所以量化因子一般都大于1,如 $K_e = 10$,$K_e = 200$。

此外,每次采样经模糊控制算法给出的控制量还不能直接控制对象,必须将其转换到为控制对象所能接受的基本论域中去,输出控制量的比例因子由下式确定:

$$K_u = \frac{y_u}{l} \qquad (2.35)$$

由于控制量的基本论域为一个连续的实数域,所以,从控制量的模糊论域到基本论域的变换,可以利用式(2.35)计算,即

$$y_{ui} = K_u \cdot l_j \qquad (2.36)$$

式中,l_j 为控制量模糊集论域中的任一元素,或为控制量的模糊集所判决得到的确切控制量,y_{ui} 为控制量基本论域中的一个精确量。

比较量化因子和比例因子,不难看出,两者均是考虑两个论域变换而引出的,但对输入变量而言的量化因子确实具有量化效应,而对输出而言的比例因子只起比例作用。

(1) K_e 的影响。参照图 2-12,设模糊集论域为 $[-6, +6]$,横坐标表示 $e(t)$ 的基本论域,纵坐标表示模糊集论域。

由图可以看出:

如果 $K_e = 1$,则 $e(t)$ 的变化范围为 $[-6, +6]$;

如果 $K_e = 0.5$,则 $e(t)$ 的变化范围为 $[-12, +12]$;

如果 $K_e = 2$,则 $e(t)$ 的变化范围为 $[-3, +3]$;

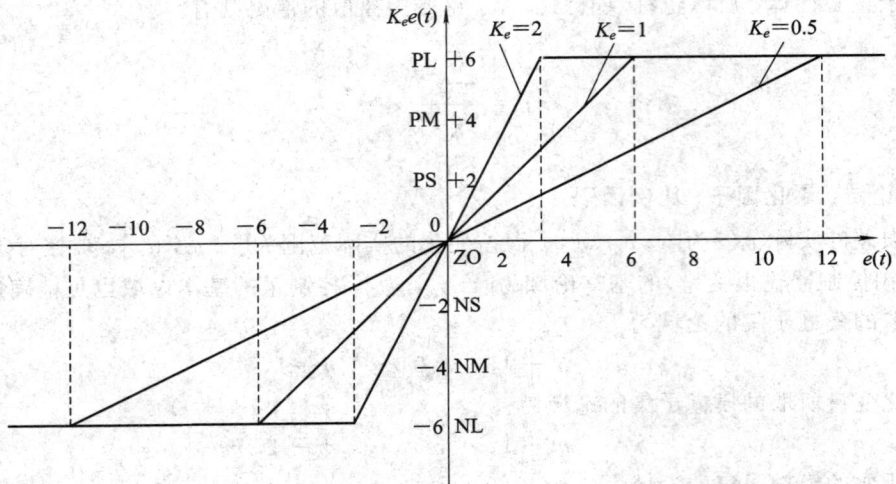

图 2-12　增益系数 K_e 的影响

也就是说：

① $K_e=1$ 时，模糊控制器输入范围为 $[-6, +6]$。

② $K_e<1$ 时，模糊控制器输入范围为 $[-x_e, +x_e]$；$e(t)$ 范围变大，意味着对输入的敏感度降低，减弱了偏差量的控制作用。

③ $K_e>1$ 时，模糊控制器输入范围为 $[-x_e, +x_e]$；$e(t)$ 范围变小，意味着对输入的敏感度升高，增强了偏差量的控制作用。

K_e 的大小对系统的动态性能影响很大。K_e 选得较大时，系统上升较快，超调量也较大，过渡过程较长。

（2）$K_{\dot{e}}$ 的影响。参照图 2-13，由图中 A、B、C 三点可以看出，当 $K_{\dot{e}}=1$ 时，$\dot{e}(t)=4$（A 点），取得偏差变化语言值为 PM；而当 $K_{\dot{e}}=2$ 时，$\dot{e}(t)=2$（B 点），取得偏差变化语言值为 PM；而当 $K_{\dot{e}}=0.5$ 时，$\dot{e}(t)=8$（C 点），取得偏差变化语言值为 PM；$K_{\dot{e}}$ 对系统性能的影响是：$K_{\dot{e}}$ 越大，$\dot{e}(t)$ 范围变小，控制作用增强。因此，$K_{\dot{e}}$ 选择越大时，系统超调量减小，

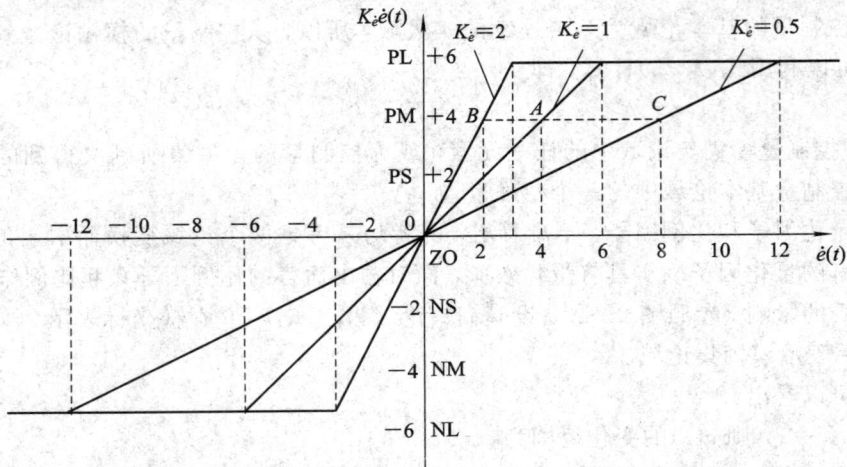

图 2-13　增益系数 $K_{\dot{e}}$ 的影响

系统响应速度变慢。K_i 对系统超调量的遏制作用十分明显。

（3）输出系数 K_u 的影响。可将模糊控制器输出比例因子 K_u 同模糊控制器输出隶属度函数联系起来分析。

如图 2-14 所示，若模糊控制器推理结果得出模糊集合 PM，反模糊化后其值 u 为 4：

① $K_u=1$ 时，加到被控对象上实际控制量为 $K_u \cdot u=4$（A 点）。

② $K_u<1$ 时，加到被控对象上实际控制量为 $K_u \cdot u<4$（C 点）。

③ $K_u>1$ 时，加到被控对象上实际控制量为 $K_u \cdot u>4$（B 点）。

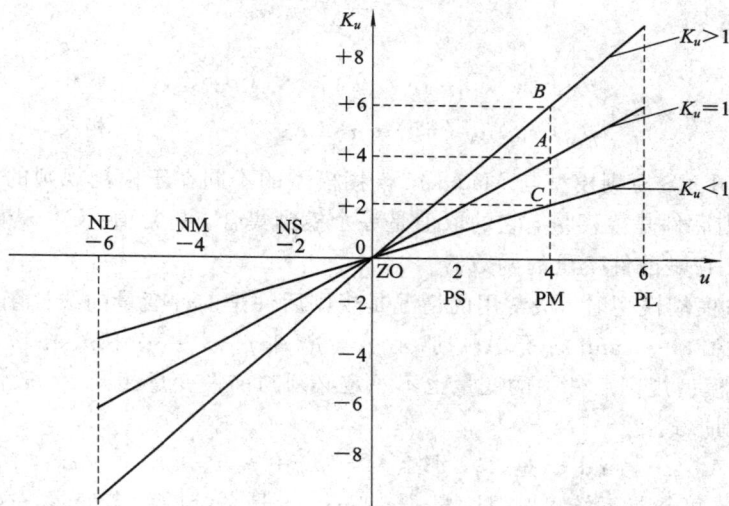

图 2-14　增益系数 K_u 的影响

这就说明 K_u 不同，在模糊控制器输出相同的情况下，加到被控对象上的实际控制量不同。K_u 选择越小，会使系统动态响应过程变长。而 K_u 越大，则控制器的控制作用就越强，系统响应就越快，易超调，K_u 选择过大会导致系统振荡。特别要注意的是，不能为了使系统响应变快，而无限制地增加 K_u 的值，因为 K_u 选择过大，加到被控对象上的实际控制量会超出实际物理被控对象的接受能力，当然就达不到快速响应的目的。

2.5.2　T-S 模糊推理模型

1985 年，日本的高木（Takagi）和关野（Sugeno）提出了一种动态系统的模糊模型辨识方法，这种模型一般称为 T-S 模糊模型。T-S 模糊模型也称 TSK 模糊模型，旨在开发从给定的输入-输出数据集产生模糊规则的系统化方法。T-S 模糊推理将去模糊化也结合到模糊推理中，其输出为精确量，这是由 T-S 模糊规则的形式所决定的。在 T-S 模糊规则的后件部分的输出量表示为输入量的线性组合。T-S 模糊推理算法与 Mamdani 型类似，其中输入量模糊化和模糊逻辑运算过程完全相同，主要差别在于输出隶属度函数的形式，它的规则为

R_i：如果 x_1 是 A_1^i，…，and x_n 是 A_n^i，那么 $y=f_i(x_1,\cdots,x_n)$，$i=1,2,\cdots,m$

其中前件中的 $x_1,\cdots,x_n$ 是模糊系统的输入，它们是模糊变量；$A_1^i,\cdots,A_n^i$ 均是模糊集合，它们是 $x_1,\cdots,x_n$ 的取值，前件中的 $x_1,\cdots,x_n$ 和 $A_1^i,\cdots,A_n^i$ 都是模糊集合；后件中的 y

是系统的输出，它是输入变量 x_1，…，x_n 的函数；后件中的 y 和 x_1，…，x_n 均为清晰量。

若已知 $x_1 = x_{10}$，…，$x_n = x_{n0}$，则推理计算结果为

$$y = \frac{\sum_{i=1}^{m} \alpha_i f_i(x_{10}, \cdots, x_{n0})}{\sum_{i=1}^{m} \alpha_i} = \sum_{i=1}^{m} \beta_i f_i(x_{10}, \cdots, x_{n0}) \qquad (2.37)$$

$$\beta_i = \frac{\alpha_i}{\sum_{i=1}^{m} \alpha_i} \qquad (2.38)$$

式中

$$\alpha_i = \begin{cases} \mu_{A_1^i}(x_{10}) \bigcap \mu_{A_2^i}(x_{20}) \bigcap \cdots \bigcap \mu_{A_n^i}(x_{n0}) & \text{取小} \\ \mu_{A_1^i}(x_{10}) \mu_{A_2^i}(x_{20}) \cdots \mu_{A_n^i}(x_{n0}) & \text{相乘} \end{cases} \qquad (2.39)$$

可以看出，T-S 模糊模型与 Mamdani 模糊模型的不同在于模糊规则的后件。Mamdani 模糊模型的规则后件是模糊量，它的取值是一个模糊集合，是常值；T-S 模糊模型的规则后件是清晰量，它是前件变量的函数。

在用 T-S 模糊模型时，最常用的情况是规则后件是前件变量的线性函数，即

R_i：如果 x_1 是 A_1^i，…，and x_n 是 A_n^i，那么 $y = p_{i0} + p_{i1}x_1 + \cdots + p_{in}x_n$，$i = 1, 2, \cdots, m$

T-S 模糊模型规则后件中的变量也不一定必须与前件变量相同，一般情况下，模糊规则也可以是下列形式：

R_i：如果 z_1 是 A_1^i，…，and z_q 是 A_q^i，那么 $y = p_{i0} + p_{i1}x_1 + \cdots + p_{in}x_n$，$i = 1, 2, \cdots, m$

其中，z_1，…，z_q 可能是系统可观测变量，x_1，…，x_n 是系统的状态变量，这时规则的适用度可用下式来计算：

$$\alpha_i = \begin{cases} \mu_{A_1^i}(z_{10}) \bigcap \mu_{A_2^i}(z_{20}) \bigcap \cdots \bigcap \mu_{A_q^i}(z_{q0}) & \text{取小} \\ \mu_{A_1^i}(z_{10}) \mu_{A_2^i}(z_{20}) \cdots \mu_{A_q^i}(z_{q0}) & \text{相乘} \end{cases} \qquad (2.40)$$

2.6　模糊控制的应用

2.6.1　模糊控制的原理与特点

模糊控制是以模糊集合论、模糊语言变量及模糊逻辑为基础的计算机智能控制，它是模糊数学在控制系统中的应用。它是利用人的知识对控制对象进行控制的一种方法，通常用"if 条件，then 结果"的形式来表现，所以又通俗地称为语言控制。一般用于无法以严密的数学表示的控制对象模型，即可利用人（或熟练专家）的经验和知识来达到很好地控制。

模糊控制的基本原理框图如图 2-15 所示。它的核心是模糊控制器，模糊控制器的控制规律由计算机程序来实现，实现模糊控制算法的过程描述如下：微机经中断采样获取被控制量的精确值，然后将此量与给定值比较得到误差信号，一般选误差信号作为模糊控制器的一个输入量。把误差信号的精确量进行模糊化变成模糊量，误差的模糊量可用相应的模糊语言来表示，得到误差的模糊语言集合的一个子集 e（e 是一个模糊矢量），再由 e 和模糊关系 R 根据推理的合成规则进行模糊决策，得到模糊控制量 u，即

$$U = e \circ R \tag{2.41}$$

式中，u 是一个模糊量。

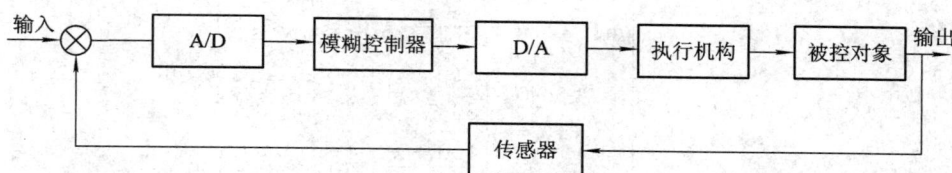

图 2-15 模糊控制的基本原理框图

为了对被控对象施加精确的控制，还需将模糊量 u 转换为精确量，从而得到精确的数字控制量，再经数模转换变为精确的模拟量送到执行机构去执行，同时，中断并等待第二次采样，然后进行第二步控制。这样循环下去，就实现了被控对象的模糊控制。

综上所述，模糊控制的基本算法可概括为以下 4 个步骤：

（1）根据本次采样得到的系统输出值，计算所选择的系统输入变量；

（2）将输入变量的精确值变为模糊量；

（3）根据输入变量（模糊量）及模糊控制规则，按模糊推理合成规则计算控制量（模糊量）；

（4）由上述得到的控制量（模糊量）计算精确的控制量。

通过上述的模糊控制系统的基本原理说明，可以看到模糊控制系统具有如下优点：

（1）模糊控制系统不依赖于系统精确的数学模型，特别适用于复杂系统与模糊性对象等，这是因为它们的精确数字模型很难获得或者根本无法找到。

（2）模糊控制中的知识表示、模糊规则和合成推理是基于专家知识或熟练操作者的成熟经验形成的，可通过学习而不断更新。因此，它具有智能性和自学习性的特点。

（3）模糊控制系统的核心是模糊控制器，而模糊控制器均以计算机为主体，因此它兼有计算机控制系统的特点，如具有数学控制的精确性与软件编程的柔软性等。

（4）模糊控制系统的人-机界面具有一定程度的友好性。它对于有一定操作经验而对控制理论并不熟悉的工作人员来说，很容易掌握和学会，并且易于使用"语言"进行人-机对话，从而更好地为操作者提供控制信息。

2.6.2 基于 **Mamdani** 模糊推理模型的应用

1. 洗衣机模糊控制

本节以一个简单的洗衣机模糊控制为例，阐述其模糊控制系统设计，该控制系统是一个开环的模糊决策过程，设计的主要步骤包括以下几点。

1）确定模糊控制器的输入输出变量

控制器有两个输入量和一个输出量，控制器的输入量分别为衣物的脏污程度（单位为百分比％）和衣物的重量（单位为 kg），输出量为洗衣机的洗涤时间（单位为 min）。

2）定义模糊集合

将衣物的脏污程度分为 3 个模糊集合：DS（不太脏）、DM（脏）、DL（很脏）；将衣物的重量分为 3 个模糊集合：GS（轻）、GM（重量适中）、GL（重）；将洗衣机的洗涤时间分为 5 个模糊集合：VS（很短）、S（短）、M（中等）、L（长）、VL（很长）。

3) 定义隶属度函数

选用如下三角形隶属度函数可实现衣物脏污程度的模糊化，如图 2-16 所示。

$$\mu_{脏污程度} = \begin{cases} \mu_{DS}(x) = \dfrac{50-x}{50} & 0 \leqslant x \leqslant 50 \\[2mm] \mu_{DM}(x) = \begin{cases} \dfrac{x}{50} & 0 \leqslant x \leqslant 50 \\[2mm] \dfrac{100-x}{50} & 50 < x \leqslant 100 \end{cases} \\[6mm] \mu_{DL}(x) = \dfrac{x-50}{50} & 50 < x \leqslant 100 \end{cases}$$

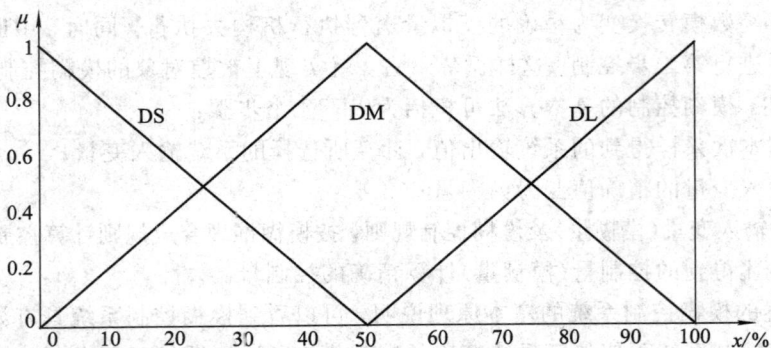

图 2-16 衣物脏污程度的隶属度函数

选用如下三角形隶属度函数可实现衣物重量的模糊化，如图 2-17 所示。

$$\mu_{衣物重量} = \begin{cases} \mu_{GS}(y) = \dfrac{5-y}{5} & 0 \leqslant y \leqslant 5 \\[2mm] \mu_{GM}(y) = \begin{cases} \dfrac{y}{5} & 0 \leqslant y \leqslant 5 \\[2mm] \dfrac{10-y}{5} & 5 < y \leqslant 10 \end{cases} \\[6mm] \mu_{GL}(y) = \dfrac{y-5}{5} & 5 < y \leqslant 10 \end{cases}$$

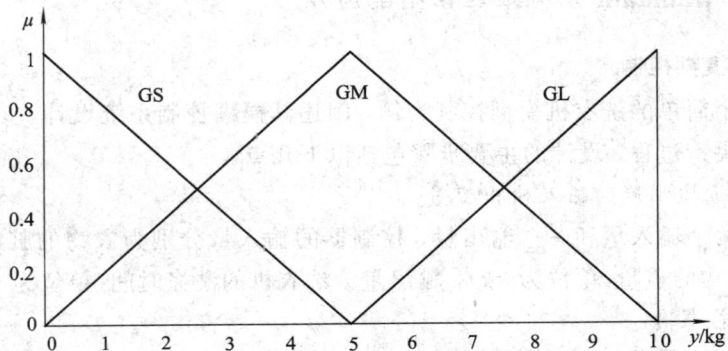

图 2-17 衣物重量的隶属度函数

选用如下三角形隶属度函数可实现洗衣机洗涤时间的模糊化，如图 2-18 所示。

$$\mu_{\text{洗涤时间}} = \begin{cases} \mu_{VS}(z) = \dfrac{10-z}{10} & 0 \leqslant z \leqslant 10 \\[2mm] \mu_S(z) = \begin{cases} \dfrac{z}{10} & 0 \leqslant z \leqslant 10 \\[2mm] \dfrac{25-z}{15} & 10 < z \leqslant 25 \end{cases} \\[6mm] \mu_M(z) = \begin{cases} \dfrac{z-10}{15} & 10 < z \leqslant 25 \\[2mm] \dfrac{40-z}{15} & 25 < z \leqslant 40 \end{cases} \\[6mm] \mu_L(z) = \begin{cases} \dfrac{z-25}{15} & 25 < z \leqslant 40 \\[2mm] \dfrac{60-z}{20} & 40 < z \leqslant 60 \end{cases} \\[6mm] \mu_{VL}(z) = \dfrac{z-40}{20} & 40 < z \leqslant 60 \end{cases}$$

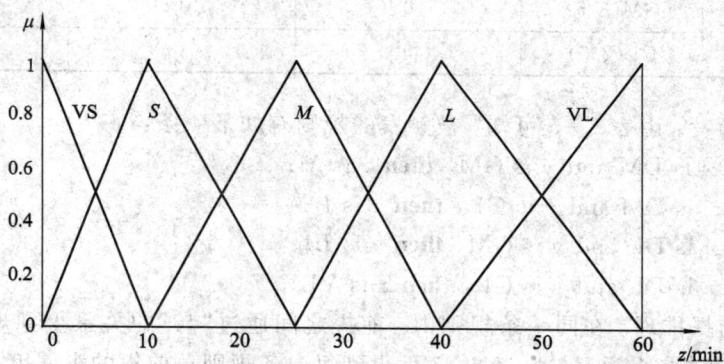

图 2-18　洗衣机洗涤时间的隶属度函数

4）建立模糊控制规则

根据人的操作经验设计模糊规则，模糊规则设计的标准为："衣物越重，脏污程度越大，洗涤时间越长"；"衣物重量适中，脏污程度适中，洗涤时间适中"；"衣物重量越轻，脏污程度越小，洗涤时间越短"。

5）建立模糊控制表

根据模糊规则的设计标准建立洗衣机的模糊规则表，见表 2-4。

表 2-4　洗衣机的模糊规则表

洗涤时间 z		脏污程度 x		
		DS	DM	DL
衣物重量 y	GS	VS*	M	L
	GM	S	M	L
	GL	M	L	VL

带 * 条规则表示的意义是："如果衣物不太脏,且衣物重量轻,那么衣物所需洗涤时间很短"。

6)模糊推理

(1)规则匹配。假定当前输入变量的信息为:x_0(脏污程度)$=60\%$,y_0(衣物重量)$=7$ kg,分别代入所属的隶属度函数中求隶属度值,得

$$\mu_{DS}(60) = 0, \quad \mu_{DM}(60) = \frac{4}{5}, \quad \mu_{DL}(60) = \frac{1}{5}$$

$$\mu_{GS}(7) = 0, \quad \mu_{GM}(7) = \frac{3}{5}, \quad \mu_{GL}(7) = \frac{2}{5}$$

由此可得到 4 条相匹配的模糊规则,见表 2-5。

表 2-5　匹配的模糊规则

洗涤时间 z		脏污程度 x		
		DS	DM(4/5)	DL(1/5)
衣物 重量 y	GS	0	9	0
	GM(3/5)	0	$\mu_M(z)$	$\mu_L(z)$
	GL(2/5)	0	$\mu_L(z)$	$\mu_{VL}(z)$

(2)规则触发。由表 2-5 可知,被触发的规则有如下 4 条:

规则 1:If x is DM and y is GM, **then** z is M;

规则 2:If x is DM and y is GL, **then** z is L;

规则 3:If x is DL and y is GM, **then** z is L;

规则 4:If x is DL and y is GL, **then** z is VL。

(3)规则前提推理。在同一条规则内,前提之间通过"与"的关系得到规则结论。前提的隶属度之间通过取小运算,由表 2-5 可得到每一条规则总前提的隶属度为

规则 1 前提的隶属度为:$\min\left(\dfrac{4}{5}, \dfrac{3}{5}\right) = \dfrac{3}{5}$;

规则 2 前提的隶属度为:$\min\left(\dfrac{4}{5}, \dfrac{2}{5}\right) = \dfrac{2}{5}$;

规则 3 前提的隶属度为:$\min\left(\dfrac{1}{5}, \dfrac{3}{5}\right) = \dfrac{1}{5}$;

规则 4 前提的隶属度为:$\min\left(\dfrac{1}{5}, \dfrac{2}{5}\right) = \dfrac{1}{5}$。

由此得到洗衣机规则前提隶属度表,即规则强度表,见表 2-6。

表 2-6　洗衣机规则前提隶属度表

规则前提		脏污程度 x		
		DS	DM(4/5)	DL(1/5)
衣物 重量 y	GS	0	0	0
	GM(3/5)	0	3/5	1/5
	GL(2/5)	0	2/5	1/5

（4）规则总的隶属度输出。将上述两个表进行"与"运算，得到每条规则的隶属度输出，见表 2-7。

表 2-7 洗衣机规则总的隶属度输出

规则前提		脏污程度 x		
		DS	DM(4/5)	DL(1/5)
衣物重量 y	GS	0	0	0
	GM(3/5)	0	$\min[3/5, \mu_M(z)]$	$\min[1/5, \mu_L(z)]$
	GL(2/5)	0	$\min[2/5, \mu_L(z)]$	$\min[1/5, \mu_{VL}(z)]$

（5）模糊系统总的输出。模糊系统总的输出为各规则隶属度推理结果的并集，即

$$\mu_{总}(z) = \max\left\{\min\left[\frac{3}{5}, \mu_M(z)\right], \min\left[\frac{2}{5}, \mu_L(z)\right], \min\left[\frac{1}{5}, \mu_L(z)\right), \min\left[\frac{1}{5}, \mu_{VL}(z)\right]\right\}$$

$$= \max\left\{\min\left[\frac{3}{5}, \mu_M(z)\right], \min\left[\frac{2}{5}, \mu_L(z)\right], \min\left[\frac{1}{5}, \mu_{VL}(z)\right]\right\}$$

可见，有三条规则被触发。

（6）解模糊。模糊系统总的输出 $\mu_{总}(z)$ 实际上是 3 个规则推理结果的并集，需要进行反模糊化，才能得到精确的推理结果，下面以最大隶属平均法进行反模糊化。

洗衣机的模糊推理过程如图 2-19 和图 2-20 所示。由图 2-20 可知，洗涤时间隶属度最大值为 $\mu=3/5$，将 $\mu=3/5$ 代入洗衣机洗涤时间的隶属度函数中的 $\mu_M(z)$，得

$$\mu_M(z) = \frac{z-10}{15} = \frac{3}{5}, \qquad \mu_M(z) = \frac{40-z}{15} = \frac{3}{5}$$

解之得 $z_1=19$，$z_2=31$。

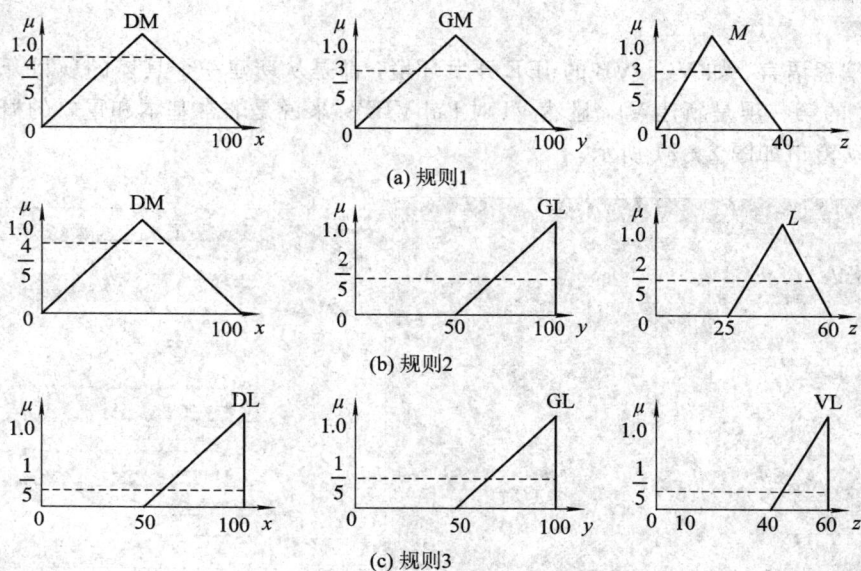

图 2-19 洗衣机的三个规则触发

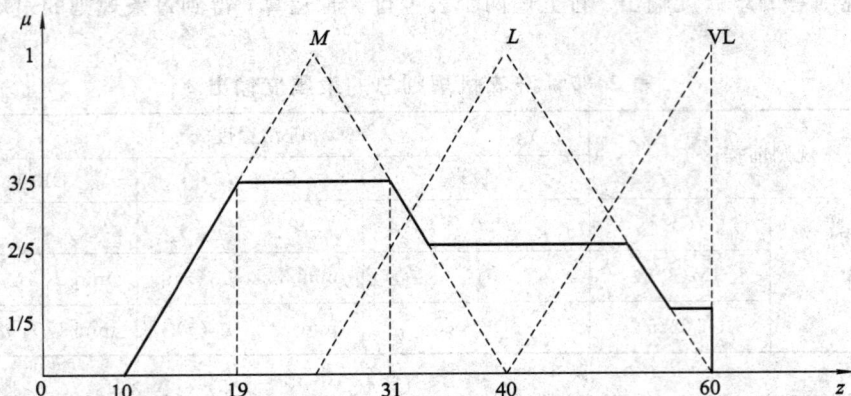

图 2-20　洗衣机的组合输出及反模糊化

采用最大平均法，可得精确输出为

$$z^* = \frac{z_1 + z_2}{2} = \frac{19 + 31}{2} = 25$$

即所需要的洗涤时间为 25 分钟。

7) LabVIEW 仿真实现

LabVIEW 是美国国家仪器公司（National Instruments）开发的专为数据采集、仪器控制、数据分析与数据表达设计的图形化编程环境，主要面向测试工程师而非专业程序员，编程非常方便，人机交互界面直观友好，具有强大的数据可视化分析和仪器控制能力等特点。

LabVIEW 同其他编程语言和软件一样，安装程序界面友好、容易使用。将安装光盘插入到光驱后，自动启动 LabVIEW 安装。只要输入正确的序列号，所有安装过程都能自动完成。安装结束后，重启计算机，然后用鼠标双击 LabVIEW 的快捷方式图标，即可启动 LabVIEW。

常规编程语言，如 VC、VB 的 IDE 开发环境，都是从新建一个具体的项目开始的，而 LabVIEW 的第一项是新建 VI，显然 VI 对 LabVIEW 来说是非常基本和重要的概念。LabVIEW 启动窗口如图 2-21 所示。

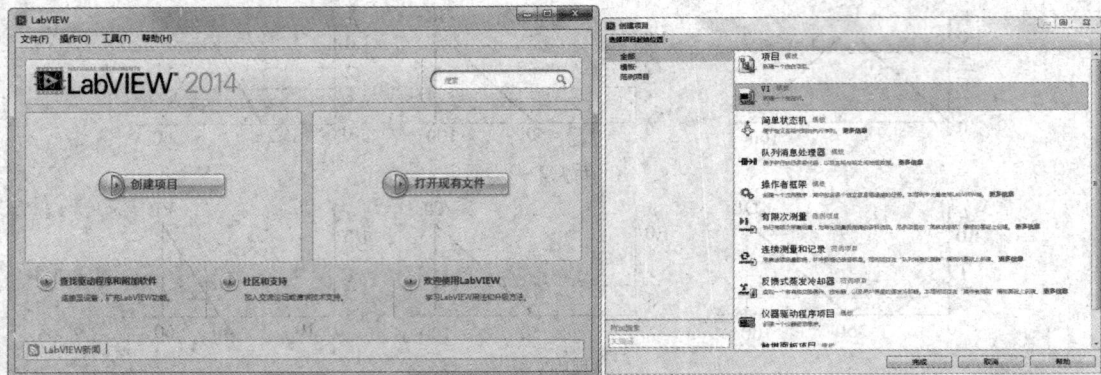

图 2-21　LabVIEW 启动窗口

新建一个 VI 后，出现两个常见的 Windows 窗口，分别为前面板和程序框图窗口（两个窗口可以通过快捷方式 Ctrl＋E 互相切换），如图 2－22 所示。在后面的讲述中将两个窗口简称为前面板和程序框图。

显然，前面板是需要放置各种控件的，而程序框图是用来编写代码的。LabVIEW 最大的特点是图形式编程语言，也就是说它的代码是完全图形化的，和常规的文本式编程语言截然不同。

通过菜单栏的"工具"菜单，可以调出控件选板和函数选板，如图 2－23 所示。其中控件选板用于在前面板中放置控件，函数选板用于在程序框图中放置函数（即程序代码）。

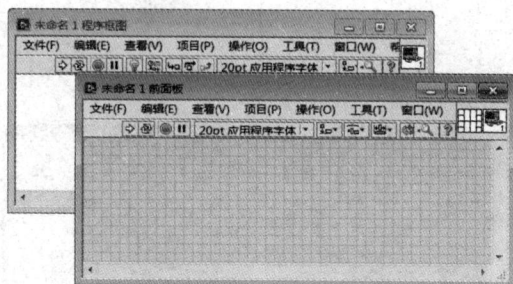

图 2－22　前面板窗口和程序框图窗口　　　　图 2－23　控件选板和函数选板

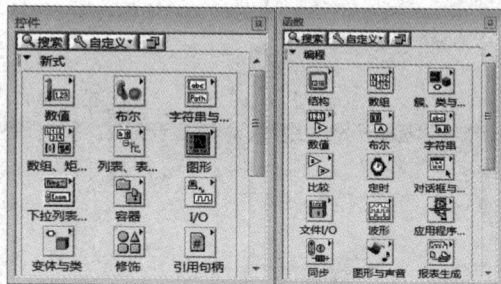

在后面的讲述中要用到 PID and Fuzzy Logic Toolkit 和 MathScrip 节点，这需要去 NI 官方网站下载并安装。

LabVIEW 的模糊逻辑工具包（Fuzzy Logic Toolkit）用于设计和完成基于规则的模糊逻辑系统，主要应用领域为工业过程控制及专家决策，它由以下几个不同功能的子 VI 组成。

（1）模糊逻辑控制器设计 VI（Fuzzy Logic Controller Design）：在 LabVIEW 环境下独立运行的 VI。打开工具条下面的"工具（T）"＞"控制和仿真"＞"Fuzzy System Designer"，就可以看到如图 2－24 所示的界面，通过这个界面即可完成模糊控制系统的设计。模糊逻辑控制器由模糊集合逻辑器、模糊规则库逻辑器和输入输出性能测试三部分组成。该 VI 提供了一个友好的图形用户界面（GUI），可以直观地设计和修改模糊控制器的隶属度函数、规则库、推理规则和去模糊方法等。设计的结果保存在一个以 .fs 结尾的文件中，应用程序时就会调用此文件。

（2）模糊控制器 VI（FL Fuzzy Controller. vi）：通过右击程序框图（进入函数菜单的快捷方式）进入函数选板，依次点击"控制和仿真"→"模糊逻辑"就可以找到 FL Fuzzy Controller. vi（在模糊逻辑这个函数选板中，所有的函数名都有前缀 FL，FL 为 Fuzzy Logic 的缩写），如图 2－25 所示。FL Fuzzy Controller. vi 作为程序的一个功能模块（函数），用于在应用程序中实现模糊控制算法。

通过函数选板找到 (FL Fuzzy Controller. vi)图标，单击该图标并将其拖到程序框图，其中 FL Fuzzy Controller. vi 有 4 种输入、输出模式，如图 2－26(a)所示；各端子功能如图 2－26(b)所示。

（3）调入控制器 VI（FL Load Fuzzy System. vi）：将 .fs 文件调入应用程序功能模块，

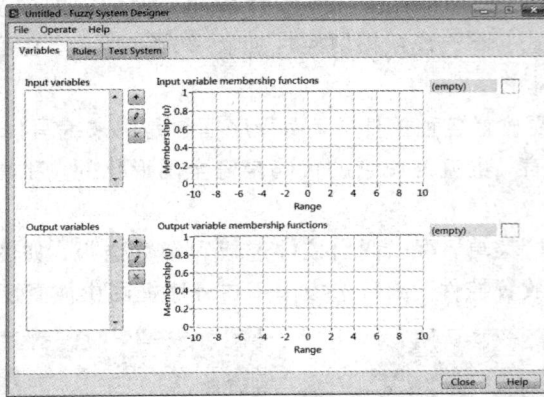

(a) 模糊集合逻辑器编辑界面

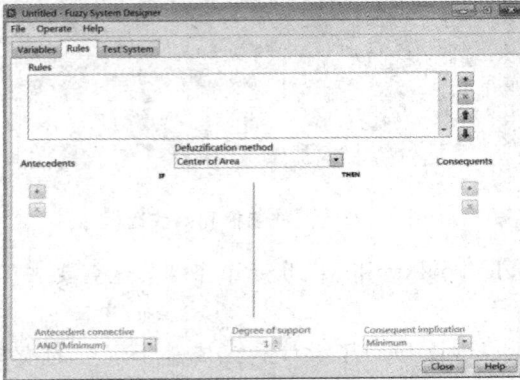

(b) 模糊规则库逻辑器编辑界面　　　　　　　(c) 输入输出性能测试界面

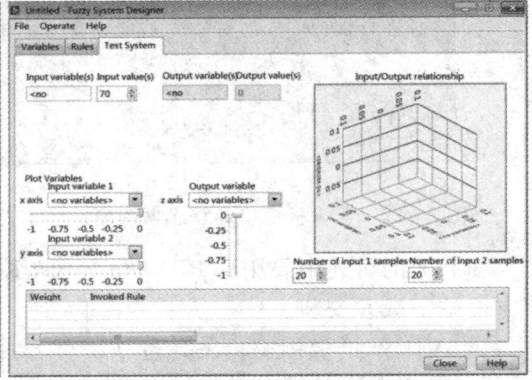

图 2-24　LabVIEW 模糊控制工具箱编辑界面

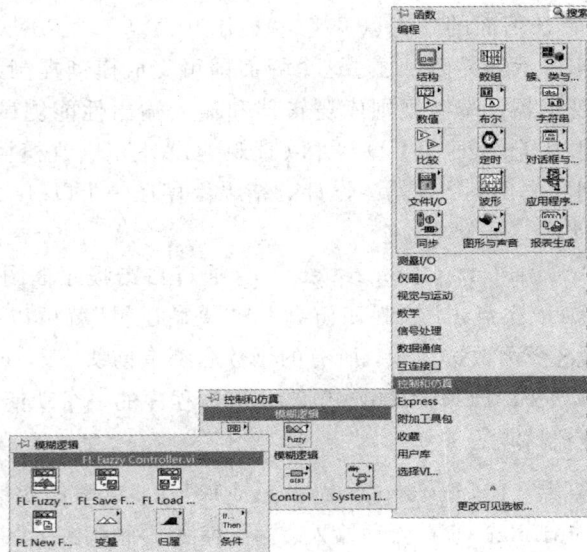

图 2-25　模糊逻辑选板

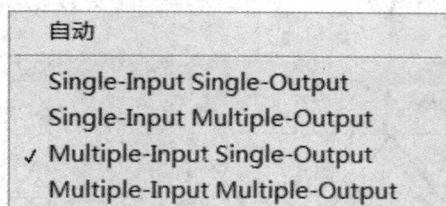

(a)输入输出模式　　　　　　　　(b) 各端子功能

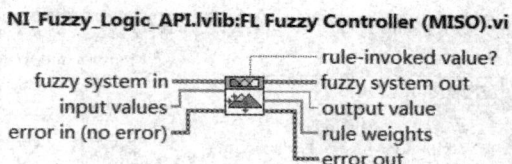

图 2-26　FL Fuzzy Controller. vi

将指定文件的 PID 参数加载到应用程序的模糊控制器中。

在图 2-25 中，可以看到 Load? Fuzzy System. vi 函数图标，它的端子功能如图 2-27 所示。

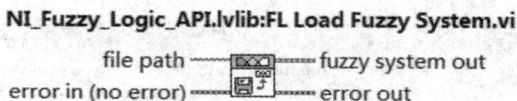

图 2-27　FL Load Fuzzy System. vi

在 NI LabVIEW 2014 环境下，利用模糊逻辑控制器设计隶属度函数编辑器、模糊规则库逻辑器，实现对系统模糊控制器的设计。

对洗衣机的语言变量即脏污程度、衣物重量和洗涤时间制定其模糊化的隶属度函数。首先，点击图 2-24(a)进行添加变量，继而出现如图 2-28 的界面。图中共有 3 个编辑界面和 1 个显示界面，分别为变量名称、论域、隶属度函数界面以及隶属度函数图像显示界面，接下来就可以对输入、输出变量进行编辑。

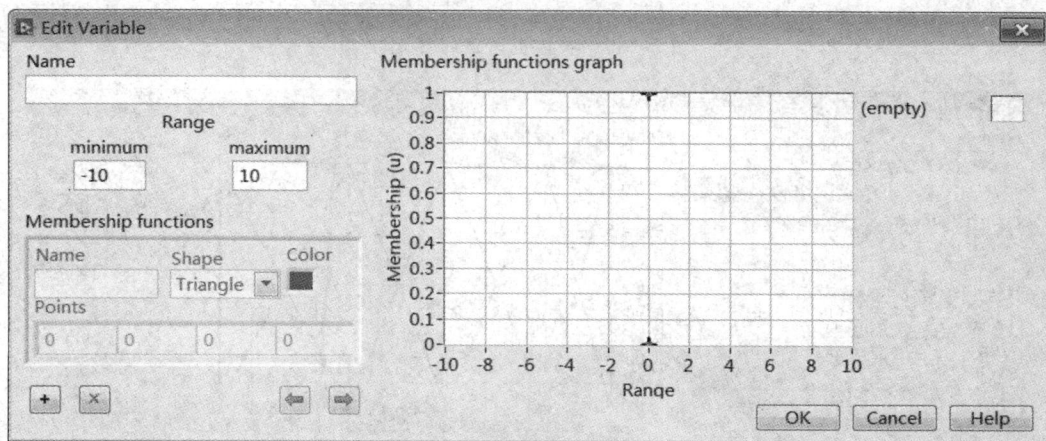

图 2-28　变量编辑界面

其中 LabVIEW 隶属度函数编辑一栏内置了五种隶属度函数：三角形、梯形、Z 形、S形和高斯型。系统中一般选择三角形隶属度函数来定义变量的隶属度，洗衣机的语言变量

（脏污程度、衣物重量和洗涤时间）的隶属度函数分别如图 2-29、图 2-30 和图 2-31 所示。

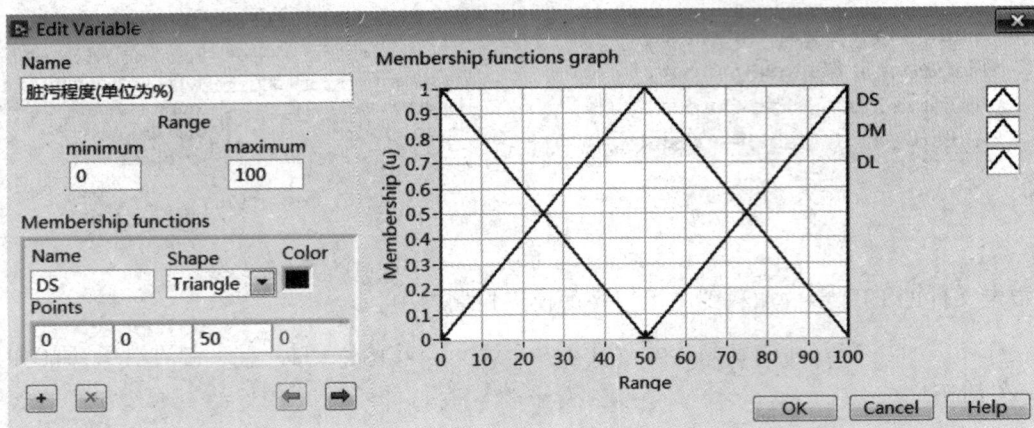

图 2-29　脏污程度隶属度函数

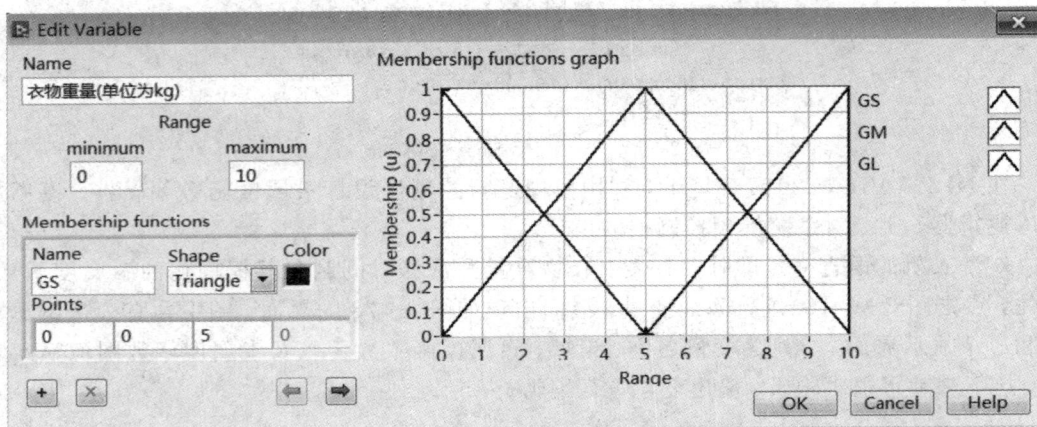

图 2-30　衣物重量隶属度函数

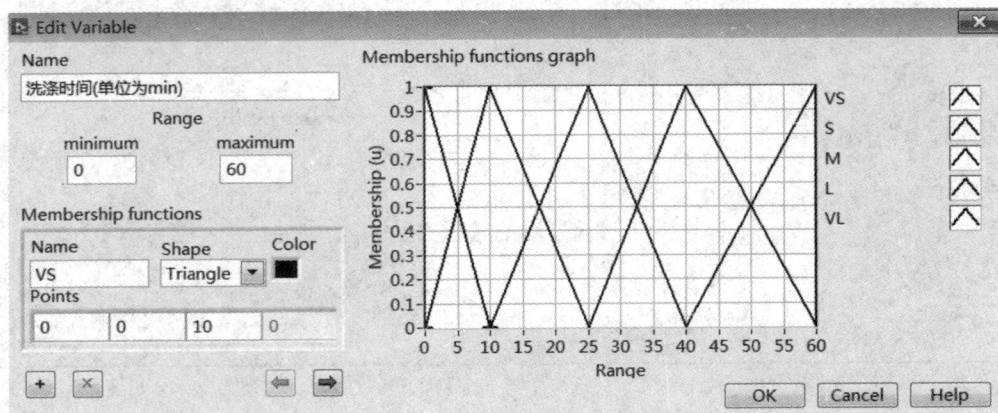

图 2-31　洗涤时间隶属度函数

　　模糊规则用来描述脏污程度和衣物重量所产生的作用下，模糊控制器的输出洗涤时间的变化。编辑好了输入、输出变量之后，我们进行模糊规则的添加，如图 2-24(b)就是模糊规则的编辑界面，首先进行前件变量的添加和输入间"与""或"的连接关系，接着添加输出变量及选择去模糊的方法。

　　根据模糊控制规则表，通过 LabVIEW 模糊逻辑器设计模糊规则库编辑器，确定"IF A and B，THEN u"形式的模糊规则，同时模糊推理方法选择常用的 Mamdani 法，解模糊化方法选择最大隶属度平均法。图 2-32 所示为 LabVIEW 洗衣机模糊控制规则逻辑界面。

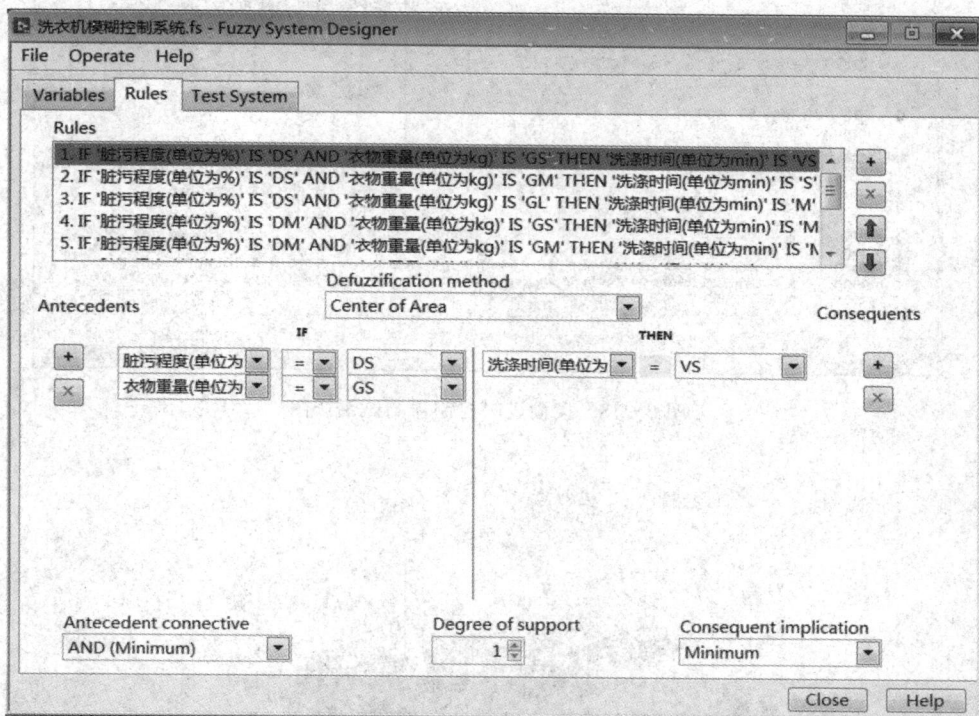

图 2-32　LabVIEW 洗衣机模糊控制规则逻辑界面

　　在洗衣机的输入、输出变量隶属度函数和模糊控制规则设计确定后，下一步对洗衣机的模糊逻辑控制器进行测试，其测试系统如图 2-33 所示。当衣物重量为 6 kg，脏污程度为 70%，洗衣机的洗涤时间为 25 min 时，表明控制规则合理。图 2-34 所示是模糊推理系统的输入-输出曲面图。

　　在 LabVIEW 环境下，将设计好的模糊逻辑控制器以后缀名.fs 的形式保存于一个数据文件中。在框图程序中，利用模糊控制器(Fuzzy Controller.vi)将设计好的模糊控制器作为一个图形功能模块同程序其他部分相连，并在运行时通过加载模糊控制器 VI(Load Fuzzy Controller.vi)将＊.fs 数据文件中的所有模糊控制器参数加载到模糊控制器 VI 中，以实现所需的控制功能。模糊控制器仿真程序框图如图 2-35 所示。

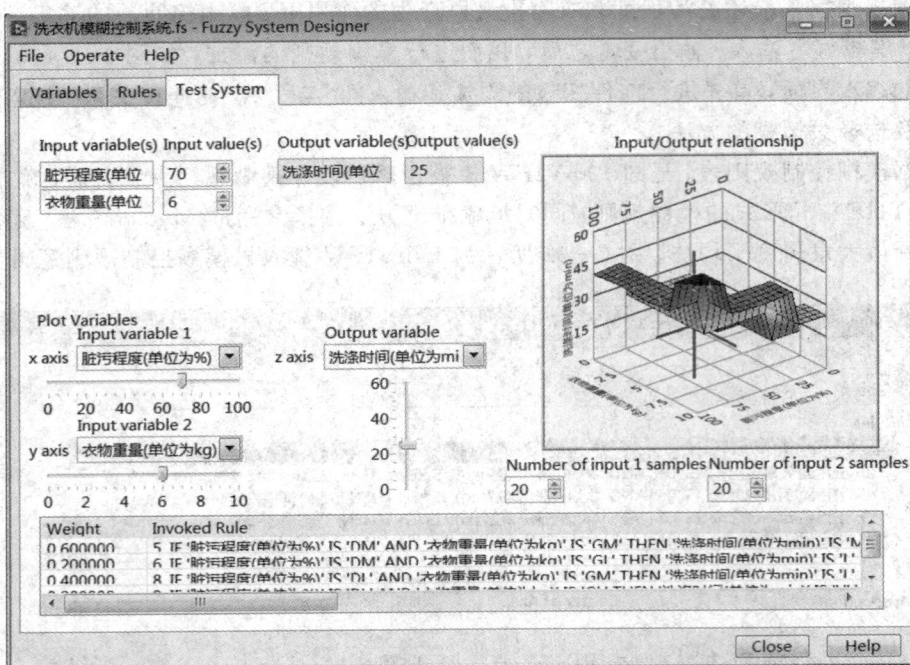

图 2-33 模糊逻辑控制器测试系统图

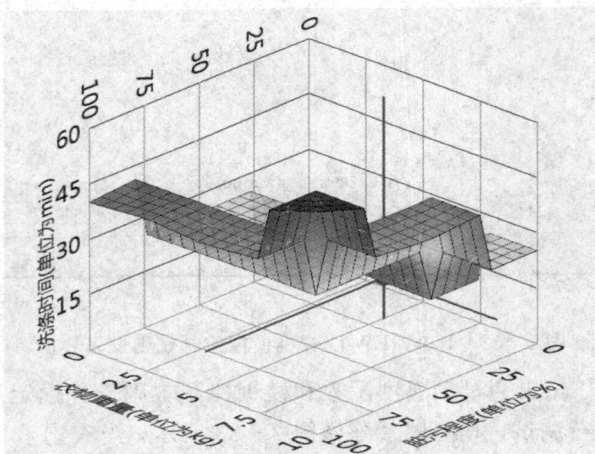

图 2-34 模糊推理系统的输入-输出曲面图

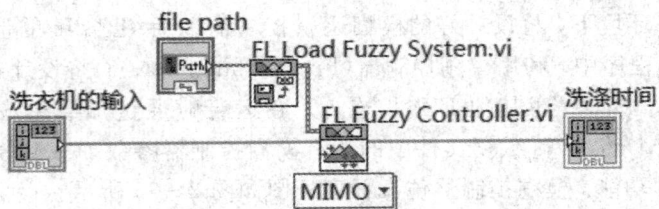

图 2-35 模糊控制器仿真程序框图

2. 直流电机的模糊控制

1）确定输入量和输出量

直流电动机采用的控制器为二维模糊控制器，将电动机实际的转速 n 与给定转速 n_{ref} 的偏差 e 以及偏差的变化率 ec 作为输入变量，偏差变化率是通过对转速偏差 e 求导得到，即

$$e = n_{ref} - n$$
$$ec = e' = (n_{ref} - n)'$$

经模糊化后的 e 和 ec 通过模糊控制规则来进行推理。

2）输入量和输出量的模糊化

分别定义转速偏差 e 和偏差率 ec 模糊子集为｛NL，NM，NS，ZO，PS，PM，PL｝，并将它们映射到论域［－6，6］，其隶属度函数分别如图 2-36、图 2-37 所示，定义模糊控制器的输出 u 模糊子集为｛NL，NM，NS，ZO，PS，PM，PL｝，将它们映射到论域［－8，8］，其隶属度函数如图 2-38 所示。

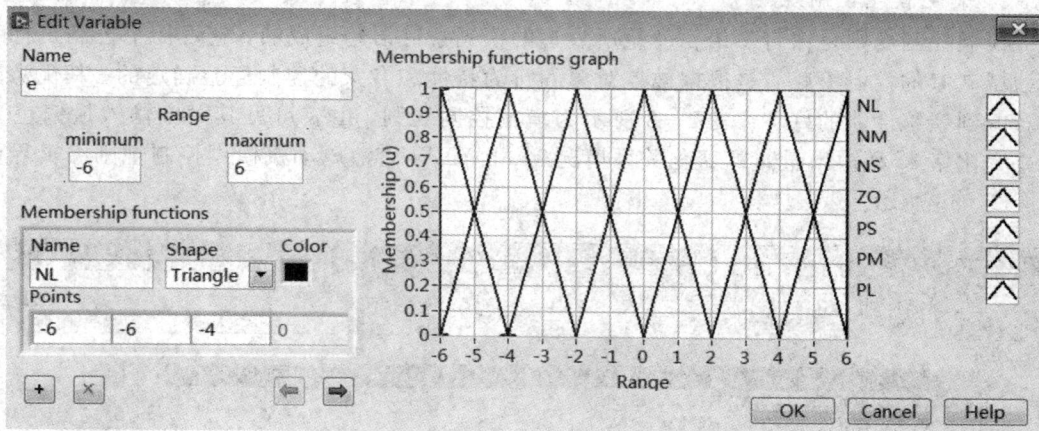

图 2-36　输入变量 e 的隶属度函数

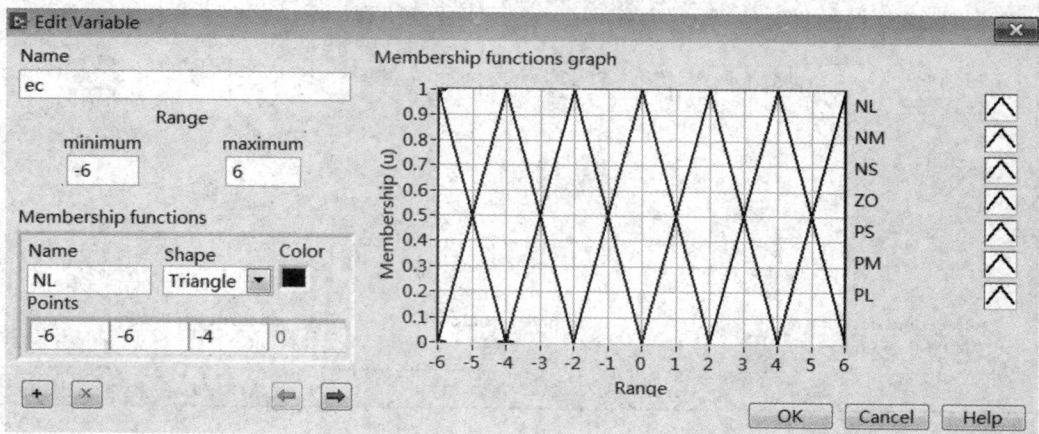

图 2-37　输入变量 ec 的隶属度函数

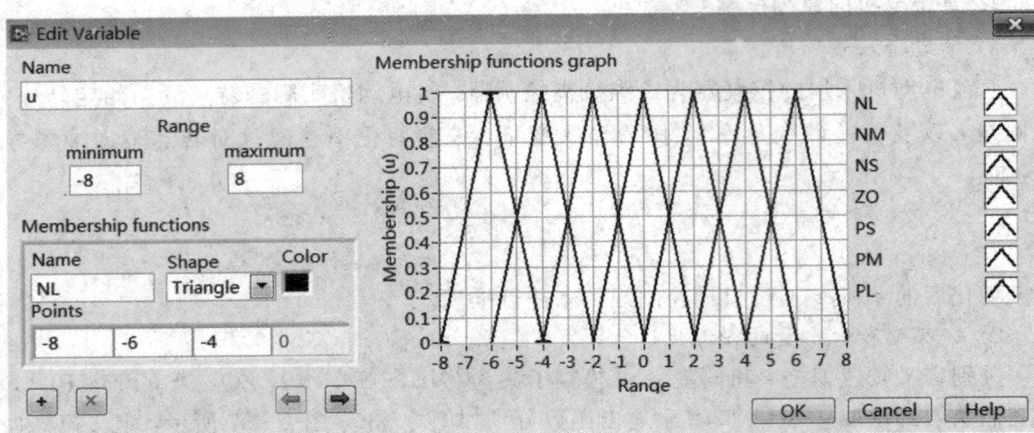

图 2 - 38　输出变量 u 的隶属度函数

3）制定模糊控制规则

　　模糊控制规则是由自然语言变量所表达的模糊条件语句组成的，它表征了控制目标和该领域专家的控制策略，是根据被控对象的行为特性和专家的控制经验确定的，其优劣直接影响到系统性能的好坏。表 2 - 8 所示为模糊控制规则，由表可见其对应输入量偏差 e、偏差变化率 ec 和输出量 u 的变化关系情况。LabVIEW 直流电动机模糊控制规则编辑界面如图 2 - 39 所示。

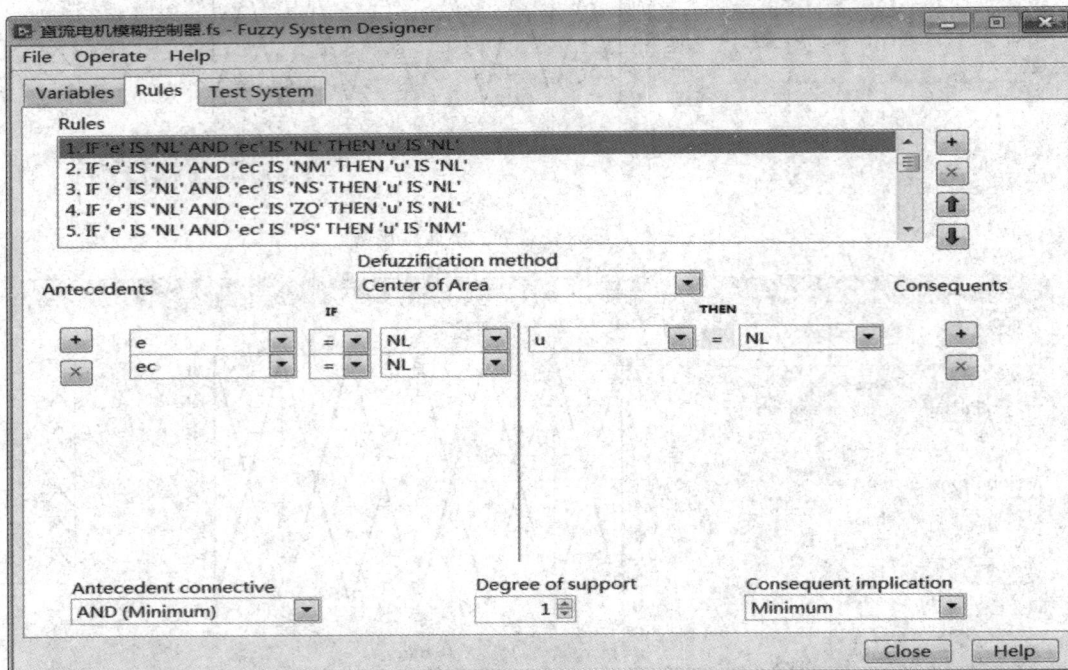

图 2 - 39　LabVIEW 直流电动机模糊控制规则编辑界面

表 2-8　模糊控制规则表

e \ ec	NL	NM	NS	ZO	PS	PM	PL
NL	NL	NL	NL	NM	NS	NS	ZO
NM	NL	NM	NM	NM	NS	ZO	ZO
NS	NM	NM	NS	NS	ZO	ZO	PS
ZO	NS	NS	ZO	ZO	ZO	PS	PS
PS	NS	ZO	ZO	PS	PS	PM	PM
PM	ZO	ZO	PS	PM	PM	PM	PL
PL	ZO	PS	PM	PM	PL	PL	PL

4) 解模糊

为了得到精确值来驱动执行机构，模糊控制器还需要进行解模糊（反模糊化）处理，即将输出的语言变量转变成精确的数值，模糊控制器运用重心法来对模糊子集进行反模糊化处理，从而得到解模糊结果。

5) LabVIEW 仿真实现

系统仿真框图如图 2-40 所示。

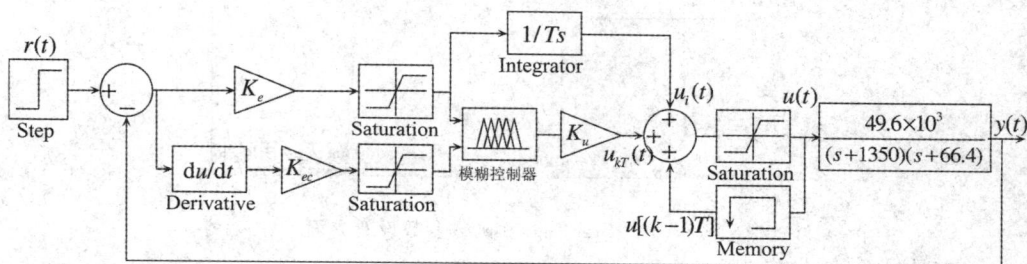

图 2-40　系统仿真框图

系统中被控对象（直流电动机）的传递函数为

$$H(s) = \frac{49.6 \times 10^3}{(s+1350)(s+66.4)}$$
$$= \frac{49\,600}{s^2 + 1416.4s + 89\,640}$$

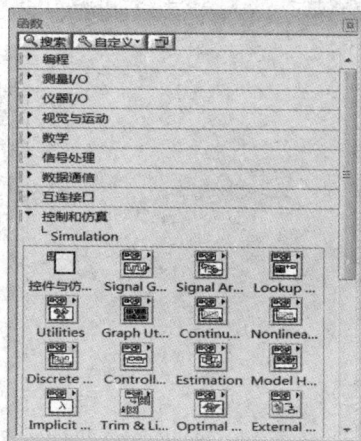

图 2-41　Simulation 函数选板

在程序框图界面，单击右键进入函数选板，在函数栏中点击"控制和仿真"，可以看到如图 2-41 所示的界面，单击"Simulation"就可以看到所需要的一些函数。在搭建整个系统模块之前，首先要建立仿真界面，也就是把"控件与仿真循环"函数拖到程序框图界面，接下来的所有函数都要在这个界面内放置，"控件与仿真循环"函数以外的程序框图界面是不接受"Simulation"一栏里的函数的，也就是说，"Simulation"一栏里的函数放置不到"控件与仿真循环"函数以外的程序框图界面。整个系统程序框图用到的函数有：阶跃信号函数、算术信号函数、限幅函数、传递函数、积分函数和微分函数等函数模块。

根据图 2-40 所示的系统仿真框图，可依次实现整个过程。首先，从 Simulation 函数选板中找到◻◻(Step Signal 函数)，双击进入如图 2-42 所示的界面进行设置，Polymorphic instance 有两个选项，分别是 Scalar(标量)和 Vector(矢量)，很显然应选择 Scalar(标量)；这里想要从零时刻开始输出一个幅值为 6 的阶跃信号，故 initial value(初始值)设为 0，final value(终值)设为 6，step time(阶跃时间)设为 0；在图 2-42 右侧可设置 Parameter source(参数源)，它也有两个选项，即 Configuration Dialog Box(配置对话框)和 Terminal (终端)，这里选择 Configuration Dialog Box，否则输入的参数要从外部给定。

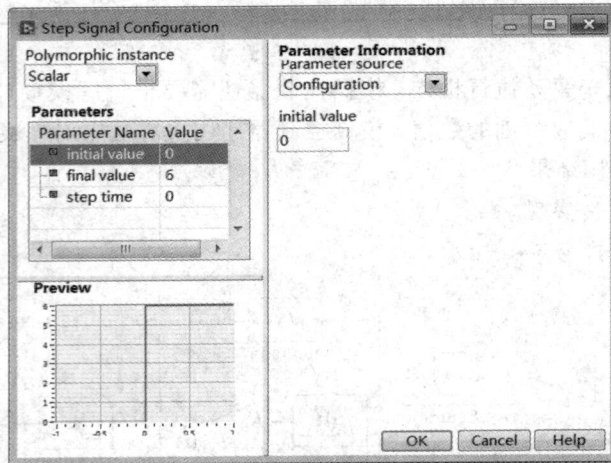

图 2-42 Step Signal 函数参数设置界面

图标 为 Summation 函数，同样双击该图标可以进行参数设计，可以通过 Icon shape Inputs 一栏选择 Summation 函数的外形形状(Circle 和 Rectangle)，如图 2-43 所示。双击运算符"＋""－""＝"，可以互相切换它们。

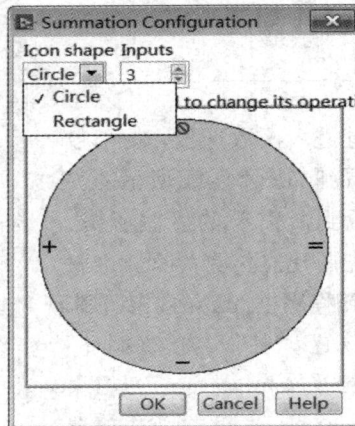

图 2-43 Summation 函数参数设置界面

Saturation 函数的图标为▦，它也是饱和函数，起到限幅的作用，在这个系统中要求输入论域为[−6，6]，可通过设置 lower limit 和 upper limit 的值来实现，如图 2－44 所示。

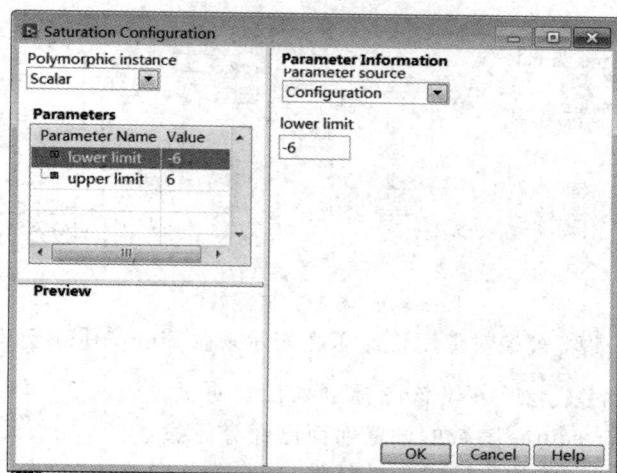

图 2－44 Saturation 函数参数设置界面

在 2.5.1 节中讲过量化因子这个概念，这个系统用到了量化因子 K_e、K_{ec} 和 K_u，在 LabVIEW 中通过 Gain 函数来实现，前面已经讲过，在 Parameter source 中，如果选择 Terminal 则数据来自外部给定，这里选择 Terminal 以便改变量化因子的大小。通过右击 Gain 函数的图标▷创建输入控件，如图 2－45(a) 所示；或者在前面板中通过控件选板放置输入控件，如图 2－45(b) 所示。

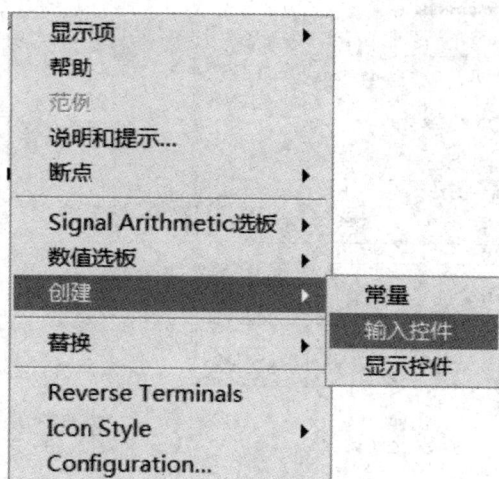

(a) 程序框图添加输入控件

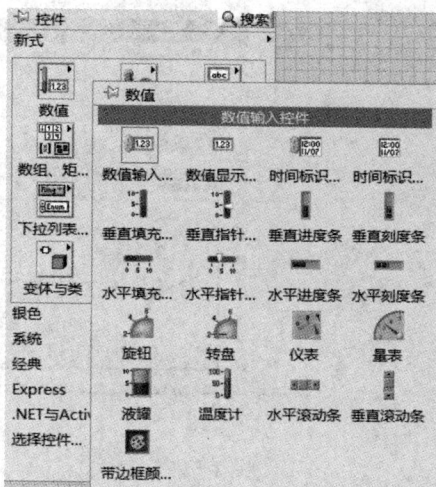

(b) 前面板添加输入控件

图 2－45 放置输入控件的两种方法

系统中求偏差率，只需对偏差进行求导即可，点击 Derivative 函数的图标▦拖到程序框图就可使用；同样，Integrator 函数▦的使用方法也是一样的。

基于上述函数模块介绍，就可以添加对应函数并连接得到模糊控制器的输入，如图 2-46 所示。通过创建数组函数 把偏差和偏差率连接在一起输入到模糊控制器中。

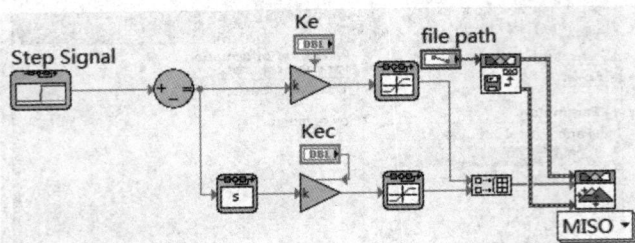

图 2-46 模糊控制器的输入

对于控制系统来说，被控对象用传递函数表示，在 Simulation 函数选板中，可以找到 Transfer Function 函数 ，双击该图标进入设置页面，如图 2-47 所示。Polymorphic instance 和 Parameter source 参数的设置前面已经介绍过了，Numerator 一栏用来设置分子参数，Denominator 一栏用来设置分母参数，电机的传递函数为

$$H(s) = \frac{49.6 \times 10^3}{(s + 1350)(s + 66.4)} = \frac{49\,600}{s^2 + 1416.4s + 89\,640}$$

要与图 2-47 设置的传递函数完全对应。

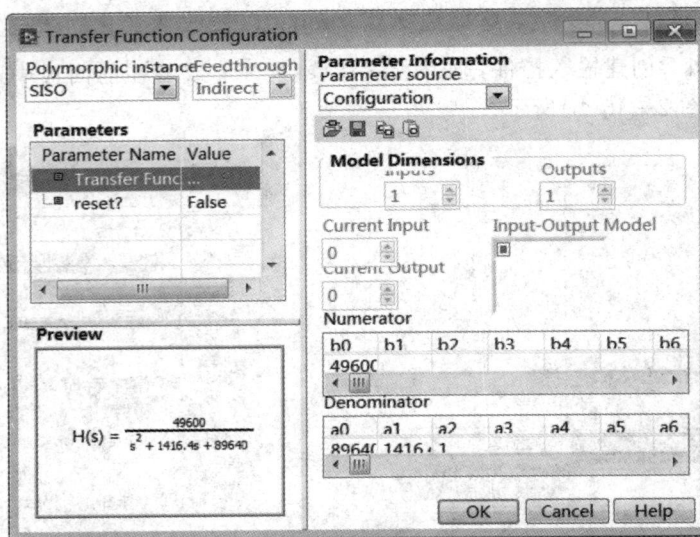

图 2-47 Transfer Function 函数设置页面

被控对象的输入由三部分组成：一是"归一化误差"$(K_e \cdot e)$ 的积分 $\int K_e \cdot e \, \mathrm{d}t$，二是模糊控制器解模糊后的输出 $K_{eu} \cdot u(t)$，三是上个时刻的总控制量 $U(t-1)$，该功能由具有记忆功能的 Memory 函数 完成，于是，被控对象的总输入为 $U(t) = \int K_e \cdot e \, \mathrm{d}t + K_{eu} \cdot u(t) + U(t-1)$，其具体过程如图 2-48 所示。

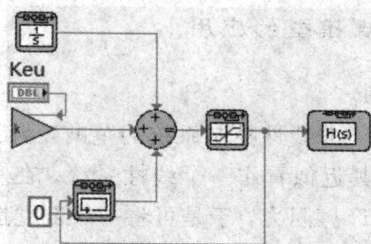

图 2-48　控制量的输出及系统的传递函数

　　通过以上几个模块的构建，就组成了整个直流电机的控制系统，其仿真的程序框如图 2-49 所示。

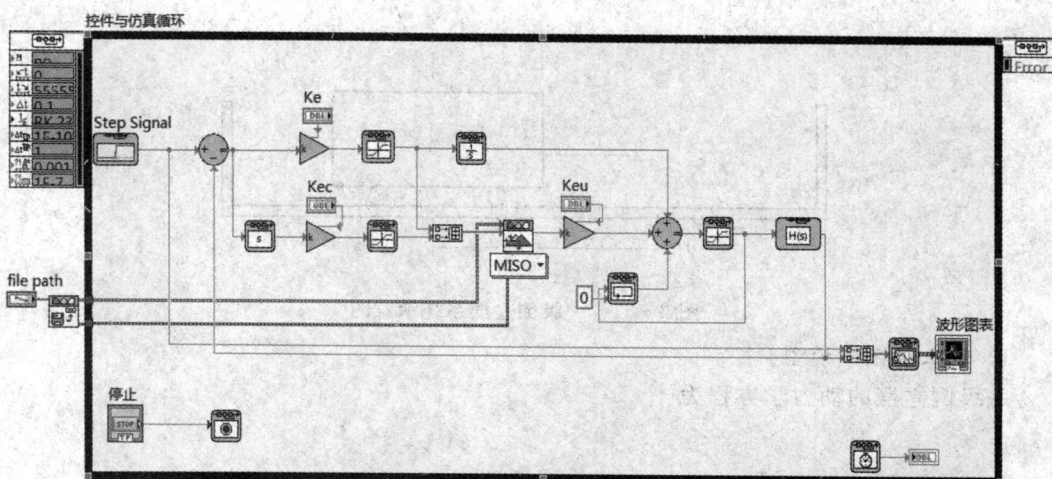

图 2-49　直流电机仿真的程序框

　　当给定参考输入为阶跃信号 $r(t)=6\varepsilon(t)$ 时（$\varepsilon(t)$ 为单位阶跃函数）时，系统的阶跃响应如图 2-50 所示。

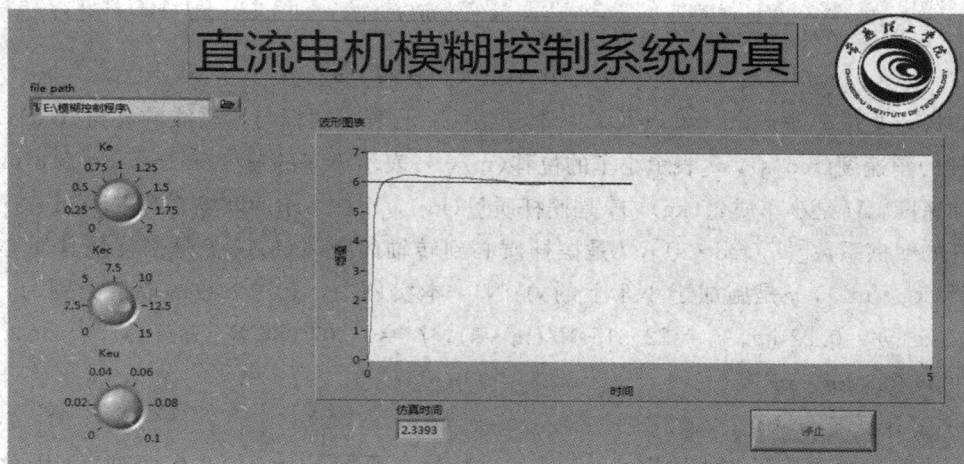

图 2-50　系统的阶跃响应

2.6.3 基于 T-S 模糊推理模型的应用

1. 一级倒立摆的模糊控制

一级倒立摆的模糊控制属于非线性控制系统的范畴，为了简化系统分析，常采用线性二次型方法进行控制，这需将其近似看作一个线性系统。在实际的建模过程中，一般忽略空气流动阻力以及其他次要的摩擦阻力，于是可将一级倒立摆抽象成由小车和匀质刚性杆组成的系统，如图 2-51 所示。

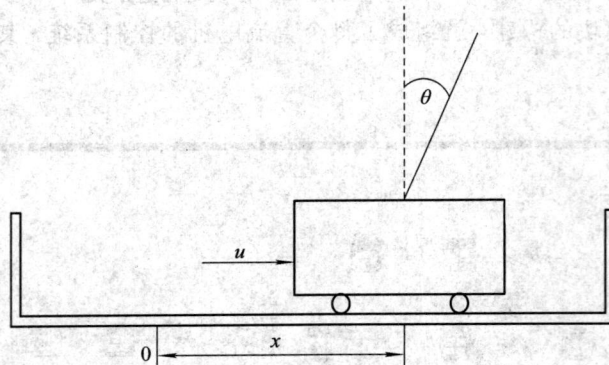

图 2-51　一级倒立摆系统示意图

1) 倒立摆数学模型

一级倒立摆的动力学方程为

$$\begin{cases}
\dot{x}_1 = x_2 \\
\dot{x}_2 = \dfrac{1}{[(M+\overline{m})(J+\overline{m}l^2) - \overline{m}^2 l^2 \cos^2 x_1]} \cdot [-f_1(M+\overline{m})x_2 - \overline{m}^2 l^2 x_2^2 \sin x_1 \cos x_1 \\
\qquad\quad + f_0 \overline{m}l x_4 \cos x_1 + (M+\overline{m})\overline{m}gl\sin x_1 - \overline{m}l\cos x_1 u] \\
\dot{x}_3 = x_4 \\
\dot{x}_4 = \dfrac{1}{[(M+\overline{m})(J+\overline{m}l^2) - \overline{m}^2 l^2 \cos^2 x_1]} \cdot [f_1 \overline{m}l x_2 \cos x_1 + (J+\overline{m}l^2)\overline{m}l x_2^2 \sin x_1 \\
\qquad\quad - f_0(J+\overline{m}l^2)x_4 - \overline{m}^2 gl^2 \sin x_1 \cos x_1 + (J+\overline{m}l^2)u]
\end{cases} \tag{2.42}$$

式中，状态变量 $x_1 = \theta$，$x_2 = \dot{\theta}$ 以及 $x_3 = x$，$x_4 = \dot{x}$。x_1 表示摆杆与铅垂线的夹角(rad)，x_2 表示摆杆的角速度(rad/s)，x_3 表示小车的位移(m)，x_4 表示小车的速度(m/s)，$g = 9.8$ m/s² 是重力加速度，M 是小车质量(kg)，$\overline{m}$ 是摆杆质量(kg)，f_0 是小车的摩擦系数[N/(m·s)]，f_1 是摆杆的摩擦系数[N/(rad·s)]，l 是摆杆质心到转轴的距离(m)，J 是摆杆绕其质心的转动惯量(kg·m²)，u 是施加于小车上的力(N)，本实例中，上述参数的取值分别为：$M = 1.3282$ kg，$\overline{m} = 0.22$ kg，$f_0 = 22.915$ N/(m·s)，$f_1 = 0.007\,056$ N/(rad·s)，$l = 0.304$ m，$J = 0.004\,963$ kg·m²。

2) 前件变量的确定

上述所建模型属于非线性模型，其非线性特性主要随 $x_1 = \theta$ 的改变而改变，因此这里选择 $x_1 = \theta$ 作为前件变量。

3）前件变量的空间分割

对前件变量进行模糊分割有很大的选择余地，如把模糊子空间是分割得粗一点还是细一点，是均匀分割还是非均匀分割，隶属度函数是取三角形、梯形还是菱形，是对称还是非对称？模糊分割的粗细决定了模糊规则的个数，它也决定了模糊控制器设计和实现的复杂程度。所以，为了降低设计和实现复杂性，在满足要求的基础上应尽量减少模糊子空间的个数。

由于前件变量定义只有一个，为简单设计，应尽可能采用少量的模糊规则，因此，将前件变量 x_1 分割为 M^1 ＝"大约为 0"和 M^2 ＝"大约为 $\pm\pi/3$"两个模糊集合，其相应的隶属度分别为：

$$\alpha_1 = M^1[x_1(t)] = \left\{1 - \frac{1}{1+e^{-7[x_1(t)-\frac{\pi}{6}]}}\right\} \cdot \frac{1}{1+e^{-7[x_1(t)+\frac{\pi}{6}]}} \tag{2.43}$$

$$\alpha_2 = M^2[x_1(t)] = 1 - \alpha_1[x_1(t)] \tag{2.44}$$

倒立摆系统前件变量的隶属度曲线如图 2-52 所示。

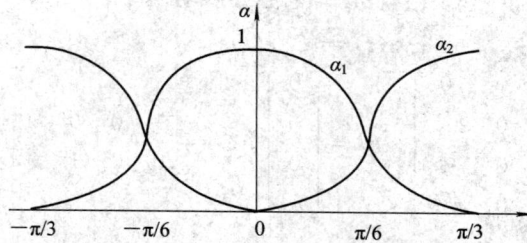

图 2-52　倒立摆系统前件变量的隶属度曲线

4）局部线性化

在每个模糊子空间的中心点处对系统的非线性化模型进行局部线性化，该局部线性化模型即为所在模糊子空间所对应的模糊规则后件子系统的线性模型。

$x_1(t)$ 大约为 0 时，把倒立摆的非线性化数学模型进行线性化，即把 $\sin x_1 = 0$ 和 $\cos x_1 = 1$ 代入式(2.42)中，即可得到 $x_1(t)$ 大约为 0 时的线性化倒立摆数学模型，即为子系统 1：

$$\begin{cases} \dot{x}^1(t) = \boldsymbol{A}_1 x(t) + \boldsymbol{B}_1 u(t) \\ y^1(t) = \boldsymbol{C}_1 x(t) \end{cases}$$

令 $\boldsymbol{A}_1 = \begin{bmatrix} 0 & 1 & 0 & 0 \\ a_{21} & a_{22} & 0 & a_{24} \\ 0 & 0 & 0 & 1 \\ a_{41} & a_{42} & 0 & a_{44} \end{bmatrix}$, $\boldsymbol{B}_1 = \begin{bmatrix} 0 \\ b_2 \\ 0 \\ b_4 \end{bmatrix}$, $\boldsymbol{C}_1 = \begin{bmatrix} 1 & 0 & 0 & 0 \\ 0 & 0 & 1 & 0 \end{bmatrix}$

通过计算，可以得到：

$$a_{21} = \frac{(M+\overline{m})\overline{m}gl}{a} = 31.18, \quad a_{22} = \frac{-f_1(M+\overline{m})}{a} = -0.3149$$

$$a_{24} = \frac{f_0\overline{m}l}{a} = 44.18, \quad a_{41} = \frac{-\overline{m}^2 gl^2}{a} = -1.2637$$

$$a_{42} = \frac{f_1\overline{m}l}{a} = 0.0136, \quad a_{44} = \frac{-f_0(J+\overline{m}l^2)}{a} = -16.71$$

$$b_2 = \frac{-\overline{m}l}{a} = -1.928, \quad b_4 = \frac{(J + \overline{m}l^2)}{a} = 0.7291$$

$$a = (M + \overline{m})(J + \overline{m}l^2) - \overline{m}^2 l^2 = 0.034\ 69$$

$x_1(t)$ 大约为 0 时，倒立摆线性空间方程为

$$\begin{bmatrix} \dot{\theta} \\ \ddot{\theta} \\ \dot{x} \\ \ddot{x} \end{bmatrix} = \begin{bmatrix} 0 & 1 & 0 & 0 \\ \dfrac{(M + \overline{m})\overline{m}gl}{a} & \dfrac{-f_1(M + \overline{m})}{a} & 0 & \dfrac{f_0 \overline{m}l}{a} \\ 0 & 0 & 0 & 1 \\ \dfrac{-\overline{m}^2 gl^2}{a} & \dfrac{f_1 \overline{m}l}{a} & 0 & \dfrac{-f_0(J + \overline{m}l^2)}{a} \end{bmatrix} \cdot \begin{bmatrix} \theta \\ \dot{\theta} \\ x \\ \dot{x} \end{bmatrix} + \begin{bmatrix} 0 \\ \dfrac{-\overline{m}l}{a} \\ 0 \\ \dfrac{(J + \overline{m}l^2)}{a} \end{bmatrix} \cdot u(t)$$

$x_1(t)$ 大约为 $\pm\pi/3$ 时，把倒立摆的非线性化数学模型进行线性化，即把 $\sin x_1 = \pm\sqrt{3}/2$ 和 $\cos x_1 = 1/2$ 代入式(2.42)中，即可得到 $x_1(t)$ 大约为 $\pm\pi/3$ 时的线性化倒立摆数学模型，即为子系统2：

$$\begin{cases} \dot{x}^2(t) = \mathbf{A}_2 x(t) + \mathbf{B}_2 u(t) \\ y^2(t) = \mathbf{C}_2 x(t) \end{cases}$$

令 $\mathbf{A}_2 = \begin{bmatrix} 0 & 1 & 0 & 0 \\ a'_{21} & a'_{22} & 0 & a'_{24} \\ 0 & 0 & 0 & 1 \\ a'_{41} & a'_{42} & 0 & a'_{44} \end{bmatrix}$, $\mathbf{B}_2 = \begin{bmatrix} 0 \\ b'_2 \\ 0 \\ b'_4 \end{bmatrix}$, $\mathbf{C}_2 = \begin{bmatrix} 1 & 0 & 0 & 0 \\ 0 & 0 & 1 & 0 \end{bmatrix}$

通过计算，可以得到：

$$a'_{21} = \frac{\dfrac{3\sqrt{3}}{2\pi}(M + \overline{m})\overline{m}gl}{a'} = 23.53, \quad a'_{22} = \frac{-f_1(M + \overline{m})}{a'} = -0.2872$$

$$a'_{24} = \frac{f_0 \overline{m}l \cos 60°}{a'} = 20.14, \quad a'_{41} = \frac{-\dfrac{3\sqrt{3}}{2\pi}\overline{m}^2 gl^2 \cos 60°}{a'} = -0.4767$$

$$a'_{42} = \frac{f_1 \overline{m}l \cos 60°}{a'} = 0.006\ 203, \quad a'_{44} = \frac{-f_0(J + \overline{m}l^2)}{a'} = -14.75$$

$$b'_2 = \frac{-\overline{m}l \cos 60°}{a'} = -0.8741, \quad b'_4 = \frac{(J + \overline{m}l^2)}{a'} = 0.6648$$

$$a' = (M + \overline{m})(J + \overline{m}l^2) - \overline{m}^2 l^2 (\cos 60°)^2 = 0.038\ 04$$

即 $x_1(t)$ 大约为 $\pm\pi/3$ 时，倒立摆线性空间方程为

$$\begin{bmatrix} \dot{\theta} \\ \ddot{\theta} \\ \dot{x} \\ \ddot{x} \end{bmatrix} = \begin{bmatrix} 0 & 1 & 0 & 0 \\ \dfrac{\dfrac{3\sqrt{3}}{2\pi}(M + \overline{m})\overline{m}gl}{a'} & \dfrac{-f_1(M + \overline{m})}{a'} & 0 & \dfrac{f_0 \overline{m}l \cos 60°}{a'} \\ 0 & 0 & 0 & 1 \\ -\dfrac{\dfrac{3\sqrt{3}}{2\pi}\overline{m}^2 gl^2 \cos 60°}{a'} & \dfrac{f_1 \overline{m}l \cos 60°}{a'} & 0 & \dfrac{-f_0(J + \overline{m}l^2)}{a'} \end{bmatrix} \cdot \begin{bmatrix} \theta \\ \dot{\theta} \\ x \\ \dot{x} \end{bmatrix} + \begin{bmatrix} 0 \\ \dfrac{-\overline{m}l \cos 60°}{a'} \\ 0 \\ \dfrac{(J + \overline{m}l^2)}{a'} \end{bmatrix} \cdot u(t)$$

5）模糊控制规则建立

显然，所研究的倒立摆 T - S 模型有以下两个模糊规则：

R^1：如果 $x_1(t)$ 为 M^1（大约为 0），则 $u(t) = -L_1x(t)$；

R^2：如果 $x_1(t)$ 为 $M^2\left(大约为 \pm\dfrac{\pi}{3}\right)$，则 $u(t) = -L_2x(t)$。

如希望每个子系统的闭环极点设置为 $[-7 \quad -3 \quad -6 \quad -1]$，则按极点配置的方法可以求得每个子系统的控制规律为

$$L_1 = [-69.1679 \quad -12.8245 \quad -6.6685 \quad -33.9422]$$
$$L_2 = [-145.225 \quad -30.0898 \quad -8.8434 \quad -37.5585]$$

6）LabVIEW 仿真实现

（1）隶属度函数的计算。

倒立摆控制系统前件变量就是倒立摆摆杆与铅垂线之间的夹角 $x_1 = \theta$，将 $x_1 = \theta$ 分为两个模糊集：$x_1 =$ "大约为 0"，$x_1 =$ "大约为 $\pm\pi/3$"。其隶属度函数采用了对称分布的函数，即式（2.43）和式（2.44），通过 LabVIEW 软件平台建立其隶属度函数，如图 2-53 所示。

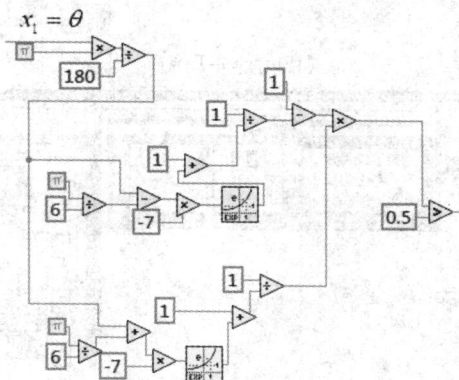

图 2-53 $x_1 = \theta$ 的隶属度函数

（2）模糊推理及模糊运算。

由于所选择的隶属度函数是对称的，且 $\alpha_1 + \alpha_2 = 1$，故只需判断一个隶属度函数就能推断出前件对应的模糊规则，因此，当前件输入到隶属度函数 α_1，结果大于 0.5，则触发第一条规则，否则触发第二条规则，即对计算的隶属度进行是否大于 0.5 判断，如图 2-39 所示。

之前建立好的两条模糊规则如下：

R^1：如果 $x_1(t)$ 为 M^1（大约为 0），则 $u(t) = -L_1x(t)$；

R^2：如果 $x_1(t)$ 为 $M^2\left(大约为 \pm\dfrac{\pi}{3}\right)$，则 $u(t) = -L_2x(t)$。

其中

$$L_1 = [-69.1679 \quad -12.8245 \quad -6.6685 \quad -33.9422]$$
$$L_2 = [-145.225 \quad -30.0898 \quad -8.8434 \quad -37.5585]$$

如图 2-54 所示，分别给出了计算模糊规则后件 $u(t)$ 的过程。输入是任意时间 t 时刻倒立摆的状态：第一个变量是摆杆与铅垂线的夹角 θ，第二个变量是摆杆的角速度，其次是小车的位置，最后一个变量是小车移动的速度。通过对数组索引的方式来得到每个变量的数值。首先，索引第一个变量（摆杆与铅垂线的夹角 θ）进行初始角度的判断，如果摆杆角大

于 70°，进入一个条件结构，即为"真"，条件结构内部嵌套了一个平铺结构（平铺结构可以确保子程序框图按一定的顺序进行执行，即按从左至右的顺序执行），平铺结构中函数 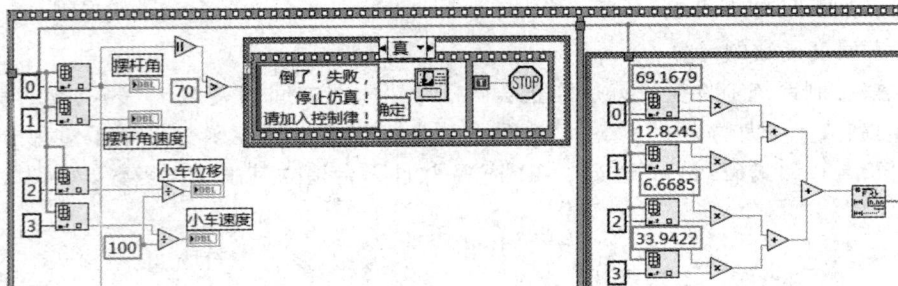 是一个单按钮对话框，输入格式默认为字符串；平铺结构的右侧按钮 ⬛STOP 代表停止函数，能够作用于整个程序，使程序终止运行。

图 2-54 的右侧分别对数组索引进行矩阵的乘法运算，并转化成字符串，送到倒立摆的子系统中，其中图 2-54(a)是求 $u(t) = -\boldsymbol{L}_1 x(t)$，图 2-54(b)是求 $u(t) = -\boldsymbol{L}_2 x(t)$。

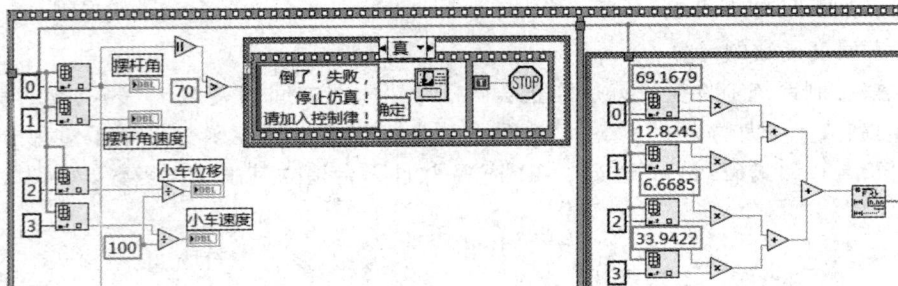

(a) $u(t) = -\boldsymbol{L}_1 x(t)$

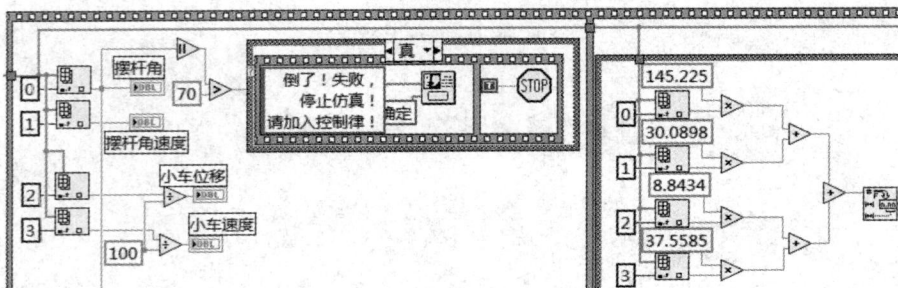

(b) $u(t) = -\boldsymbol{L}_2 x(t)$

图 2-54　模糊规则中控制量 $u(t)$ 的计算

（3）倒立摆模型子系统及其求解。

上面已经求得了模糊系统的输出 $u(t)$，$u(t)$ 的值即为倒立摆数学模型子系统需要的控制量。

子系统 1：即 $x_1(t)$ 大约为 0 时，倒立摆线性空间方程。

$$\begin{cases} \dot{x}^1(t) = \boldsymbol{A}_1 x(t) + \boldsymbol{B}_1 u(t) \\ y^1(t) = \boldsymbol{C}_1 x(t) \end{cases}$$

将上式写成矩阵的形式则为

$$\begin{bmatrix} \dot{\theta} \\ \ddot{\theta} \\ \dot{x} \\ \ddot{x} \end{bmatrix} = \begin{bmatrix} 0 & 1 & 0 & 0 \\ \dfrac{(M+\overline{m})\overline{m}gl}{0.034\,69} & \dfrac{-f_1(M+\overline{m})}{0.034\,69} & 0 & \dfrac{f_0\overline{m}l}{0.034\,69} \\ 0 & 0 & 0 & 1 \\ \dfrac{-\overline{m}^2 gl^2}{0.034\,69} & \dfrac{f_1\overline{m}l}{0.034\,69} & 0 & \dfrac{-f_0(J+\overline{m}l^2)}{0.034\,69} \end{bmatrix} \cdot \begin{bmatrix} \theta \\ \dot{\theta} \\ x \\ \dot{x} \end{bmatrix} + \begin{bmatrix} 0 \\ \dfrac{-\overline{m}l}{0.034\,69} \\ 0 \\ \dfrac{J+\overline{m}l^2}{0.034\,69} \end{bmatrix} \cdot u(t)$$

图 2-55 中，x、y、z、k 与式中 θ、$\dot{\theta}$、x、$\dot{x}$ 变量一一对应。

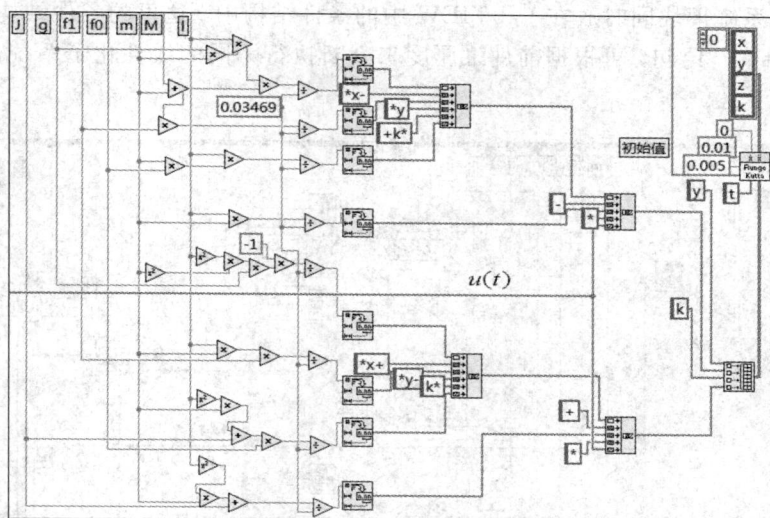

图 2-55 倒立摆子系统 1 的实现过程

子系统 2：即 $x_1(t)$ 大约为 $\pm\pi/3$ 时，倒立摆线性空间方程。

$$\begin{cases} \dot{x}^2(t) = \boldsymbol{A}_2 x(t) + \boldsymbol{B}_2 u(t) \\ y^2(t) = \boldsymbol{C}_2 x(t) \end{cases}$$

将上式写成矩阵的形式则为

$$\begin{bmatrix} \dot{\theta} \\ \ddot{\theta} \\ \dot{x} \\ \ddot{x} \end{bmatrix} = \begin{bmatrix} 0 & 1 & 0 & 0 \\ \dfrac{0.82699335(M+\bar{m})mgl}{0.03804} & \dfrac{-f_1(M+\bar{m})}{0.03804} & 0 & \dfrac{f_0\bar{m}l \times 0.5}{0.03804} \\ 0 & 0 & 0 & 1 \\ \dfrac{-0.41349668\bar{m}^2 gl^2 \times 0.5}{0.03804} & \dfrac{f_1\bar{m}l \times 0.5}{0.03804} & 0 & \dfrac{-f_0(J+\bar{m}l^2)}{0.03804} \end{bmatrix} \cdot \begin{bmatrix} \theta \\ \dot{\theta} \\ x \\ \dot{x} \end{bmatrix} + \begin{bmatrix} 0 \\ \dfrac{-\bar{m}l \times 0.5}{0.03804} \\ 0 \\ \dfrac{J+\bar{m}l^2}{0.03804} \end{bmatrix} \cdot u(t)$$

图 2-56 所示为倒立摆子系统 2 的实现过程。

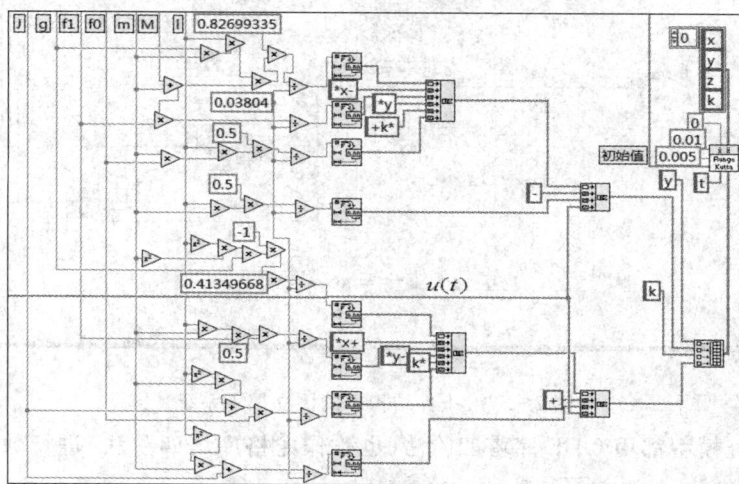

图 2-56 倒立摆子系统 2 的实现过程

将两个子系统模块同时放在 LabVIEW 中的条件结构中，这里的条件结构类似于 C 语言中的"if…else…"语句，可根据前件隶属度来判断执行不同的线性化子系统，如图 2 - 57 所示。

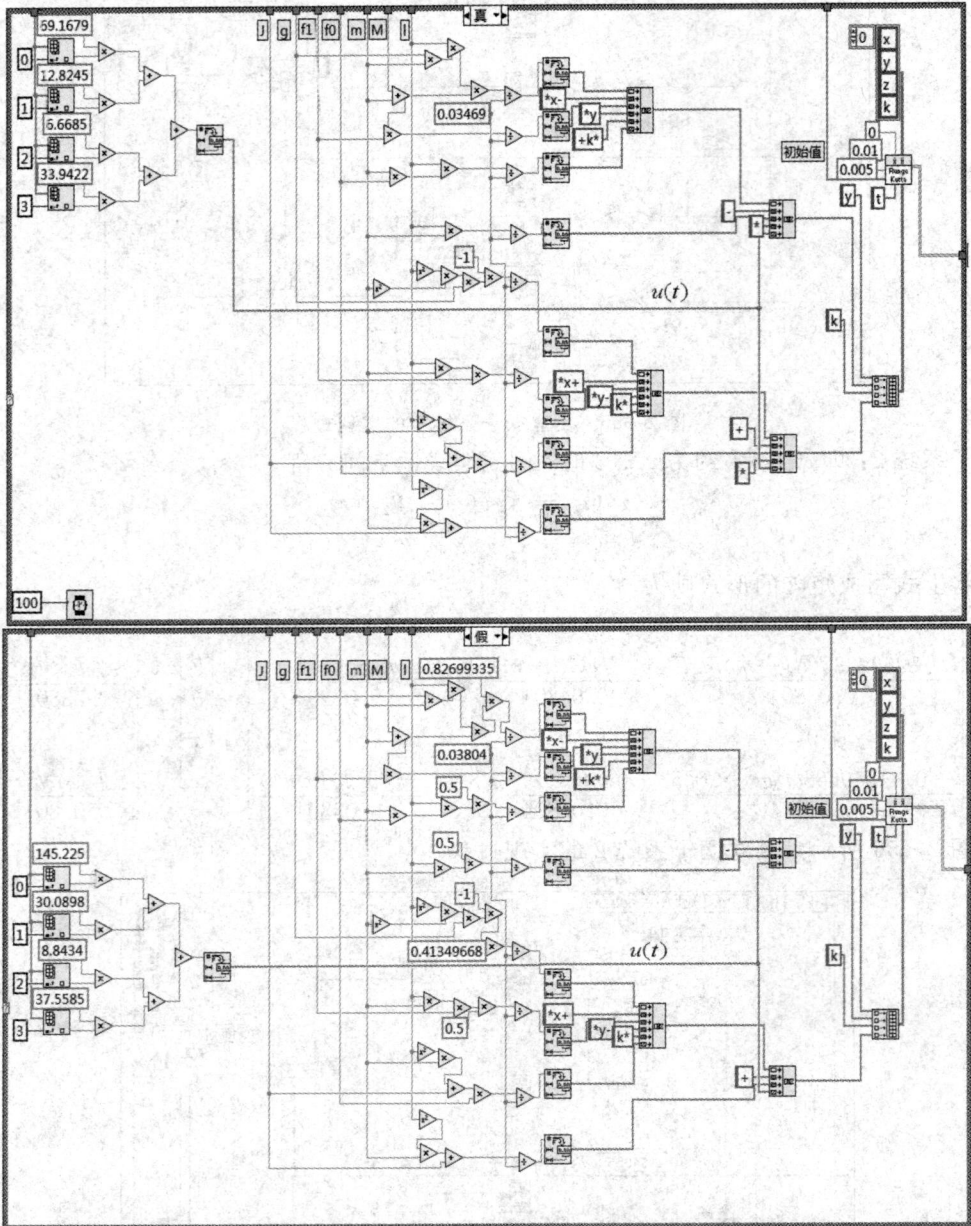

图 2 - 57　条件结构中的倒立摆子系统

两个子系统模型都用 ODE 库塔四阶法（也称作龙格库塔四阶法）进行数值求解，ODE 库塔四阶方法的 VI 图标是，如图 2 - 58 所示。

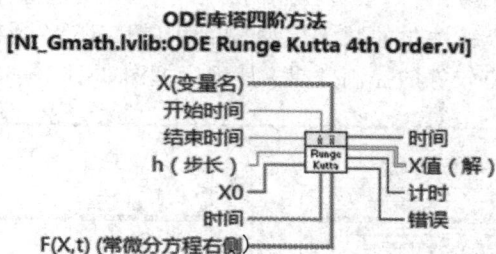

图 2-58 ODE 库塔四阶方法

通过 ODE 库塔四阶方法求解，得到倒立摆任意时刻的 4 个状态量，这四个状态量是怎么送到前件作为系统的输入呢？接下来就是程序里涉及的 while 循环结构。

在 LabVIEW 中除了经常用到条件结构之外，还会经常使用循环结构，如图 2-59 所示。其中循环结构分为 for 循环结构和 while 循环结构两种，分别与 C 语言中的"for"语句和"do…while"语句类似，都可用来控制特定的程序块自动重复执行若干次。

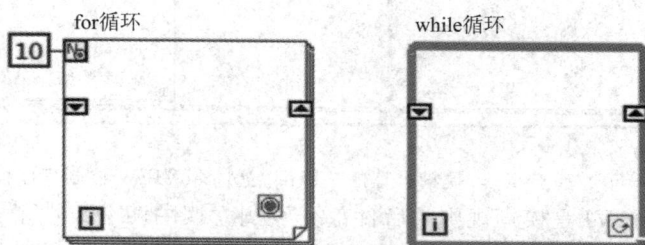

图 2-59 循环结构

for 循环有规定的循环次数，可直接接入一个整数以指定循环次数，循环执行所指定次数后才可退出循环。for 循环具有条件接线端的特性，右键点击 for 循环的边框，从菜单中选择"条件接线端"，就可以为 for 循环添加一个条件接线端，当满足该逻辑条件时或者所有循环次数执行完毕时，可退出循环，这就为中途跳出 for 循环提供了方便。

而 while 循环没有规定的循环次数，while 循环运行时先重复执行循环中的内容，直到条件接线端满足所规定的逻辑条件后才退出循环。可见，while 循环总是至少执行一次，与 C 语言中的"do…while"语句类似。

for 循环和 while 循环中的条件接线端分为逻辑相反的两种：◉"真（T）时停止"和↻"真（T）时继续"，可在条件接线端的鼠标右键菜单中进行切换。

移位寄存器是循环结构中的一个重要概念，用来存储和传递上一步或者多步循环的数据。在循环结构边框上的鼠标右键菜单中选择"添加移位寄存器"，之后就会在循环结构左、右边框上分别出现左端子（三角号朝下）和右端子（三角号朝上），每一步循环结束后右端子便将接收到的数据传给左端子，下一步循环时左端子给出的数据即是上一步循环中右端子接收的数据。

左端子的初始值可以在循环外部连接，初始值的数据类型决定了移位寄存器中所存储数据的类型，不仅可以连接数值型标量，也可连接数值型数组，或者其他数据类型的标量和数组。

　　针对倒立摆的非线性，采用 T–S 模糊控制的方法对倒立摆进行控制，通过 LabVIEW 软件平台，设计了倒立摆两个线性化的数学模型，并用 LabVIEW 进行了仿真，仿真结果表明该控制方法对倒立摆具有较好的控制效果，其程序框图如图 2–60 所示。

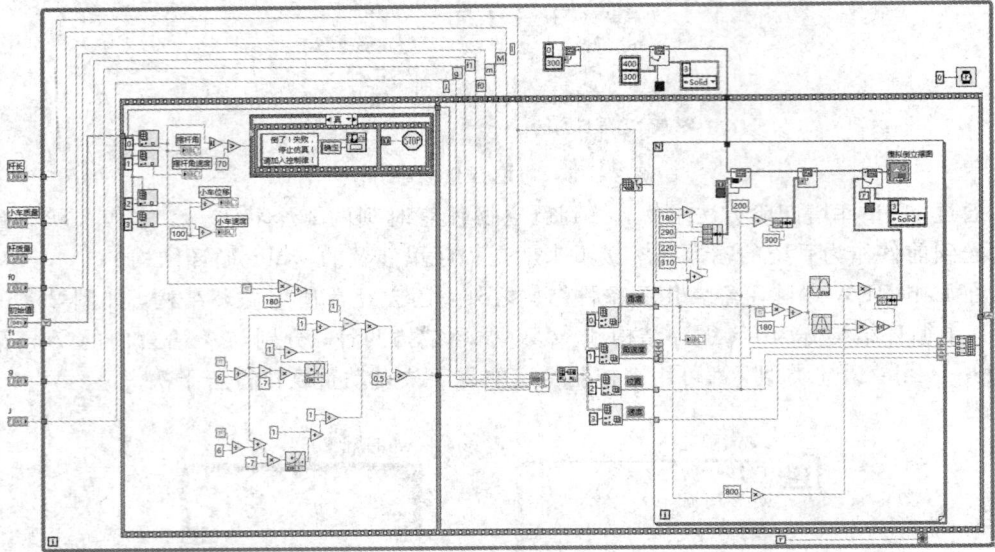

图 2–60　基于 T–S 模糊推理的一级倒立摆 LabVIEW 控制程序框图

　　图 2–60 中的子 VI 是模糊规则的后件部分及倒立摆的两个线性子空间，即也是整个模糊推理的后件部分，模糊推理给出了两个推理规则，由于倒立摆模型是非线性化数学模型，通过近似计算得到了两个线性化模型，在程序框图中，通过数值转化为字符串构建了两个倒立摆线性化数学模型，如图 2–61 所示。

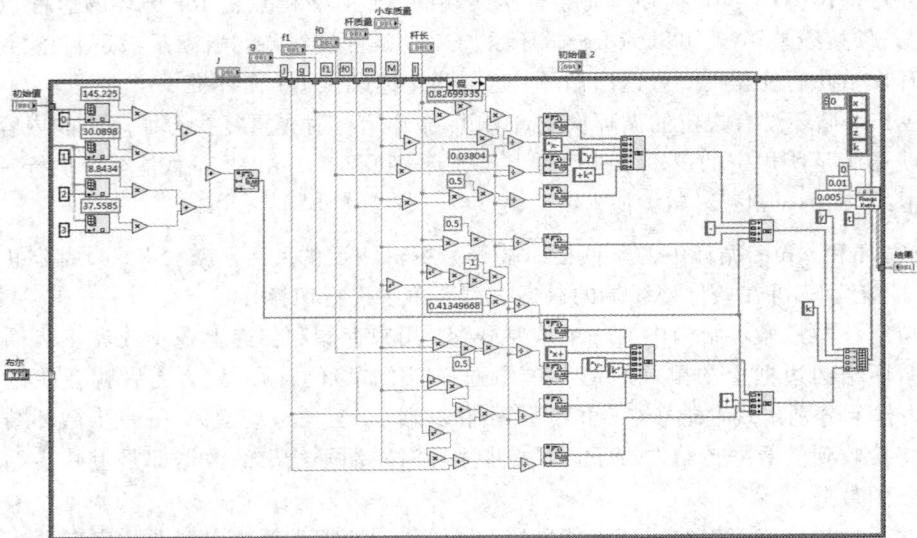

图 2–61　模糊规则的后件及倒立摆的两个线性子空间

上述给出了整个 T－S 模糊推理控制的倒立摆仿真程序框图，其前面板如图 2－62 所示。

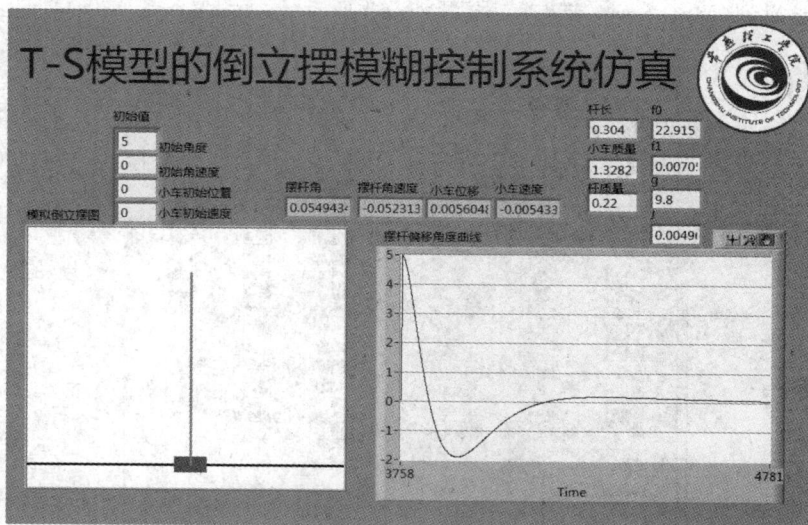

图 2－62　基于 T－S 模糊推理的一级倒立摆 LabVIEW 控制前面板

2. 洗衣机的模糊控制

在 2.6.2 节，已经讨论过基于 Mamdani 模糊推理模型的洗衣机模糊控制，本节讨论基于 T－S 模糊推理模型的洗衣机模糊控制。对于模糊控制规则的前件部分定义与 2.6.2 节完全一致，但后件部分定义存在差异。

1）隶属度函数的计算

同 2.6.2 节中的 Mamdani 模糊推理模型的洗衣机模糊控制控制器一样，系统具有两个输入和一个输出，控制器的输入分别为衣物的脏污程度（单位为百分比％）和衣物的重量（单位为 kg），输出为洗衣机的洗涤时间（单位为 min）。

系统的输入均选用三角形隶属度函数对衣物脏污程度和衣物重量进行模糊化。

$$\mu_{\text{脏污程度}} = \begin{cases} \mu_{\text{DS}}(x) = \dfrac{50-x}{50} & 0 \leqslant x \leqslant 50 \\[2mm] \mu_{\text{DM}}(x) = \begin{cases} \dfrac{x}{50} & 0 \leqslant x \leqslant 50 \\[2mm] \dfrac{100-x}{50} & 50 < x \leqslant 100 \end{cases} \\[6mm] \mu_{\text{DL}}(x) = \dfrac{x-50}{50} & 50 < x \leqslant 100 \end{cases}$$

$$\mu_{\text{衣服重量}} = \begin{cases} \mu_{\text{GS}}(y) = \dfrac{5-y}{5} & 0 \leqslant y \leqslant 5 \\[2mm] \mu_{\text{GM}}(y) = \begin{cases} \dfrac{y}{5} & 0 \leqslant y \leqslant 5 \\[2mm] \dfrac{10-y}{5} & 5 < y \leqslant 10 \end{cases} \\[6mm] \mu_{\text{GL}}(y) = \dfrac{y-5}{5} & 5 < y \leqslant 10 \end{cases}$$

　　通过借助 LabVIEW 中 MathScript 节点实现隶属度函数的计算。右击程序框图进入函数选板，就能找到"MathScrip 节点"，如图 2-63 所示。

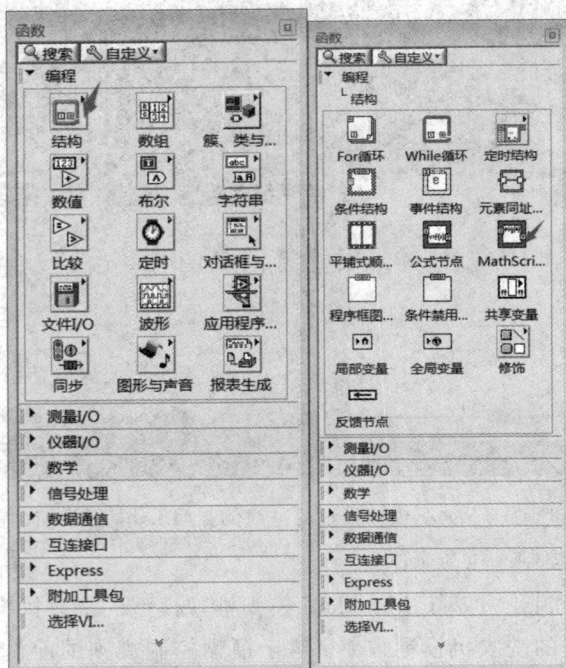

图 2-63　函数选板

　　MathScrip 节点内部相当于一个文本编辑器。通过工具条中的文本操作按钮，可以直接在 MathScrip 节点中输入程序代码，也可以通过其他编辑器复制、粘贴已经存在的代码。MathScrip 节点内部具有错误检查功能，一旦输入的代码不符合 MathScrip 节点的语法，在行号内就会显示错误。MathScrip 节点的使用非常简单，关键是要深入了解 MathScrip 节点的语法、函数和程序结构。

　　如图 2-64 所示，给出了 MathScrip 节点各端子的功能。右击 MathScrip 节点前边框，可以在菜单中选择"添加输入"；同样，右击 MathScrip 节点后边框，可以在菜单中选择"添加输出"。以输入变量肮脏程度 DS(不太脏)为例，其隶属度函数为

$$\mu_{DS}(x) = \frac{50-x}{50} \quad 0 \leqslant x \leqslant 50$$

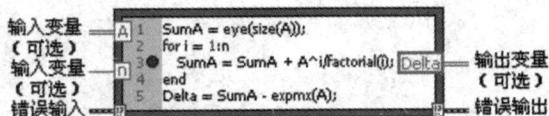

图 2-64　MathScrip 节点各端子功能

　　在 MathScrip 节点中，定义输入为 x，输出为 z，则输入变量肮脏程度 DS(不太脏)的隶属度函数如图 2-65 所示。

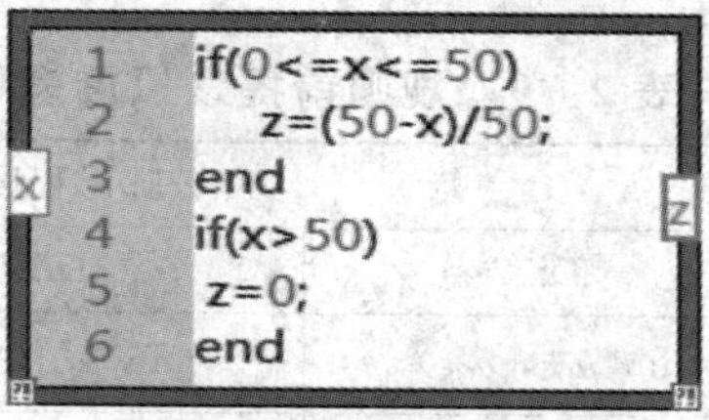

图 2-65 输入变量肮脏程度 DS(不太脏)的隶属度函数

2）建立模糊控制规则

根据人的操作经验设计模糊规则，模糊规则设计的标准为："脏污程度越大，衣服越重，洗涤时间越长"；"脏污程度适中，衣服重量适中，洗涤时间适中"；"脏污程度越小，衣服重量越轻，洗涤时间越短"。对应的模糊规则如下：

R_1：如果 x 是 DS and y 是 GS，则 $T=2x+0.4y$；

R_2：如果 x 是 DS and y 是 GM，则 $T=14x-0.4y$；

R_3：如果 x 是 DS and y 是 GL，则 $T=-145x+1.7y$；

R_4：如果 x 是 DM and y 是 GS，则 $T=4.8x+0.02y$；

R_5：如果 x 是 DM and y 是 GM，则 $T=-0.3x+0.53y$；

R_6：如果 x 是 DM and y 是 GL，则 $T=-0.3x+0.53y$；

R_7：如果 x 是 DL and y 是 GS，则 $T=4x+0.05y$；

R_8：如果 x 是 DL and y 是 GM，则 $T=4x+0.05y$；

R_9：如果 x 是 DL and y 是 GL，则 $T=2x+0.4y$。

9 条模糊规则可通过一个条件结构来实现，LabVIEW 中的条件结构如图 2-66 所示，其中选择器用来连接条件数据，数据类型可以是布尔型、数值型、字符串和枚举类型。条件结构可以由多个分支组成，分别对应不同的条件（这里对应不同的模糊规则后件）。选择器接收到条件数据之后进行判断，然后选择进入对应的分支执行。

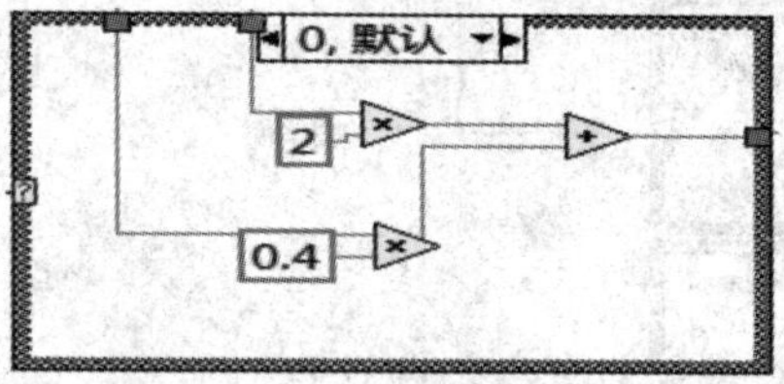

图 2-66 LabVIEW 中的条件结构

3）模糊推理

前件的隶属度之间通过取小运算得到，函数 ▦ 即为取大取小运算，上端子输出为最大值，下端子输出为最小值；经过两两比较，可以得到 9 个数，通过 ▦ 函数生成 3×3 的矩阵，即

$$\begin{bmatrix} \min(\mu_{DS}, \mu_{GS}) & \min(\mu_{DM}, \mu_{GS}) & \min(\mu_{DL}, \mu_{GS}) \\ \min(\mu_{DS}, \mu_{GM}) & \min(\mu_{DM}, \mu_{GM}) & \min(\mu_{DL}, \mu_{GM}) \\ \min(\mu_{DS}, \mu_{GL}) & \min(\mu_{DM}, \mu_{GL}) & \min(\mu_{DL}, \mu_{GL}) \end{bmatrix}$$

也可表达成表 2-9 所示的形式。

表 2-9 规则前提隶属度表

规则前提		脏污程度 x		
		DS	DM	DL
衣物重量 y	GS	$\min(\mu_{DS}, \mu_{GS})$	$\min(\mu_{DM}, \mu_{GS})$	$\min(\mu_{DL}, \mu_{GS})$
	GM	$\min(\mu_{DS}, \mu_{GM})$	$\min(\mu_{DM}, \mu_{GM})$	$\min(\mu_{DL}, \mu_{GM})$
	GL	$\min(\mu_{DS}, \mu_{GL})$	$\min(\mu_{DM}, \mu_{GL})$	$\min(\mu_{DL}, \mu_{GL})$

规则前提隶属度的计算实现过程如图 2-67 所示。

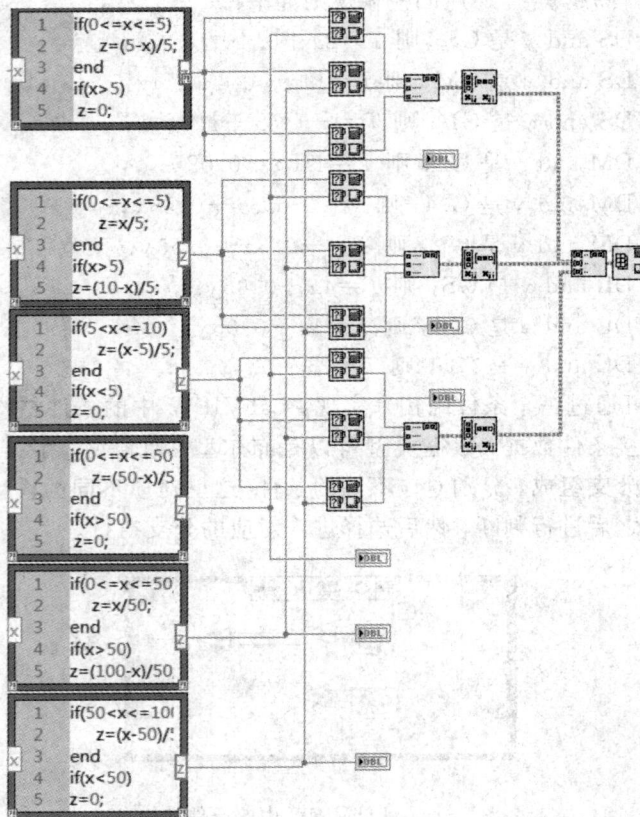

图 2-67 规则前提隶属度的计算过程

然后，利用最大隶属度去模糊的方法进行去模糊化，通过数组最大值、最小值函数得到最大隶属度的索引，索引出来的结果为一维数组，第一个数表示最大隶属度所在的行数，第二个数表示最大隶属度的列数。对表 2-9 得到 9 个最小值进行编号，第一行为 0，1，2；第二行为 3，4，5；第三行为 6，7，8。如图 2-68 所示，进行编号计算，由编号的数值触发需要的规则。

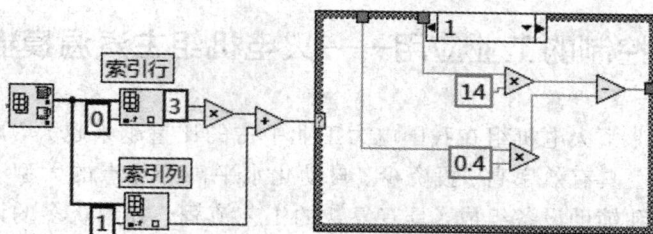

图 2-68　最大隶属度的计算及触发规则

4）LabVIEW 最终仿真

通过上述 3 步操作，得到了如图 2-69 所示的整个 T-S 模糊控制系统的程序框图，图
2-70 所示为其对应的前面板图。

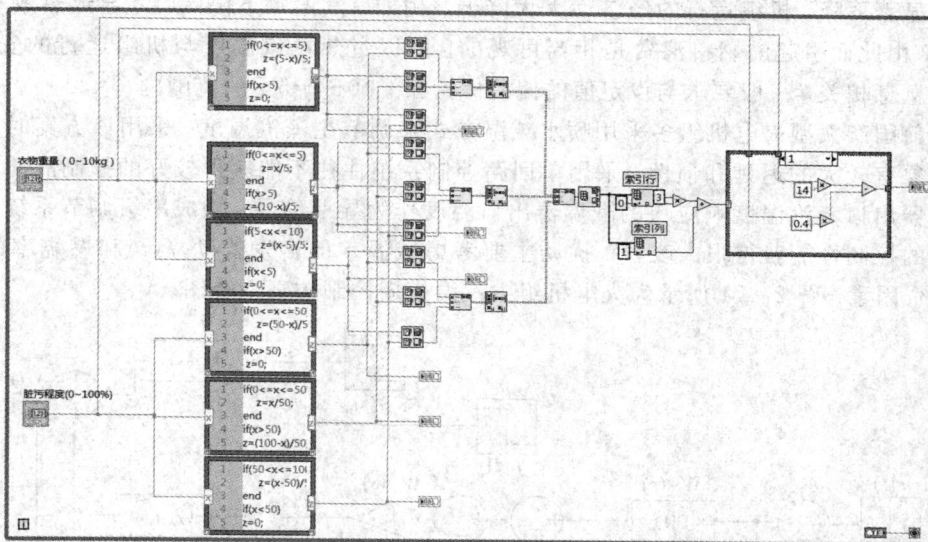

图 2-69　T-S 模糊控制系统的程序框图

图 2-70　T-S 模糊控制系统仿真的前面板

2.7　模糊控制的工业应用——火电机组主汽温模糊控制系统

　　随着工业的发展，火电机组在我国电力工业中占的比重越来越大，成为带动国家产业链的支柱能源企业。具有效率高、投资少、自动化水平高等优点的大型火力发电机组由锅炉、汽轮发电机组和辅助设备组成，具有复杂的工艺流程，数量众多的设备和纵横交错的管道，还有很多参数和过程需要监视、操作或控制，先进的自动化设备和控制系统保证了机组的正常运行。主蒸汽温度控制系统是锅炉的重要控制系统之一，它的任务是维持过热器出口蒸汽温度在允许范围内和保护过热器，并确保管壁温度不超过允许的工作温度。大型锅炉过热器的金属管道安全系数很小，又经常工作在接近过热器金属管道极限高温条件下，蒸汽温度过高会导致金属管道的强度更低，危及机组安全运行；温度过低则导致全厂热效率显著下降，机组运行的经济性大大降低。例如，汽温每下降 5℃ 将导致热效率下降约 1%，由此而引起的燃料浪费是相当可观的。所以过热蒸汽温度与机组运行的安全性、经济性息息相关，一般要求与设定值的偏差保持在 $-10 \sim +5$℃ 的范围内。

　　目前国产大型火电机组多采用喷水减温方式来调节主蒸汽温度。采用该方案时，由于被控对象有较大的迟延和惯性，采用单回路控制系统往往不能获得较好的控制品质，选择比过热器出口蒸汽温度响应快的减温器出口温度作为导前信号，构成串级调节系统，可以使系统的控制性能获得很大改善。扰动主要考虑减温水的自发扰动 $f(t)$ 和燃烧率的改变 $g(t)$ 两个因素。图 2-71 所示为火电机组主汽温模糊控制仿真系统图。

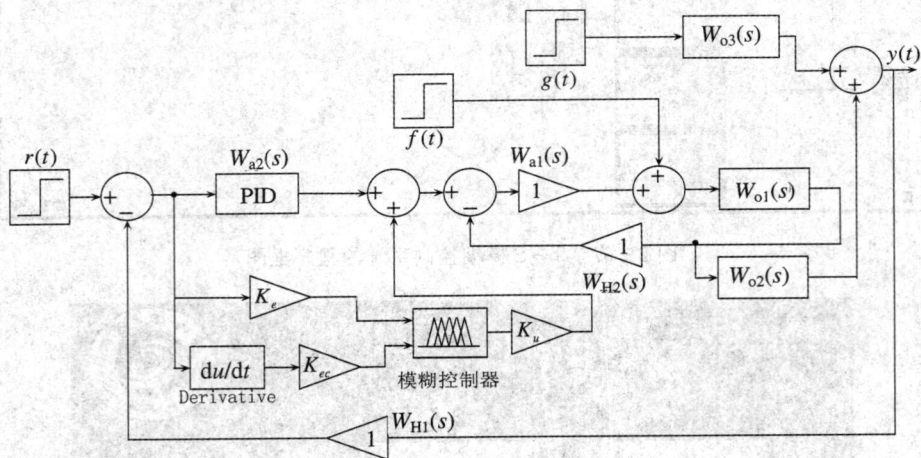

图 2-71　火电机组主汽温模糊控制仿真系统图

　　图 2-71 中，$W_{a1}(s)$、$W_{a2}(s)$ 分别为串级调节系统中的副调节器和主调节器；$W_{o1}(s)$、$W_{o2}(s)$ 分别为调节对象及其导前区的传递函数；$W_{o3}(s)$ 是燃烧率扰动对主汽温的传递函数；$W_{H1}(s)$、$W_{H2}(s)$ 分别为导前汽温和过热汽温的测量单元。被控对象模型为

$$W_{o1}(s) = \frac{8}{(1+15s)^2} = \frac{0.035\,556}{(s+0.667)^2}$$

$$W_{o2}(s) = \frac{1.125}{(1+25s)^3} = \frac{0.000\,072}{(s+0.04)^3}$$

$$W_{o3}(s) = \frac{1}{1+20s} = \frac{0.05}{s+0.05}$$

PID 控制器 $W_{a2}(s)$ 的比例、积分和微分系数分别设置为 1、2 和 1、$W_{a1}(s)$ 设置为 1。

1. 确定输入量和输出量

控制系统将过热器出口蒸汽的实际温度与给定温度 $r(t)$ 的偏差 e 以及偏差的变化率 ec 作为输入变量，偏差变化率通过对转速偏差 e 求导得到，输出为控制量 u。

2. 输入量和输出量的模糊化

分别定义温度偏差 e 和偏差率 ec 的模糊子集为 {NL，NM，NS，ZO，PS，PM，PL}，并将它们映射到论域 [−20，20] 上，其隶属度函数如图 2−72、图 2−73 所示，定义模糊控制器的输出 u 的模糊子集为 {NL，NM，NS，ZO，PS，PM，PL}，将它们映射到论域 [−20，20] 上，其隶属度函数均采用三角形类型，如图 2−74 所示。

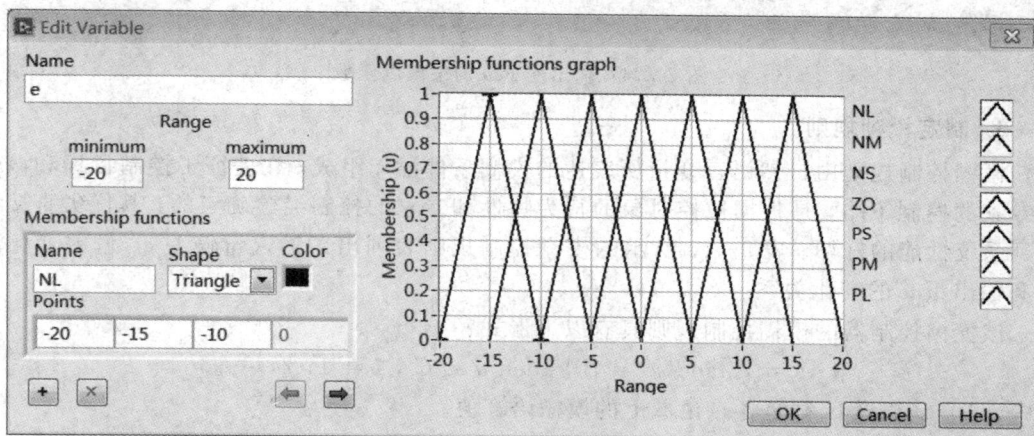

图 2−72　输入变量 e 的隶属度函数

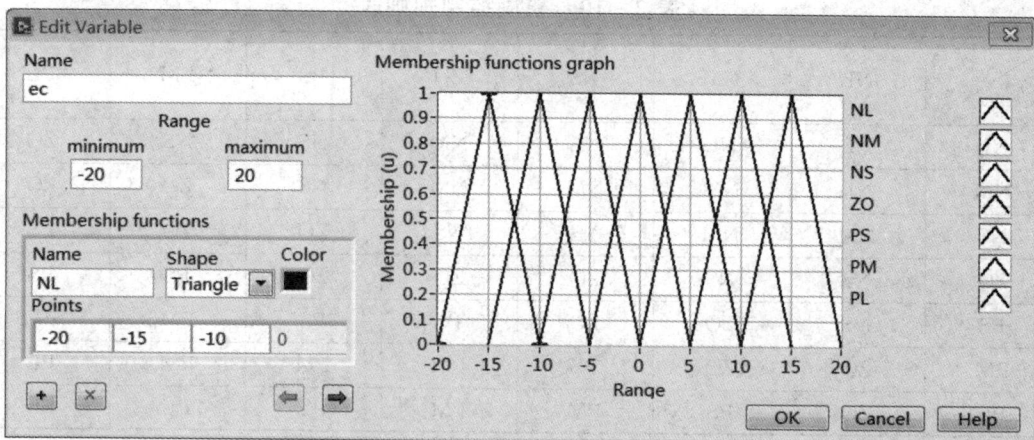

图 2−73　输入变量 ec 的隶属度函数

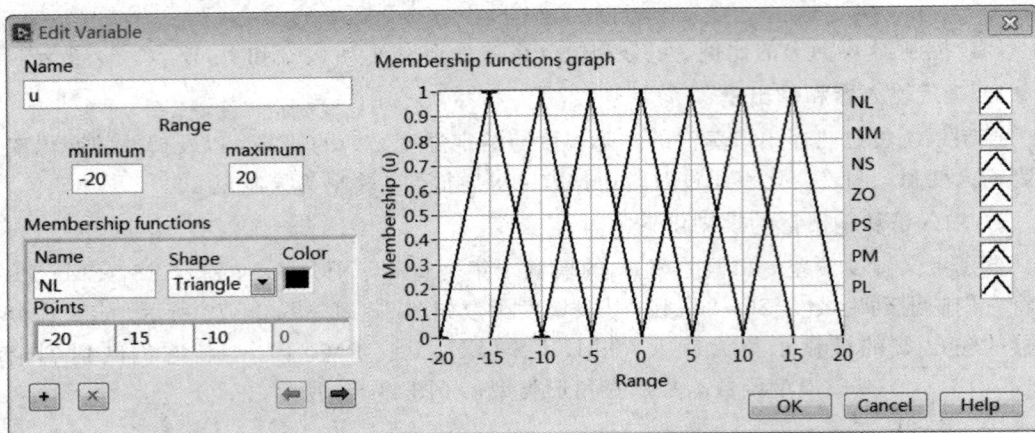

图 2-74 输出变量 u 的隶属度函数

3. 制定模糊规则

模糊控制规则由自然语言变量所表达的模糊条件语句组成，它表征了控制目标和该领域专家的控制策略，是根据被控对象的行为特性和专家的控制经验确定的，其优劣直接影响到系统性能的好坏。表 2-10 所示的模糊控制规则表列出了输入量偏差 e、偏差变化率 ec 和输出量 u 的变化关系。

该模糊控制器的模糊控制规则具有以下形式：

$$\text{if } \{e = A_i \text{ and } ec = B_i\} \text{ then } u = C_i,\ i = 1, 2, \cdots, n$$

其中，A_i、B_i 以及 C_i 都是各自论域上的模糊语言值。

在 LabVIEW 的模糊逻辑控制箱中，火电机组主汽温控制系统模糊控制规则设计界面如图 2-75 所示，可以在该界面上设置前件之间的连接关系以及去模糊化的方法。

表 2-10　模糊控制规则表

e \ ec	NL	NM	NS	ZO	PS	PM	PL
NL	NL	NL	NL	NM	NS	NS	ZO
NM	NL	NM	NM	NM	NS	ZO	ZO
NS	NM	NM	NS	NS	ZO	ZO	PS
ZO	NS	NS	ZO	ZO	ZO	PS	PS
PS	NS	ZO	ZO	PS	PS	PM	PM
PM	ZO	ZO	PS	PM	PM	PM	PL
PL	ZO	PS	PM	PM	PL	PL	PL

4. 解模糊

为了得到精确值来驱动执行机构，模糊控制器还需要进行解模糊处理，即将输出的语言变量转变成精确的数值，模糊控制器运用最大隶属度平均法来对模糊子集进行反模糊化处理，从而得到解模糊结果。

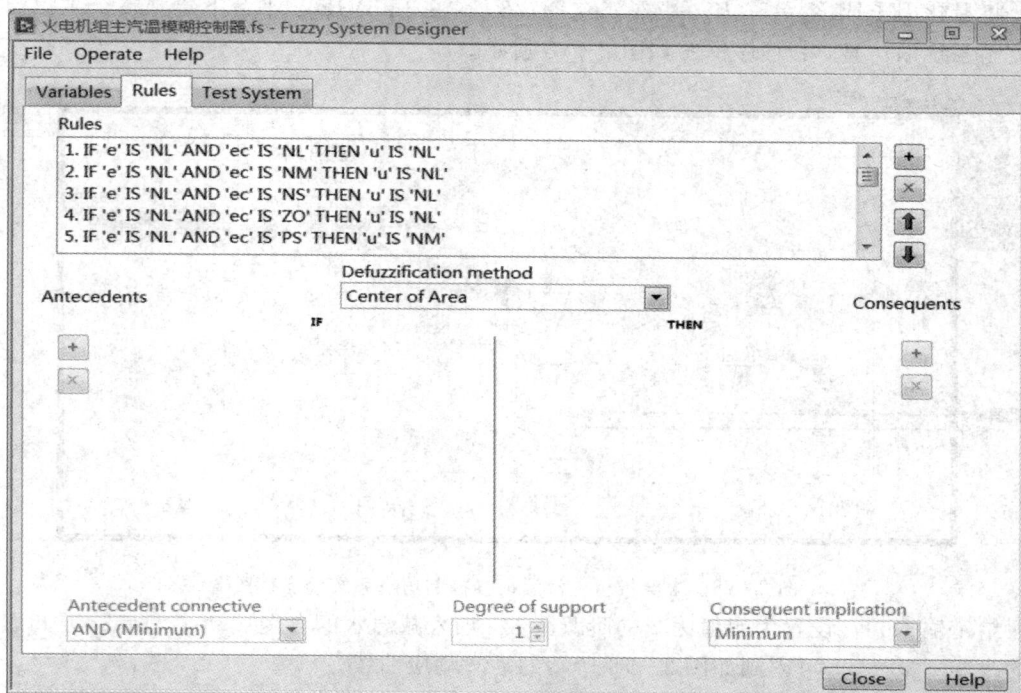

图 2-75 火电机组主汽温控制系统模糊控制规则设计界面

5. LabVIEW 仿真实现

在 2.6.2 小节第二部分直流电机的模糊控制系统中，详细讲述了利用 Simulation 函数选板里的函数去搭建整个系统的仿真程序代码，读者可以参照 2.6.2 节的内容进行学习。

通过前期的学习，利用 Simulation 函数选板里的函数添加到程序框图，并连线得到模糊控制器的输入，如图 2-76 所示。通过创建数组函数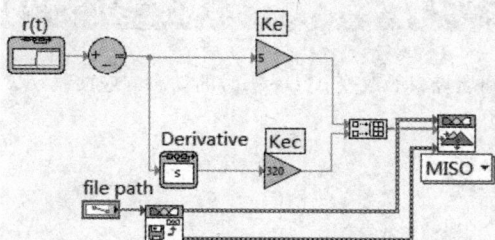，把偏差和偏差率连接在一起输出到模糊控制器进行模糊推理。模糊控制器通过调入控制器 VI(FL Load Fuzzy System. vi)将前期准备好的. fs 文件调入模糊控制器，调入方法是添加文件路径，选中. fs 文件添加即可。

与之前讲述电机的调速系统不同，火电机组主汽温控制系统采用串级调节系统，可以使系统的控制性能获得很大改善。如图 2-77 所示，分别把减温水的自发扰动 $f(t)$ 和燃烧率的改变 $g(t)$ 两个因素添加到系统中去。

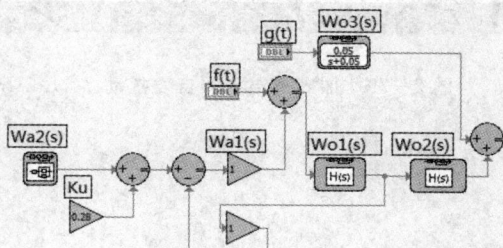

图 2-76 火电机组主汽温控制系统模糊控制的输入

图 2-77 火电机组主汽温控制系统模糊控制的输出及被控对象

将量化因子取 $K_e = 5$，$K_{ec} = 320$，$K_u = 1/3.5$，在 LabVIEW 平台下建立整个主汽温模糊控制系统的仿真，其程序框图如图 2-78 所示。

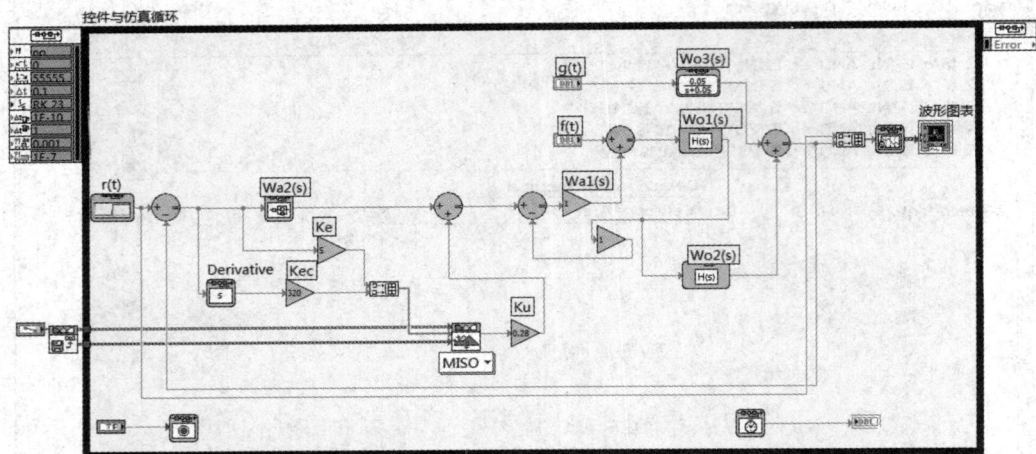

图 2-78　火电机组主汽温模糊控制仿真系统程序框图

给定输入 $r(t)$ 设置为幅值为 2 的阶跃函数，加入减温水的自发扰动 $f(t) = 3t/h$ 和燃烧率的改变 $g(t) = 1$，可得到如图 2-79 所示的动态响应曲线。

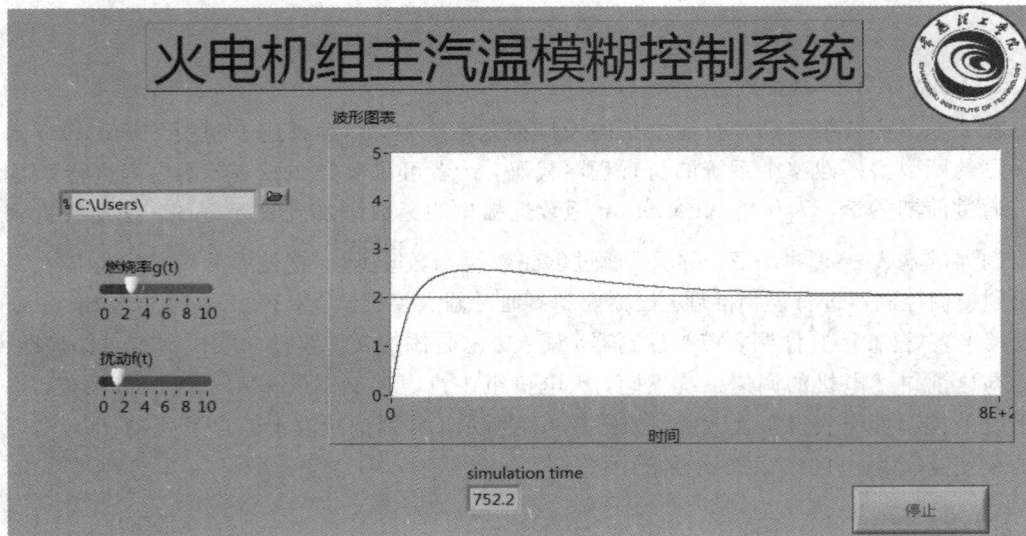

图 2-79　加入减温水的自发扰动 $f(t) = 3t/h$ 和燃烧率的改变 $g(t) = 1$ 时的动态响应曲线

习　　题

2.1　设论域为 $X = \{x_1, x_2, x_3, x_4, x_5, x_6, x_7, x_8\}$，$A$ 和 B 为论域 X 上的两个模糊集合，其中：

$$A = \frac{0.2}{x_1} + \frac{0.4}{x_2} + \frac{0.6}{x_3} + \frac{0.8}{x_4} + \frac{1.0}{x_5} + \frac{0.8}{x_6} + \frac{0.5}{x_7} + \frac{0.2}{x_8}$$

$$B = \frac{0.5}{x_1} + \frac{0.7}{x_2} + \frac{1.0}{x_4} + \frac{0.8}{x_5} + \frac{0.6}{x_6} + \frac{0.4}{x_7} + \frac{0.2}{x_8}$$

试计算：$A \bigcup B$，$A \bigcap B$，$A \bigcup (\overline{B} \bigcap \overline{A})$

2.2 设论域 X、Y 均为有限模糊集合，它们分别为

$$X = \{x_1, x_2, \cdots, x_n\}$$
$$Y = \{y_1, y_2, \cdots, y_n\}$$

模糊矩阵 R 表示 X 到 Y 的一个模糊关系，试说明模糊矩阵 R 的元素 r_{ij} 的含义是什么？

2.3 论域 $X = [0, 100]$ 上的模糊集合 A 代表"偏大"，在 $[0, 80]$ 区间上 $\mu_A(x) = 0.0125x$，在 $(80, 100)$ 区间上 $\mu_A(x) = 1$。

(1) 写出 A 的隶属度函数解析表达式；

(2) 画出 A 的隶属度函数曲线。

2.4 设两个模糊矩阵 A、B 分别为

$$A = \begin{bmatrix} 0.5 & 0.3 \\ 0.4 & 0.8 \end{bmatrix}; \quad B = \begin{bmatrix} 0.9 & 0.4 \\ 0.3 & 0.6 \end{bmatrix}$$

试计算：(1) $A \bigcup B$；(2) $A \bigcap B$；(3) $A \bigcup B^c$；(4) $A \circ B$。

2.5 举出一个模糊关系的实例，并写出相应的模糊矩阵。

2.6 简要说明模糊控制系统的工作原理，并画出模糊控制器的结构框图，结合该图说明控制器的工作原理。

2.7 简述模糊控制器的设计步骤。

第 3 章　神 经 网 络

模糊控制从人的经验出发，解决了智能控制中人类语言的描述和推理问题，尤其是一些不确定性语言的描述和推理问题，从而在机器模拟人脑的感知、推理等智能行为方面迈出了重大的一步。然而，模糊控制在处理数值数据、自学习能力等方面还远没有达到人脑的境界。人工神经网络从另一个角度出发，即从人脑的生理学和心理学着手，通过人工模拟人脑的工作机理来实现机器的部分智能行为。

人工神经网络(Artificial Neural Network，ANN)是模拟人脑思维方式的数学模型。神经网络是在现代生物学研究人脑组织成果的基础上提出来的，用以模拟人类大脑神经网络的结构和行为，它从微观结构和功能上对人脑进行抽象和简化，是模拟人类智能的一条重要途径，反映了人脑功能的若干基本特征，如并行信息处理、学习、联想、模式分类、记忆等。

20 世纪 80 年代以来，人工神经网络的研究取得了突破性进展。神经网络控制是将神经网络与控制理论相结合而发展起来的智能控制方法。它已成为智能控制的一个新的分支，为解决复杂的非线性、不确定、不确知系统的控制问题开辟了新途径。

本章主要介绍神经网络的基本概念、前馈神经网络、反馈神经网络及其主要学习算法。

3.1　神经网络的基本概念

3.1.1　生物神经元模型

人脑大约包含有 10^{12} 个神经元，分成约 1000 种类型，每个神经元大约与 $10^{12} \sim 10^{14}$ 个其他神经元相连，形成了极为错综复杂而又灵活多变的神经网络。每个神经元虽然都十分简单，但是如此大量的神经元之间复杂的连接却可以演化出丰富多彩的行为方式。同时，如此大量的神经元与外部感受器之间的多种多样的连接方式也蕴含了变化莫测的反应方式。

生物神经元，也称神经细胞，是构成神经系统的基本单元。生物神经元主要由细胞体、轴突、树突、突触等构成，其基本结构如图 3-1 所示。

(1) 细胞体：由细胞核、细胞质和细胞膜组成。

(2) 轴突：由细胞体向外伸出的最长的一条分支，称为轴突，即神经纤维。轴突相当于细胞的传输电缆，其端部的许多神经末梢为信号的输出端，用以送出神经激励。

(3) 树突：由细胞体向外伸出的其他许多较短的分支，称为树突。它相当于神经细胞

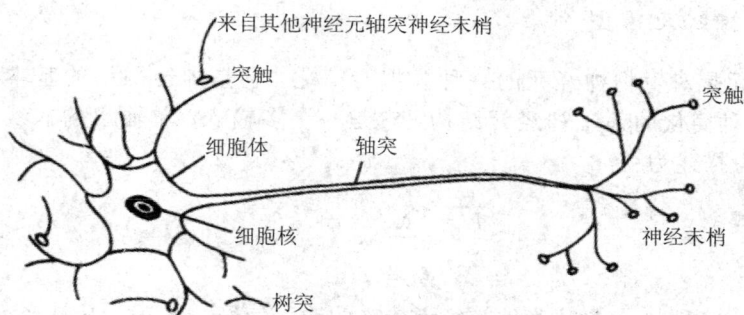

图 3-1 生物神经元的基本结构

的输入端,用于接收来自其他神经细胞的输入激励。

(4) 突触:细胞与细胞之间(即神经元之间)通过轴突(输出)与树突(输入)相互连接结合,其接口称为突触,即神经末梢与树突相接处的交界面,每个细胞约有 $10^3 \sim 10^4$ 个突触。突触有两种模型:兴奋型与抑制型。

从生物控制论的观点来看,神经元作为控制和信息处理的基本单元,具有下列一些重要的功能与特性:

(1) 时空整合功能。神经元对于不同时间通过同一突触传入的神经冲动,具有时间整合功能;对于同一时间通过不同突触传入的神经冲动,具有空间整合功能。两种功能相互结合,具有时空整合的输入信息处理功能。所谓整合,是指抑制和兴奋的受体电位或突触电位的代数和。

(2) 兴奋与抑制状态。神经元具有两种常规工作状态:兴奋——当传入冲动的时空整合结果,使细胞膜电位升高,超过被称为动作电位的阈值(约为 40 mV)时,细胞进入兴奋状态,产生神经冲动,由轴突输出;抑制——当传入冲动的时空整合结果,使膜电位下降至低于动作电位的阈值时,细胞进入抑制状态,无神经冲动输出,满足"0-1"律,即"兴奋-抑制"状态。

(3) 脉冲与电位转换。突触界面具有脉冲/电位信号转换功能,沿神经纤维传递电脉冲为离散脉冲信号,而细胞膜电位变化为连续的电位信号,在突触接口处进行"数/模"转换,是通过神经介质以量子化学方式实现(电脉冲—神经化物质—膜电位)的变换过程。

(4) 神经纤维传导速度。神经冲动沿神经传导的速度在 1～150 m/s 之间,因纤维的粗细、髓鞘的有无而有所不同:有髓鞘的粗纤维,其传导速度在 100 m/s 以上;无髓鞘纤维细,其传导速度可低至每秒数米。

(5) 突触延时和不应期。突触对神经冲动的传递具有延时和不应期。在相邻的两次冲动之间需要一个时间间隔,即为不应期,在此期间对激励不响应,不能传递神经冲动。

(6) 学习、遗忘和疲劳。由于结构的可塑性,突触的传递作用可增强、减弱和饱和,所以细胞具有相应的学习功能、遗忘或疲劳效应(饱和效应)。

随着脑科学和生物控制论研究的进展,人们对神经元的结构和功能有了进一步的了解,神经元并不是简单的双稳态逻辑元件,而是超级的微型生物信息处理机或控制机单元。

3.1.2　人工神经元模型

人工神经元是对生物神经元的一种模拟与简化，它是神经网络的基本处理单元。图 3-2 给出了一种简化的人工神经元结构，它是一个多输入、单输出的非线性元件，其输入、输出关系可描述为

$$I_i = \sum_{j=1}^{n} w_{ji} x_j - \theta_i$$
$$y_i = f(I_i) \tag{3.1}$$

式中，$x_j(j=1, 2, \cdots, n)$是从其他神经元传来的输入信号；w_{ji}表示从神经元 j 到神经元 i 的连接权值；θ_i 为阈值；$f(\cdot)$ 称为激发函数或者作用函数。

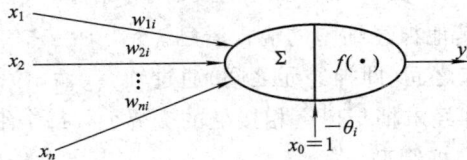

图 3-2　人工神经元结构模型

为方便起见，常把$-\theta_i$也看成是恒等于 1 的输入 x_0 的权值，这时公式(3.1)可写成：

$$I = \sum_{j=0}^{n} w_{ji} x_j \tag{3.2}$$

式中，$w_{0i} = -\theta_i$，$x_0 = 1$。

输出激发函数 $f(\cdot)$ 又称为变换函数，它决定神经元(节点)的输出。该输出为 1 或 0，这取决于其输入之和大于还是小于内部阈值 θ_i。$f(\cdot)$ 函数一般具有非线性特性，图 3-3 表示了几种常见的激发函数。

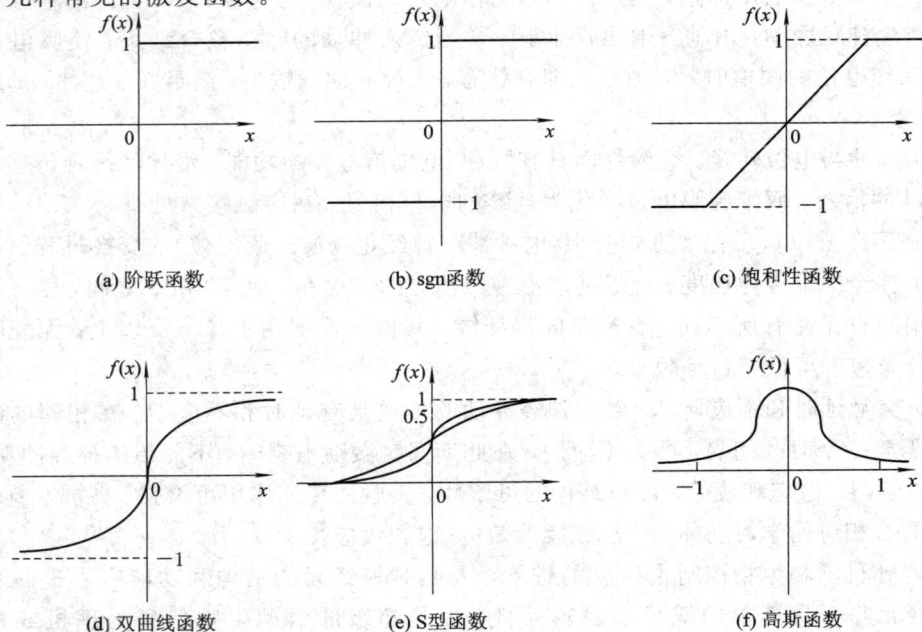

(a) 阶跃函数　　　　　(b) sgn函数　　　　　(c) 饱和性函数

(d) 双曲线函数　　　　(e) S型函数　　　　　(f) 高斯函数

图 3-3　常见的输出激发函数

(1) 阈值型函数(见图 3 - 3(a)(b))。

当 y_i 取 0 或 1 时，$f(x)$ 为图 3 - 3(a)所示的阶跃函数，计算式为

$$f(x) = \begin{cases} 1 & x \geqslant 0 \\ 0 & x < 0 \end{cases} \tag{3.3}$$

当 y_i 取 -1 或 1 时，$f(x)$ 为图 3 - 3(b)所示的 sgn 函数(符号函数)，计算式为

$$\text{sgn}(x) = f(x) = \begin{cases} 1 & x \geqslant 0 \\ -1 & x < 0 \end{cases} \tag{3.4}$$

(2) 饱和性函数(见图 3 - 3(c))：

$$f(x) = \begin{cases} 1 & x \geqslant \dfrac{1}{k} \\ kx & -\dfrac{1}{k} \leqslant x < \dfrac{1}{k} \\ -1 & x < -\dfrac{1}{k} \end{cases} \tag{3.5}$$

(3) 双曲线函数(见图 3 - 3(d))：

$$f(x) = \tanh(x) \tag{3.6}$$

(4) S 型函数(见图 3 - 3(e))。

神经元的状态与输入作用之间的关系是在(0，1)内连续取值的单调可微函数，称为 Sigmoid 函数，简称 S 型函数。

当 β 趋于无穷时，S 型曲线趋于阶跃函数，通常情况下，β 取值为 1。

S 型函数的计算式为

$$f(x) = \frac{1}{1 + \exp(-\beta x)} \quad \beta > 0 \tag{3.7}$$

(5) 高斯函数(见图 3 - 3(f))。

在径向基函数(Radial Basis Function，RBF)构成的神经网络中，神经元的结构可用高斯函数来定义：

$$f(x) = \exp\left(-\frac{x^2}{b^2}\right) \tag{3.8}$$

式中，b 定义为尺度参数。

3.1.3　人工神经网络模型

人工神经网络是以工程技术手段来模拟人脑神经元网络的结构与特征的系统。利用人工神经元可以构成各种不同拓扑结构的神经网络，它是生物神经网络的一种模拟和近似。就神经网络的主要连接形式而言，目前已有数十种不同的神经网络模型，其中前馈型网络和反馈型网络是两种典型的结构模型。

1. 前馈型神经网络

前馈型神经网络，又称前向网络(Feedforward NN)。如图 3 - 4 所示，神经元分层排列，有输入层、隐含层(亦称中间层，可有若干层)和输出层，每一层的神经元只接受前一层神经元的输入。

从学习的观点来看，前馈网络是一种强有力的学习系统，其结构简单而易于编程；从

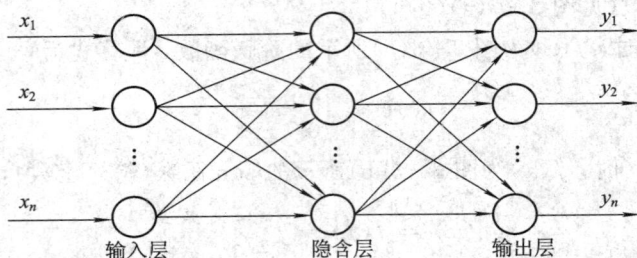

图 3-4　前馈型神经网络结构

系统的观点看，前馈网络是一静态非线性映射，通过简单非线性处理单元的复合映射，可获得复杂的非线性处理能力。但从计算机的观点来看，前馈网络缺乏丰富的动力学行为。大部分前馈网络都是学习网络，它们的分类能力和模式识别能力一般都强于反馈网络。典型的前馈网络有感知器网络、BP 网络等。

2. 反馈型神经网络

反馈型神经网络结构如图 3-5 所示。若总节点（神经元）数为 N，则每个节点有 N 个输入和 1 个输出，也就是说，所有节点都是一样的，它们之间都可相互连接。

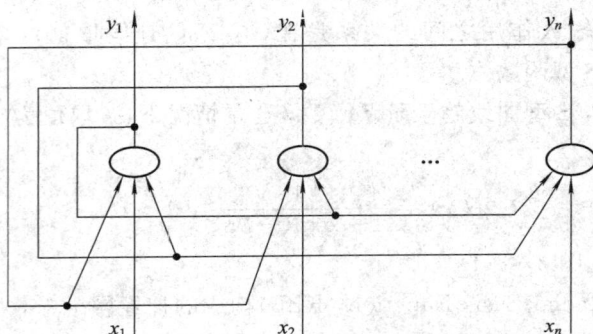

图 3-5　反馈型神经网络结构

反馈神经元网络是一种反馈动力学系统，它需要工作一段时间才能达到稳定。Hopfield 神经网络是反馈网络中最简单且应用广泛的模型，它具有联想记忆（Conter-Addressible Memory，CAM）的功能。如果将 Lyapunov 函数定义为寻优函数，Hopfield 神经网络还可以用来解决快速寻优问题。

3.1.4　神经网络的学习方式

目前神经网络的学习方式有多种，按有无导师，可分为有教师学习、无教师学习和再励学习等几大类。在有教师学习方式中，网络的输出和期望的输出（即教师信号）进行比较，然后根据两者之间的差异调整网络的权值，最终使差异变小。在无教师的学习方式中，输入模式进入网络后，网络按照一预先设定的规则自动调整权值，使网络最终具有模式分类等功能。

1. Hebb 学习规则

Hebb 学习规则是一种联想式学习方法。联想是人脑思维过程的一种表现形式。例如，在空间和时间上相互接近的事物间，在性质上相似(或相反)的事物间都容易在人脑中引起联想。生物学家 D. O. Hebbian 基于对生物学和心理学的研究，提出了学习行为的突触联系和神经群理论。认为突触前与突触后二者同时兴奋，即两个神经元同时处于激发状态时，它们之间的连接强度将得到加强，这一论述的数学描述被称为 Hebb 学习规则，即

$$w_{ij}(k+1) = w_{ij}(k) + I_i I_j$$

式中，$w_{ij}(k)$为连接从神经元 i 到神经元 j 的当前权值；I_i、I_j 为神经元的激活水平。

Hebb 学习规则是一种无教师的学习方式，只根据神经元连接间的激活水平改变权值，因此这种方法又称为相关学习或并联学习。

当神经元用式(3－1)描述时，有

$$I_i = \sum_j w_{ij} x_j - \theta_j$$

$$y_i = f(I_i) = \frac{1}{1 + \exp(-I_i)}$$

Hebb 学习规则可写成如下：

$$w_{ij}(k+1) = w_{ij}(k) + y_i y_j$$

另外，根据神经元状态变化来调整权值称为 Hebb 学习方法，可描述为

$$w_{ij}(k+1) = w_{ij}(k) + [y_i(k) - y_i(k-1)][y_j(k) - y_j(k-1)]$$

2. Delta(δ)学习规则

假设下列误差准则函数定义为

$$E = \frac{1}{2} \sum_{p=1}^{P} (d_p - y_p)^2 = \sum_{p=1}^{P} E_p$$

式中，d_p 代表期望的输出(教师信号)；$y_p = f(WX_p)$ 为网络的实际输出，$W = (w_0, w_1, \cdots, w_n)^T$ 是网络的所有权值组成的向量，$X_p = (x_{0p}, x_{1p}, \cdots, x_{np})^T$ 为输入模式。

现在的问题是如何调整权值 W，使准则函数最小。可用梯度下降法来求解，其基本思想是：沿着 E 的负梯度方向不断修正 W 值，直到 E 到达最小，这种方法的数学表达式为

$$\Delta W = \eta \left(-\frac{\partial E}{\partial W_i} \right)$$

$$\frac{\partial E}{\partial W_i} = \sum_{p=1}^{P} \frac{\partial E_p}{\partial W_i}$$

式中，$E_p = \frac{1}{2}(d_p - y_p)^2$，$\eta$ 为学习速率。

令 $\theta_p = WX_p$，则有：

$$\frac{\partial E_p}{\partial W_i} = \frac{\partial E_p}{\partial \theta_p} \frac{\partial \theta_p}{\partial W_i} = \frac{\partial E_p}{\partial y_p} \frac{\partial y_p}{\partial \theta_p} X_{ip} = -(d_p - y_p) f'(\theta_p) X_{ip}$$

W 的修正规则为

$$\Delta W_i = \eta \sum_{p=1}^{p} (d_p - y_p) f'(\theta_p) X_{ip}$$

上式称为 δ 学习规则，又称误差修正规则。δ 学习规则实现了误差 E 的梯度下降，因此使误差函数达到最小值。但 δ 学习规则只适用于线性可分函数，无法用于多层网络。向后传播(Back Propagation，BP)网络的学习算法称为 BP 算法，是在 δ 规则上发展起来的，

可在多层网络上有效地学习。

3.2　前馈神经网络

前馈型神经网络是整个神经网络体系中最常见的一种网络，其网络中各个神经元接受前一级的输入，并输出到下一级，网络中没有反馈。其节点分为两类，即输入单元和计算单元，每一计算单元可有任意个输入，但只有一个输出（它可耦合到任意多个其他节点作为输入）。通常，前馈型网络可分为不同的层，第 i 层的输入只与第 $i-1$ 层的输出相连，输入和输出节点与外界相连，而其他中间层称为隐含层，它们是一种强有力的学习系统，其结构简单，而易于编程。从系统的观点看，前馈型神经网络是一静态非线性映射，通过简单非线性处理的复合映射可获得复杂的非线性处理能力。但从计算的观点看，前馈型神经网络并不是一种强有力的计算系统，不具备丰富的动力学行为。大部分前馈型神经网络是学习网络，并不注重系统的动力学行为，但它们的分类能力和模式识别能力一般强于其他类型的神经网络。

3.2.1　感知器

感知器是一种具有单层神经元的神经网络，并由线性阈值元件组成，是最简单的前馈神经网络。下面给出感知器的一种学习算法：

（1）随机地给定一组连接权值 $w_i(0)$（较小的非 0 值），这里 $w_i(k)$ 为 k 时刻第 i 个输入上的权值（$0 \leqslant i \leqslant n$），$w_0(k)$ 为 k 时刻的阈值。

（2）输入一组样本 $X=(x_0, x_1, \cdots, x_n)$ 和期望的输出值 d（亦称为导师信号）。如果 $X \in A$ 类（某一类），则 $y_d=1$；如果 $X \in B$ 类（另一类），则 $y_d=-1$。

（3）计算感知器的实际输出：

$$y(k) = f\Big[\sum_{i=0}^{n} w_i(k)x_i\Big] = \begin{cases} 1 & \sum\limits_{i=0}^{n} w_i(k) \quad x_i \geqslant 0 \\ -1 & \sum\limits_{i=0}^{n} w_i(k) \quad x_i < 0 \end{cases}$$

（4）按下式修正权值：

$$w_i(k+1) = w_i(k) + \eta[d(k) - y(k)]x_i \quad (i = 0, 1, 2, \cdots, n)$$

式中，$w_i(k)$ 为当前权值；$y(k)$ 为感知器的输出值；η 为学习速率（$0 < \eta < 1$），η 选取要适当，选取太小表示学习太慢，选取太大会影响 $w_i(k)$ 的稳定，即引起振荡。

（5）选取另外一组样本，重复上述（2）～（4）步的过程，直到权值对一切样本稳定不变为止，学习过程结束。

应该指出，上述的单层感知器能解决一阶逻辑问题，如逻辑"与"、逻辑"或"问题，但不能解决像异或问题这样的二阶逻辑问题。感知器的学习算法保证收敛的条件是，要求函数是线性可分的（即输入样本函数类成员可分别位于直线分界线的两侧）。当输入函数不满足线性可分条件时，上述算法受到了限制，也不能推广到一般的前向网络中，其主要原因是由于激发函数是阈值函数。为此，人们用可微函数（如 Sigmoid 曲线）来代替阈值函数，然后用梯度法来修正权值，BP 网络就是这种算法的典型网络。

3.2.2　BP 网络

误差反向传播神经网络，简称 BP 网络(Back Propagation)，是一种单向传播的多层前向网络，在模式识别、图像处理、系统辨识、函数拟合、优化计算、最优预测和自适应控制等领域有着较为广泛的应用。图 3-6 所示为 BP 网络的结构示意图。

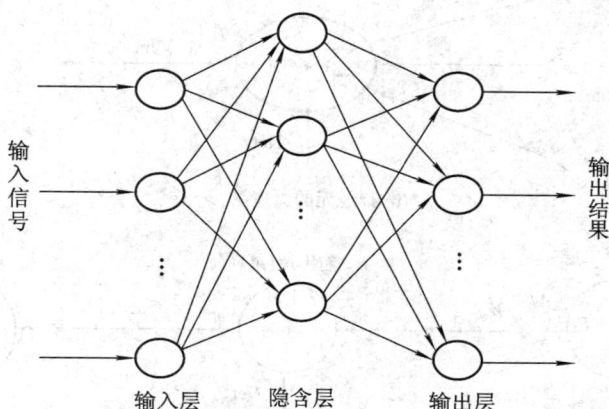

图 3-6　BP 网络的结构示意图

误差反向传播的 BP 算法的基本思想是最小二乘算法。它采用梯度搜索技术，以期使网络的实际输出值与期望输出值的误差均方值为最小。

BP 算法的学习过程由正向传播和反向传播组成。在正向传播过程中，输入信息从输入层经隐含层逐层处理，并传向输出层，每层神经元(节点)的状态只影响下一层神经元的状态，如果在输出层不能得到期望的输出，则转入反向传播，将误差信号沿原来的连接通路返回，通过修改各层神经元的权值，使误差信号最小。

BP 算法是以梯度下降法原理为基础的，这里就简短地概括一下这个原理并用它得到 BP 算法的训练步骤。

设 $W_{pq,k}$(或者简单设为 W_{pq})为连接 $k-1$ 层的神经元 p 和第 k 层输出层的神经元 q 之间的权重(见图 3-7(c))，并且设 E 为一个在给定的训练模式下输出层产生的误差，并用向量的欧几里得范数表示，如下式所示：

$$E = \frac{1}{2} \sum_{\forall r} (t_r - \text{Out}_r)^2 \tag{3.9}$$

式中，t_r 和 Out_r 分别表示在输出层的节点 r 的目标输出和实际计算的输出。

根据梯度下降学习原理，所有权重 W_{pq} 必须满足：

$$W_{pq} \leftarrow W_{pq} - \eta \frac{\partial E}{\partial W_{pq}} \tag{3.10}$$

式中，η 表示学习效率。

但是，剩余的层及最后一层的 $\partial E/\partial W_{pq}$ 的计算是有所不同的。现在考虑两种不同的输出层，分别为带有非线性神经元的输出层和带有线性神经元的输出层。

(a) BP 算法中一个典型的神经元

(b) 神经元的原理图

(c) 训练的权重 $W_{p,q,k}$ 输出在第 k 层

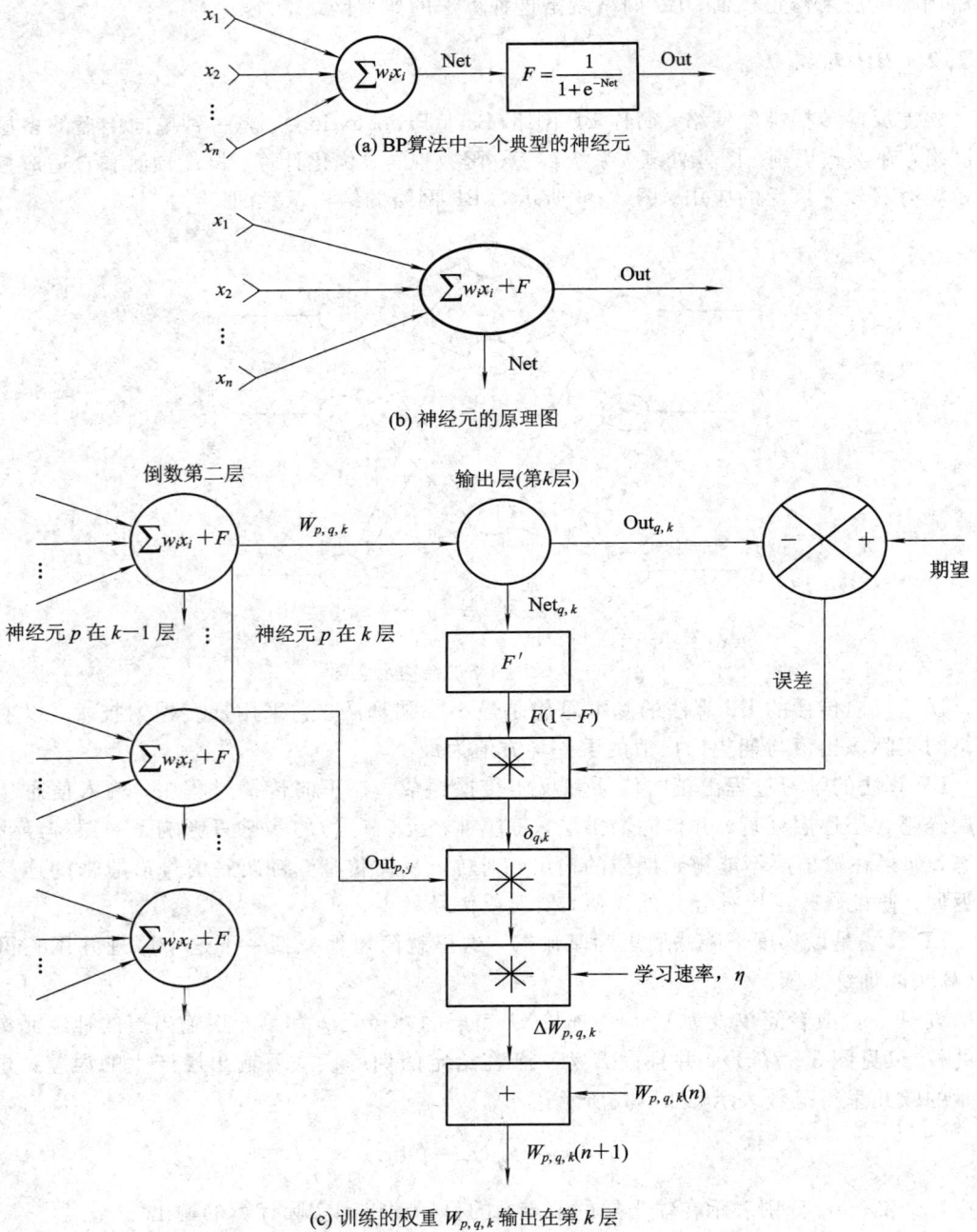

图 3 - 7　BP 学习算法的原理图

当输出层的神经元为线性输出时(见图 3 - 8),有

$$\mathrm{Out}_q = \mathrm{Net}_q = \sum_{\forall p} W_{pq} \cdot \mathrm{Out}_q \quad (p \text{ 在倒数第二层}) \qquad (3.11)$$

现在

$$\frac{\partial E}{\partial W_{pq}} = \frac{\partial E}{\partial \mathrm{Out}_q} \frac{\partial \mathrm{Out}_q}{\partial W_{pq}} = -(t_q - \mathrm{Out}_q)\mathrm{Out}_p \qquad (3.12)$$

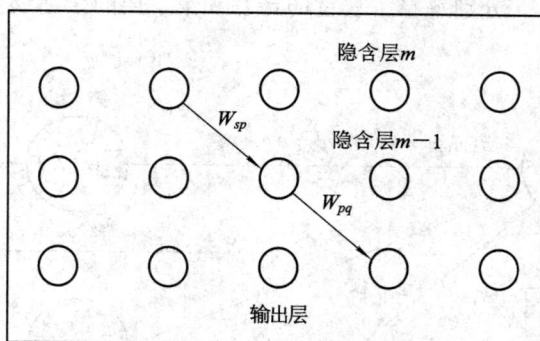

图 3-8 前馈神经网络的权重的定义

因此

$$W_{pq} \leftarrow W_{pq} + \eta(t_q - \text{Out}_q)\text{Out}_q \tag{3.13}$$

用 δ_q 代表 $t_q - \text{Out}_q$，因此有

$$W_{pq} \leftarrow W_{pq} + \eta \cdot \delta_q \cdot \text{Out}_p \tag{3.14}$$

现在，考虑当所有层包括输出层的神经元都包含 S 型的非线性这种情况，图 3-8 所表示的是两层权重需调整的网络结构。

$$\text{Out}_p = \frac{1}{1 + e^{-\text{Net}_p}} \tag{3.15}$$

$$\text{Net}_p = \sum_r W_{rp} \cdot \text{Out}_r \tag{3.16}$$

式中，下标 r 表示在隐含层 m 层的神经元 r。

$$\text{Out}_r = \frac{1}{1 + e^{-\text{Net}_r}} \tag{3.17}$$

$$\text{Net}_r = \sum_i W_{ir} \cdot \text{Out}_i \tag{3.18}$$

式中，W_{ir} 是连接先前层的神经元到神经元 r 的权重。

输出层为 S 型的非线性函数输出，于是有

$$\begin{aligned}
\frac{\partial E}{\partial W_{pq}} &= \frac{\partial E}{\partial \text{Out}_q} \frac{\partial \text{Out}_q}{\partial \text{Net}_q} \frac{\partial \text{Net}_q}{\partial W_{pq}} \\
&= -(t_q - \text{Out}_q)\text{Out}_q(1 - \text{Out}_q)\text{Out}_p \\
&= -\left[(t_q - \text{Out}_q)\text{Out}_q(1 - \text{Out}_q)\right]\text{Out}_p \\
&= -\delta_q \cdot \text{Out}_p
\end{aligned} \tag{3.19}$$

将这个计算结果与图 3-7 给出结果中的 $\delta_{q,k}\text{Out}_{p,j}$ 进行比较。

W_{sp} 的更新准则为

$$\begin{aligned}
\frac{\partial E}{\partial W_{sp}} &= \sum_q \frac{\partial E}{\partial \text{Out}_q} \frac{\partial \text{Out}_q}{\partial \text{Net}_q} \frac{\partial \text{Net}_q}{\partial \text{Out}_p} \frac{\partial \text{Out}_p}{\partial \text{Net}_p} \frac{\partial \text{Net}_p}{\partial W_{sp}} \\
&= \sum_q -(t_q - \text{Out}_q)\text{Out}_q(1 - \text{Out}_q)W_{pq}\text{Out}_p(1 - \text{Out}_p)\text{Out}_s \\
&= -\sum_q \delta_q W_{pq}\text{Out}_p(1 - \text{Out}_p)\text{Out}_s \\
&= -\text{Out}_p(1 - \text{Out}_p)\text{Out}_s \sum_q \delta_q W_{pq}
\end{aligned} \tag{3.20}$$

图 3-7(c)和图 3-9 分别解释了权重的计算和第 j 层的传播误差的估计,图中的箭头表示误差的传播方向。

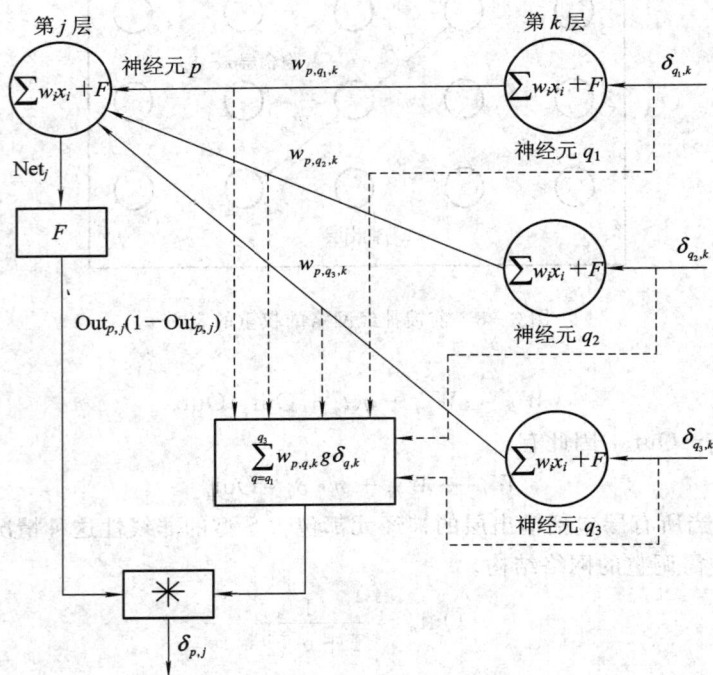

图 3-9 第 j 层 BP 算法误差的计算

BP 网络学习算法流程图如图 3-10 所示。

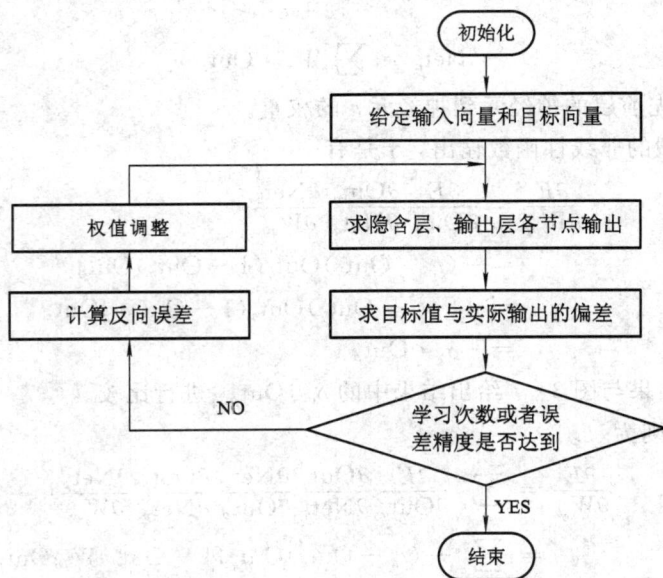

图 3-10 BP 网络学习算法流程图

在使用 BP 算法时,应注意如下几个问题:

(1) 学习开始时,各隐含层连接权系数的初值应以设置较小的随机数较为适宜。

(2) 采用 S 型激发函数时,输出层各神经元的输出只能趋于 1 或 0,不能达到 1 或 0;在设置各训练样本时,期望的输出分量不能设置为 1 或 0,以设置为 0.9 或 0.1 较为适宜。

(3) 在学习开始阶段,η 选较大的值可以加快学习速度;学习接近优化区时,η 值必须相当小,否则权系数将产生振荡而不收敛。

3.2.3 RBF 网络

径向基函数神经网络,简称 RBF(Radial Basis Function)网络,它是一种局部逼近的神经网络。局部逼近神经网络的特点是,对于输入空间的某个局部区域,只有少数几个连接权重影响网络的输出,从而使局部逼近网络具有学习速度快的优点。

RBF 网络的结构图和图 3-4 类似,输入层节点传播输入信号到隐含层,隐含层节点(称 RBF 节点)由高斯函数构成,输出节点通常是简单的线性函数。

这里所选取的高斯函数为

$$\mu_j(x) = \exp\left(-\frac{x - c_j}{\delta_j^2}\right) \quad j = 1, 2, \cdots, q$$

式中,μ_j 是第 j 个隐含层节点的输出;$x \in X$ 是输入样本;c_j 是第 j 个高斯函数的中心值;δ_j 是第 j 个高斯函数的尺度因子;q 是隐含层的节点数。

节点的输出范围在 0 到 1 之间。输入样本越靠近节点中心,输出越大。

RBF 网络的输出为其隐含层节点的线性组合,即

$$y_i = \sum_{j=1}^{q} w_{ij}\mu_j(x) \quad i = 1, 2, \cdots, r$$

可以看出,在 RBF 神经网络中,输入层实现 $X \rightarrow \mu_j(x)$ 的非线性映射,而输出层实现 $\mu_j(x) \rightarrow Y$ 的线性映射。

RBF 网络的学习过程与 BP 网络的学习过程是类似的,两者的主要区别在于它们各自使用不同的作用函数。BP 网络中隐含层节点使用的是 Sigmoid 函数,其值在输入空间中无限大的范围内为非零值,因而是一种全局逼近的神经网络;而 RBF 网络中的作用函数是高斯函数,是局部的,因而是一种局部逼近的神经网络。

3.3 反馈神经网络

反馈型神经网络又称递归网络(或回归网络)。在反馈网络(Feedback NNs)中,输入信号决定反馈系统的初始状态,然后系统经过一系列状态转移后,逐渐收敛于平衡状态,这样的平衡状态就是反馈型网络经计算后输出的结果。由此可见,稳定性是反馈网络中最重要的问题之一。如果能找到网络的 Lyapunov 函数,则能保证网络从任意的初始状态都能收敛到局部最小点。

3.3.1 离散型 Hopfield 网络

1. 网络的稳定性

Hopfield 网络的拓扑结构是一种全连接加权无向图,可分为离散型和连续型两种类

型。图 3-11 所示是一种离散型 Hopfield 网络的结构图。

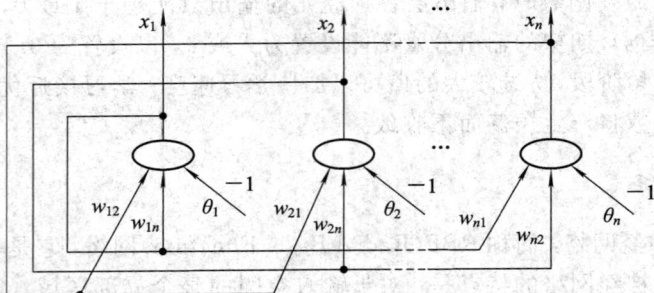

图 3-11 离散型 Hopfield 网络的结构图

从图 3-11 可以看出，它是一个单层网络，有 n 个神经元节点，每个神经元的输出均连接到其他神经元的输入。各节点没有自反馈，图中的每个节点都附有一阈值 θ_j，w_{ij} 是神经元 i 与神经元 j 间的连接权值。每个节点都可处于一种可能状态（1 或 -1），即当该神经元所受的刺激越过其阈值时，神经元就处于一种状态（1），否则神经元就始终处于另一状态（-1）。

整个网络有如下两种工作方式：

（1）异步方式：每次只有一个神经元节点进行状态的调整计算，其他节点的状态均保持不变，这一变化的神经元可以按照随机方式或预定的顺序来选择。例如，若调整的神经元为第 i 个，则有

$$x_i(k+1) = f\Big[\sum_{j=1}^{n} w_{ij} x_j(k) - \theta_i\Big]$$
$$x_j(k+1) = x_j(k) \quad j \neq i \tag{3.21}$$

调整次序可以随机选定，也可按规定的次序进行。

（2）同步方式：所有神经元节点同时调整状态，即

$$x_i(k+1) = f\Big[\sum_{j=1}^{n} w_{ij} x_j(k) - \theta_i\Big] \quad \forall i \tag{3.22}$$

上述同步计算方式也可写成如下矩阵形式：

$$\boldsymbol{X}(k+1) = \boldsymbol{F}[\boldsymbol{W}\boldsymbol{X}(k) - \boldsymbol{\theta}] = \boldsymbol{F}(s) \tag{3.23}$$

其中

$$\boldsymbol{X} = [x_1, x_2, \cdots, x_n]^{\mathrm{T}}, \boldsymbol{\theta} = [\theta_1, \theta_2, \cdots, \theta_n]^{\mathrm{T}}$$

$\boldsymbol{W}$ 是由 w_{ij} 组成的 $n \times n$ 矩阵；$\boldsymbol{F}(s) = [f(s_1), f(s_2), \cdots, f(s_n)]^{\mathrm{T}}$ 是向量函数，其中

$$f(s) = \begin{cases} 1 & s \geqslant 0 \\ -1 & s < 0 \end{cases}$$

网络输入状态初值 $\boldsymbol{X}(0) = [x_1(0), x_2(0), \cdots, x_n(0)]^{\mathrm{T}}$，其输出是网络的稳定状态 $\lim_{k \to \infty} \boldsymbol{X}(k)$，即整个网络收敛于某一 $\boldsymbol{X}$ 向量。

从上述工作过程可以看出，离散型 Hopfield 网络实质上是一个离散的非线性动力学系统。

因此，如果系统是稳定的，则它可以从一个初态收敛到一个稳定状态；若系统是不稳

定的，则由于节点输出 1 和 −1 两种状态，因而系统不可能出现无限发散，只可能出现限幅的自持振荡或极限环。

若稳态视为一个记忆样本，那么初态朝稳态的收敛过程便是寻找记忆样本的过程，初态可以认为是给定样本的部分信息，网络改变的过程可以认为是从部分信息找到全部信息，从而实现联想记忆的功能。

若将稳态与某种优化计算的目标函数相对应，并作为目标函数的极小点，那么初态朝稳态的收敛过程便是优化计算过程，该优化计算是在网络演变过程中自动完成的。

在绝大多数情况下，反馈网络的稳定性就是回忆。稳定状态的个数就是反馈网络联想记忆能力的测度，即信息容量。严格地说，可定义为：n 阶离散 Hopfield 网络 $N = (W, \theta)$ 的一个状态 $X = (x_1, x_2, \cdots, x_n)$ 满足 $X = f(WX - \theta)$，则称 X 为网络的稳定点或吸引子。

对于离散型 Hopfield 网络，若按异步方式调整状态，且连接矩阵 W 为对称阵，即 $w_{ii} = 0$，$w_{ij} = w_{ji}$，对于任意初态，网络都最终收敛到一个吸引子，这一点可以通过网络能量函数的变化来证明。定义网络能量函数为

$$E(k) = -\frac{1}{2} X^{\mathrm{T}}(k) W X(k) + X^{\mathrm{T}}(k) \theta \qquad (3.24)$$

或

$$E(k) = -\frac{1}{2} \sum_{i=1}^{N} \sum_{j=1}^{N} w_{ij} x_i x_j + \sum_{i=1}^{N} \theta_i x_i \qquad (3.25)$$

由于神经元节点的状况只能取 1 或 −1 两种状态，所以上述定义的能量函数是有界的，令 $\Delta E(k) = E(k+1) - E(k)$，则

$$
\begin{aligned}
\Delta E(k) &= E(k+1) - E(k) \\
&= -\frac{1}{2} [X(k) + \Delta X(k)]^{\mathrm{T}} W [X(k) + \Delta X(k)] + [X(k) + \Delta X(k)]^{\mathrm{T}} \theta \\
&\quad - \left[-\frac{1}{2} X^{\mathrm{T}}(k) W X(k) + X^{\mathrm{T}}(k) \theta \right] \\
&= -\Delta X^{\mathrm{T}}(k) W X(k) - \frac{1}{2} \Delta X^{\mathrm{T}}(k) W \Delta X(k) + \Delta X^{\mathrm{T}}(k) \theta \\
&= -\Delta X^{\mathrm{T}}(k) [W X(k) - \theta] - \frac{1}{2} \Delta X^{\mathrm{T}}(k) W \Delta X(k) \qquad (3.26)
\end{aligned}
$$

由于假定为异步工作方式，可设第 k 时刻只有第 i 个神经元调整状态，即 $\Delta X(k) = [0, \cdots, 0, \Delta x_i(k), 0, \cdots, 0]^{\mathrm{T}}$，因此，$\Delta E(k) = -\Delta x_i(k) \left[\sum_{j=1}^{n} w_{ij} x_j(k) - \theta_i \right] - \frac{1}{2} \Delta x_i^2(k) w_{ii}$，令

$$s_i(k) = \sum_{j=1}^{n} w_{ij} x_j(k) - \theta_i \qquad (3.27)$$

则

$$\Delta E(k) = -\Delta x_i(k) \left[s_i(k) + \frac{1}{2} \Delta x_i(k) w_{ii} \right] = -\Delta x_i(k) s_i(k) \quad (w_{ii} = 0)$$

设神经元节点取 1 和 −1 两种状态，则

$$x_i(k+1) = f[s_i(k)] = \begin{cases} 1 & s_i(k) \geqslant 0 \\ -1 & s_i(k) < 0 \end{cases} \qquad (3.28)$$

下面考虑 $\Delta x_i(k)$ 可能出现的各种情况：

(1) 若 $x_i(k) = -1$，$x_i(k+1) = f[s_i(k)] = 1$，则 $\Delta x_i(k) = 2$，$s_i(k) \geqslant 0$，从而 $\Delta E_i(k) \leqslant 0$；

(2) 若 $x_i(k) = 1$，$x_i(k+1) = f[s_i(k)] = -1$，则 $\Delta x_i(k) = -2$，$s_i(k) < 0$，从而 $\Delta E_i(k) < 0$；

(3) 若 $x_i(k+1) = x_i(k)$，则 $\Delta x_i(k) = 0$，从而 $\Delta E_i = 0$。

可见在任何情况下，均有 $\Delta E(k) \leqslant 0$，由于 $E(k)$ 有下界，所以 $E(k)$ 将收敛到一常数。

2. 网络连接权值设计

Hopfield 网络没有与之相关的学习规则，其权值不被训练，也不会自己学习。它的权值矩阵是事先利用 Lyapunov 函数的设计思想、采集 Hebb 规则计算出来的。在这种网络中，不断更新的不是权值，而是网络中各神经元的状态，网络演变到稳定时各神经元的状态便是问题的解。为了保证 Hopfield 网络在异步方式工作时能稳定收敛，连接权值矩阵 $\boldsymbol{W}$ 应是对称的。若要保证同步的方式收敛，则要求 $\boldsymbol{W}$ 为非负定对称阵，这个要求比较高。因而设计时一般只保证异步方式收敛。另外一个要求是，对于给定的样本，必须是网络的吸引子，而且要有一定的吸引域，这样才能正确实现联想记忆功能。

设定 m 个样本 $x^{(k)}$ $(k = 1, 2, \cdots, m)$，为了实现上述功能，通常采用有监督的 Hebb 规则（用输入模式作为目标模式）来设计连接权值。连接权值可以按以下两种情况进行计算。

(1) 当网络节点状态为 1 和 -1 两种状态，即 $x \in \{-1, 1\}^n$ 时，相应的连接权值为

$$w_{ij} = \begin{cases} \sum_{k=1}^{m} x_i^{(k)} x_j^{(k)} & i \neq j \\ 0 & i = j \end{cases} \tag{3.29}$$

写成矩阵形式则为

$$\boldsymbol{W} = \begin{bmatrix} x^{(1)} \ x^{(2)} \cdots x^{(m)} \end{bmatrix} \begin{bmatrix} x^{(1)\mathrm{T}} \\ x^{(2)\mathrm{T}} \\ \vdots \\ x^{(m)\mathrm{T}} \end{bmatrix} - m\boldsymbol{I}$$

$$= \sum_{k=1}^{m} x^{(k)} x^{(k)\mathrm{T}} - m\boldsymbol{I} = \sum_{k=1}^{m} (x^{(k)} x^{(k)\mathrm{T}} - \boldsymbol{I}) \tag{3.30}$$

式中，$\boldsymbol{I}$ 为单位矩阵。

(2) 当网络节点状态为 1 和 0 两种状态，即 $x \in \{0, 1\}^n$ 时，相应的连接权值为

$$w_{ij} = \begin{cases} \sum_{k=1}^{m} (2x_i^{(k)} - 1)(2x_j^{(k)} - 1) & i \neq j \\ 0 & i = j \end{cases} \tag{3.31}$$

写成矩阵形式则为

$$\boldsymbol{W} = \sum_{k=1}^{m} (2x^{(k)} - \boldsymbol{b})(2x^{(k)} - \boldsymbol{b})^{\mathrm{T}} - m\boldsymbol{I} \tag{3.32}$$

式中，$b=[1 \quad 1 \quad \cdots \quad 1]^{\mathrm{T}}$。

显然，上面所设计的连接权值矩阵满足对称性的要求。

离散型 Hopfield 网络算法流程如图 3-12 所示。

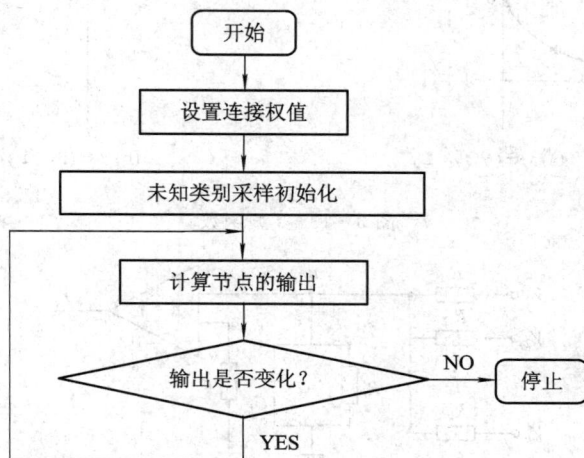

图 3-12　离散型 Hopfield 网络算法流程

3.3.2　连续型 **Hopfield** 网络

1. 网络的结构和工作方式

连续型神经网络的各神经元是并行（同步）工作的，它也是单层的反馈网络，其结构如图 3-11 所示。对于每一个神经元节点，其工作方式为

$$\begin{cases} s_i = \sum_{j=1}^{n} w_{ij}x_j - \theta_j \\ \dfrac{\mathrm{d}y_i}{\mathrm{d}t} = -\dfrac{1}{\tau}y_i + s_i \\ x_i = f(y_i) \end{cases} \tag{3.33}$$

这里，同样假定 $w_{ij}=w_{ji}$，与离散型 Hopfield 网络相比，这里多了一个中间式，该式是一阶微分方程，相当于一阶惯性环节。式（3.33）中，s_i 是该环节的输入，y_i 是该环节的输出。对于离散型 Hopfield 网络，中间的式子也可看作 $y_i=s_i$。它们之间的另一个差别是第三个式子一般不再是二值函数，而一般取 s 型函数，即当 $x_i \in (-1, 1)$ 时，取

$$x_i = f(y_i) = \frac{1-\mathrm{e}^{-uy_i}}{1+\mathrm{e}^{-uy_i}}$$

当 $x_i \in (0, 1)$ 时，取

$$x_i = f(y_i) = \frac{1}{1+\mathrm{e}^{-uy_i}}$$

它们都是连续的单调上升的函数，如图 3-13 所示。

Hopfield 利用模拟电路设计了一个连续型 Hopfield 网络的电路模型，如图 3-14 所示。

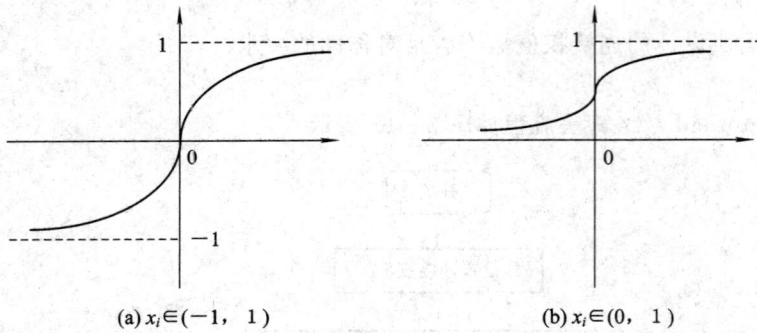

(a) $x_i \in (-1, 1)$ (b) $x_i \in (0, 1)$

图 3-13 s 型函数

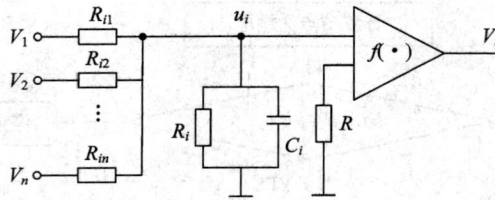

图 3-14   连续型 Hopfield 网络电路模型

根据图 3-14 可以列出如下的电路方程：

$$\begin{cases} C_i \dfrac{\mathrm{d}u_i}{\mathrm{d}t} + \dfrac{u_i}{R_i} = \sum_{j=1}^{n} \dfrac{V_j - u_i}{R_{ij}} \\ V_i = f(u_i) \end{cases}$$

经整理得

$$\begin{cases} \dfrac{\mathrm{d}u_i}{\mathrm{d}t} = -\dfrac{1}{R_i' C_i} u_i + \sum_{j=1}^{n} \dfrac{1}{R_{ij} C_i} V_j \\ V_i = f(u_i) \end{cases}$$

式中，$\dfrac{1}{R_i'} = \dfrac{1}{R_i} + \sum_{j=1}^{n} \dfrac{1}{R_{ij}}$。

若令 $x_i = V_i$，$y_i = u_i$，$\tau = R_i' C_i$，$w_{ij} = \dfrac{1}{R_{ij} C_i}$，则上式可化为

$$\begin{cases} \dfrac{\mathrm{d}y_i}{\mathrm{d}t} = -\dfrac{1}{\tau} y_i + \sum_{j=1}^{n} w_{ij} x_j \\ x_i = f(y_i) \end{cases} \tag{3.34}$$

式中，$f(\cdot)$ 常用 Sigmoid 函数，即

$$x_i = f(y_i) = \frac{1}{2} \left[1 + \tanh\left(\frac{y_i}{y_0}\right) \right]$$

可以看出，连续型 Hopfield 网络实质上是一个连续的非线性动力学系统，它可用一组非线性微分方程来描述。当给定初始状态 $x_i(0)(i=1, 2, \cdots, n)$ 时，通过求解非线性微分方程可求出网络状态的运动轨迹。若系统是稳定的，则它最终可收敛到一个稳定的状态。若用图 3-15 中的硬件来实现，则这个求解非线性微分方程的过程将由该电路自动完成，其求解速度是非常快的。

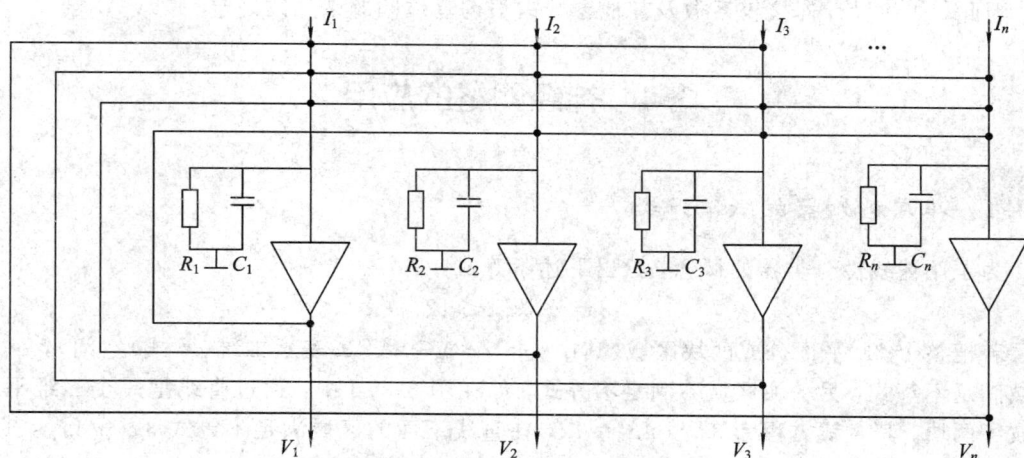

图 3 - 15 用运算放大器构造的连续型 Hopfield 网络

2. 网络稳定性

定义连续型 Hopfield 网络的能量函数为

$$E = -\frac{1}{2}\sum_{i=1}^{n}\sum_{j=1}^{n}w_{ij}x_ix_j + \sum_i^n x_i\theta_i + \sum_{i=1}^{n}\frac{1}{\tau_i}\int_0^{x_i}f^{-1}(\eta)\,d\eta$$

$$= -\frac{1}{2}x^{\mathrm{T}}Wx + \sum_{i=1}^{n}\frac{1}{\tau_i}\int_0^{x_i}f^{-1}(\eta)\,d\eta \tag{3.35}$$

该能量函数的表达式与离散型 Hopfield 网络的定义是完全相同的。对于离散型 Hopfield 网络，由于 $f(\cdot)$ 是二值函数，所以第三项的积分项为零。由于 $x_i \in (-1,1)$ 或 $x_i \in (0,1)$，上述的能量函数 E 是有界的，因此只需证得 $dE/dt \leqslant 0$ 即可说明系统是稳定的。

$$\frac{dE}{dt} = \sum_{i=1}^{n}\frac{\partial E}{\partial x_i}\frac{dx_i}{dt} \tag{3.36}$$

根据式(3.35)可以求得

$$\frac{\partial E}{\partial x_i} = -\sum_{j=1}^{n}w_{ij}x_j + \theta_i + \frac{1}{\tau_i}f^{-1}(x_i) = -\sum_{j=1}^{n}w_{ij}x_j + \theta_i + \frac{1}{\tau_i}y_i = -\frac{dy_i}{dt} \tag{3.37}$$

将式(3.37)代入式(3.36)得

$$\frac{dE}{dt} = \sum_{i=1}^{n}\left(-\frac{dy_i}{dt}\frac{dx_i}{dt}\right) = -\sum_{i=1}^{n}\left(\frac{dy_i}{dx_i}\frac{dx_i}{dt}\frac{dx_i}{dt}\right) = -\sum_{i=1}^{n}\left[\frac{dy_i}{dx_i}\left(\frac{dx_i}{dt}\right)^2\right]$$

前面已假设 $x_i = f(y_i)$ 是单调上升的函数，显然其反函数 $y_i = f^{-1}(x_i)$ 也为单调上升函数，既有 $dy_i/dx_i > 0$，同时有 $(dy_i/dt)^2 \geqslant 0$，因而有 $dE/dt \leqslant 0$（所有 x_i 均为常数才取等号）。

根据 Lyapunov 稳定性理论，该网络系统一定是渐进稳定的，即随着时间的演变，网络状态总是朝 E 减小的方向运动，一直到 E 取得最小值，这时所有的 x_i 变为常数，也即网络收敛到稳定状态。

在应用连续型 Hopfield 网络解决实际问题时，如果能将某个待研究的问题转化为一个计算能量函数问题，且使这个能量函数的最小值正好对应于一定约束条件下问题的解，则此问题就可以用连续型 Hopfield 网络来求解。连续型 Hopfield 网络主要用来进行优化计算，因此，如何设计连接权系数及其他参数需根据具体问题来加以确定。

3.4　神经网络的应用

3.4.1　单层感知器的线性分类

为了阐述线性分类器的概念，给出下述不等式：

$$3x_1 + 4x_2 < 12$$

若把整个 2D 平面分成两块区域（其中 $(x_1, x_2) \in \mathbf{R}^2$，$\mathbf{R}$ 表示二维（欧式）空间），一块区域满足不等式，另一块区域不满足不等式，如在图 3-16 中，通过直线把一个二维平面分成了两块，其直线方程为 $3x_1 + 4x_2 = 12$，在直线下面的区域满足不等式 $3x_1 + 4x_2 < 12$，上面的区域不满足，那么如何设计一个具有分类功能的感知器呢？下面来一一作答。

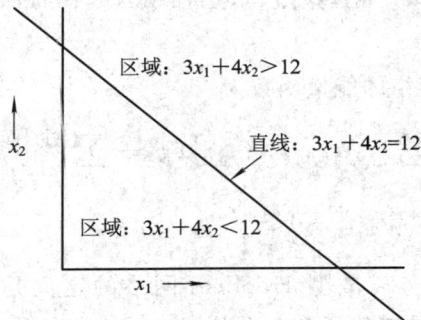

图 3-16　2D 平面的线性分类

假定某一感知器有两个输入变量 x_1 和 x_2，偏置定义为输入变量 x_0，其权重为 -1。为方便起见，把不等式 $3x_1 + 4x_2 < 12$ 改写为 $(x_1/4) + (x_2/3) - 1 < 0$。因此，可得到权重：$w_1 = 1/4$，$w_2 = 1/3$，且 $x_0 = 1$，如图 3-17 所示。

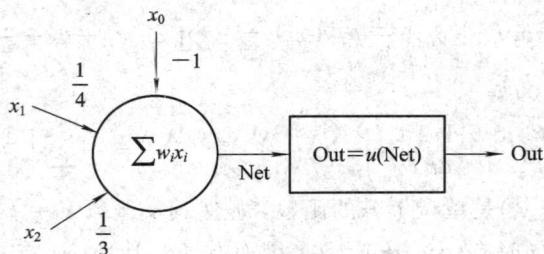

图 3-17　感知分类器（$3x_1 + 4x_2 \leqslant 12$）

上述权重设计是否满足了上述不等式？现在取 $(0,0)$，$(3,0)$，$(0,3)$，$(4,4)$ 四个坐标点来测试。经计算知，前两个坐标点都满足不等式，因为 Net<0，所以 Out$=0$（其中 u 为阈值型函数）；后两个坐标点不满足不等式，因为 Net$\geqslant 0$，所以 Out$=1$。由此可见，单个感知器可以把二维平面划分成两个区域。

　　下面所设计的基于 LabVIEW 的单层感知器分类就是为了实现上述功能，把属于同一坐标平面的坐标点集合，用直线分成两类，一类在直线上侧，另一类在直线下侧。首先要输入坐标数据(6，6)，(5，5.5)，(4.5，6.5)，(4，5)，(4.5，4.5)，(4.5，4)，(5，4.5)，(6，5)，然后对这八个坐标进行分类，把前四个坐标归于一类，后四个坐标归于另一类，用直线对这些点进行划线区分，并把最终的区分结果直观呈现出来。

　　单层感知器分类的 LabVIEW 实现可分为四个模块(子 VI)，包括：条件判断 1 子 VI、条件判断 2 子 VI、斜率修正子 VI、划线子 VI。单层感知器分类的程序流程图如图 3-18 所示。

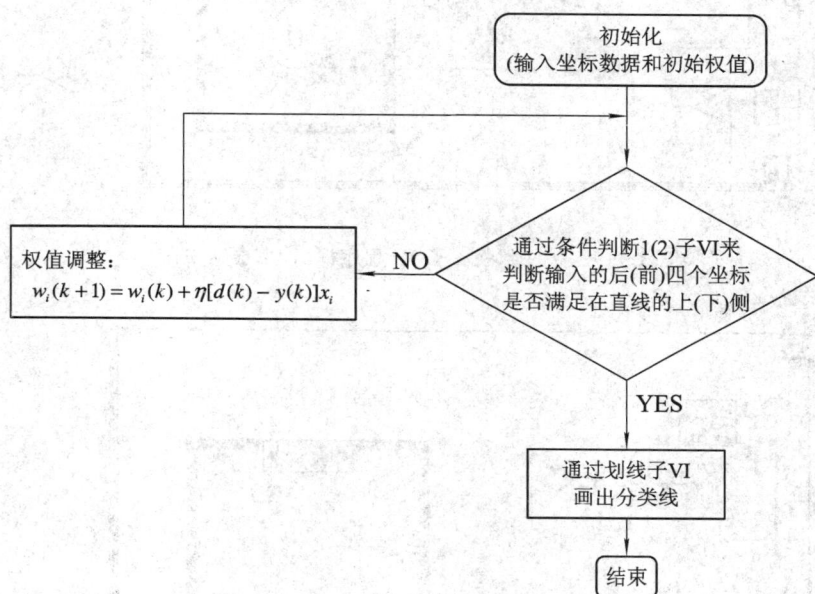

图 3-18　单层感知器分类的程序流程图

　　子 VI 是用来被其他程序调用的子程序，即一个小 VI 程序。运用它的最大好处是能方便地对同一段程序调用多次而不需要重复编程，也为以后的程序升级和维护提供了方便。可将新建的 VI 用于另一个 VI。一个 VI 被其他 VI 在程序框图中调用，则称该 VI 为子 VI。子 VI 可重复调用。要创建一个子 VI，需要先为子 VI 创建连线板和图标。

　　(1) 条件判断 1 子 VI。此子 VI 主要用于判断输入的二维数组的后四个坐标是否满足在某直线的上侧。通过单个感知器来判断是否满足要求，若满足要求，则判断输出的条件 1 为真，若不满足要求则判断输出的条件 1 为假。条件判断子 VI 程序框图如图 3-19 所示，程序中涉及了加、乘、求和、自加、比较判断等运算，还有条件结构、for 循环结构和布尔型数据等。

　　(2) 条件判断 2 子 VI。此子 VI 主要用于判断输入的二维数组的前四个坐标是否满足在某直线的下侧。可通过单个感知器来判断是否满足要求，若满足要求，则判断输出的条件 2 为真，若不满足要求，则判断输出的条件 2 为假。条件判断 2 子 VI 程序框图如图 3-20 所示。

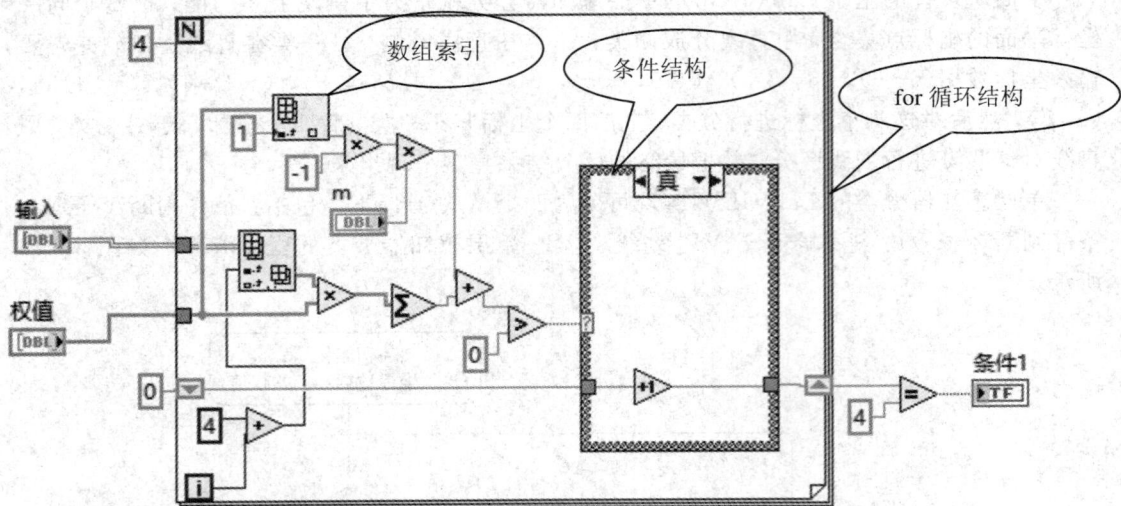

图 3-19　条件判断 1 子 VI 程序框图（单层感知器）

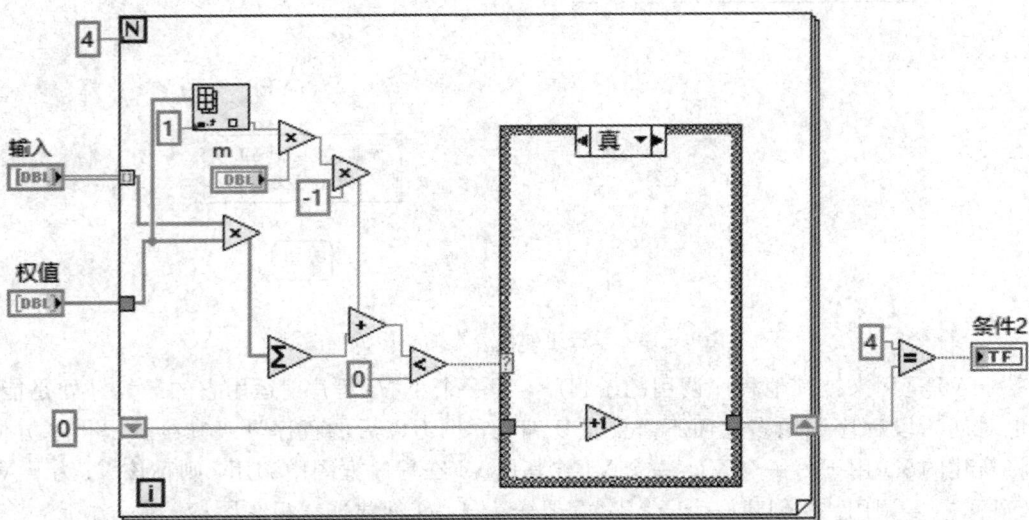

图 3-20　条件判断 2 子 VI 程序框图（单层感知器）

（3）斜率修正子 VI。此子 VI 主要用于实现对权值的修正。当布尔类数据条件 1 和 2 都为假时，对权值进行修正；当布尔类数据条件 1 为真而条件 2 为假时，对权值再次进行修正；直到布尔类数据条件 1 和 2 都为真为止，跳出 While 循环结构，进行下一步。斜率修正子 VI 程序框图如图 3-21 所示。

图 3-21 中，感知器中的函数是阈值函数，当感知器的总加权和大于等于零时，阈值函数输出为 1，当感知器的总加权和小于零时，阈值函数输出为 0。图 3-22 就是利用感知器目标值和输出间的误差对权值进行修正的，其中图 3-22 是图 3-21 中的一部分。

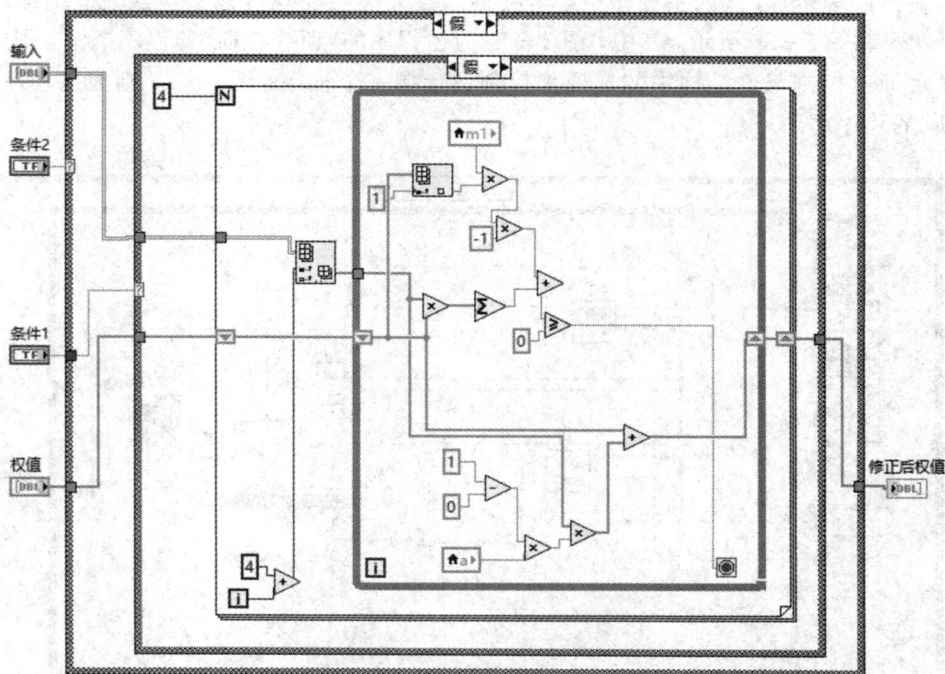

图 3-21 斜率修正子 VI 程序框图(单层感知器)

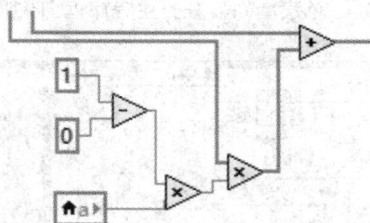

图 3-22 权值修正程序框图

（4）划线子 VI。此子 VI 用于实现划线，即把修正好的权值所代表的直线显示出来，用以直观地看出分类的结果。划线子 VI 程序框图如图 3-23 所示，程序中涉及了公式节点、图形中的 XY Graph 等。

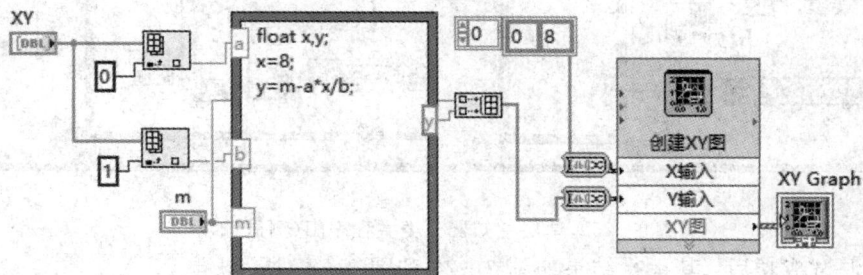

图 3-23 划线子 VI 程序框图(单层感知器)

最后把四个子 VI 嵌入主程序中，单层感知器分类功能就可以整体实现。主程序框图如图 3-24 和图 3-25 所示。其中，图 3-24 为主程序的"训练选项"的程序框图，图中的选项控件可通过控制条件结构中的选项来控制运行哪一个程序；图 3-25 则为主程序的"测试选项"的程序框图。

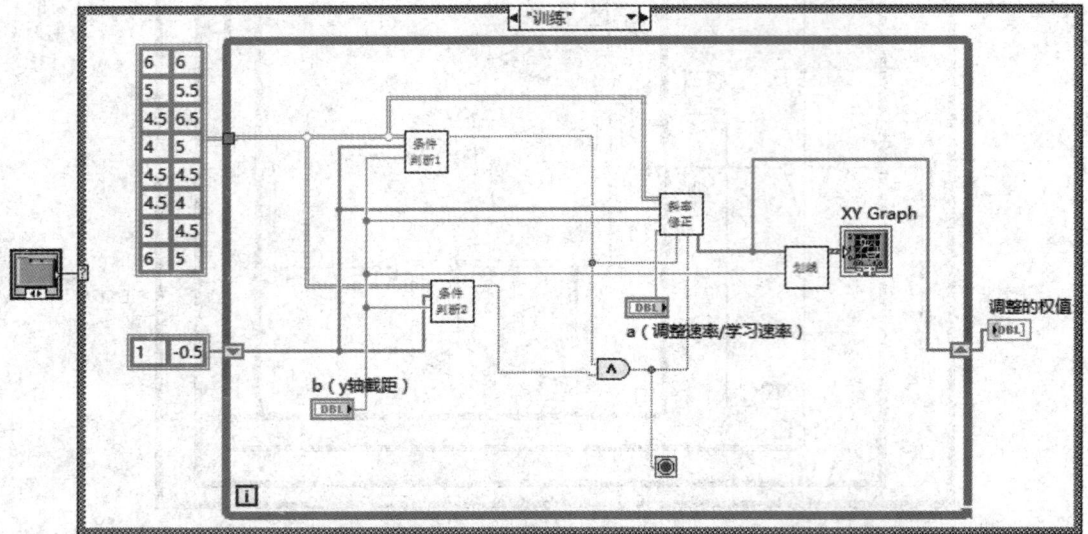

图 3-24 单层感知器分类主程序框图（训练选项）

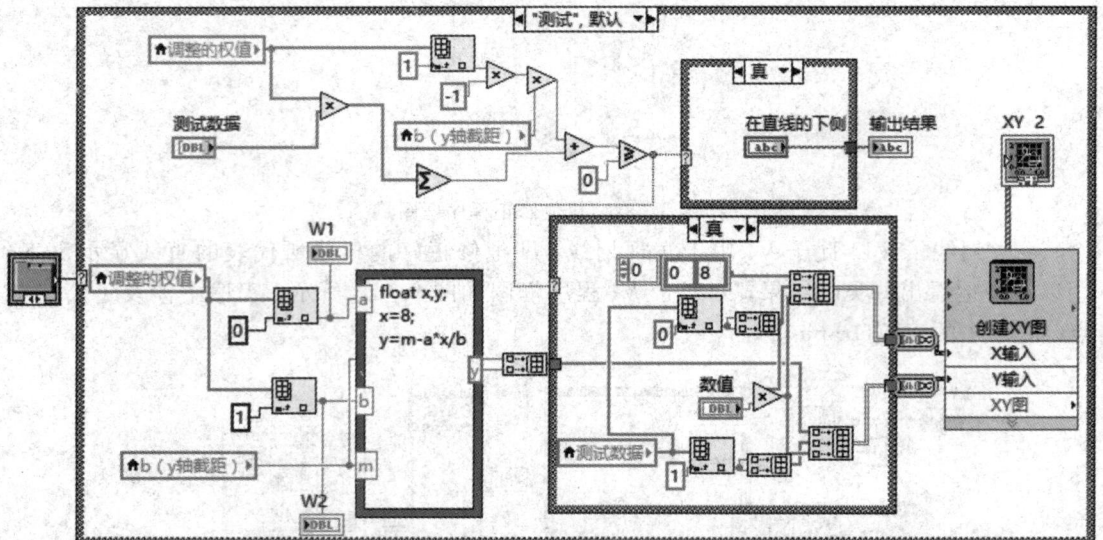

图 3-25 单层感知器分类主程序图（测试选项）

程序调试成功后，其运行结果如图 3-26 和图 3-27 所示。

在图 3-26 的右边输出的参数有经修正的权值；输入的参数有学习速率和 Y 轴上的截距（为了方便调试程序所设定的固定值）。其中，Y 轴的截距用来固定直线上的一点，这样

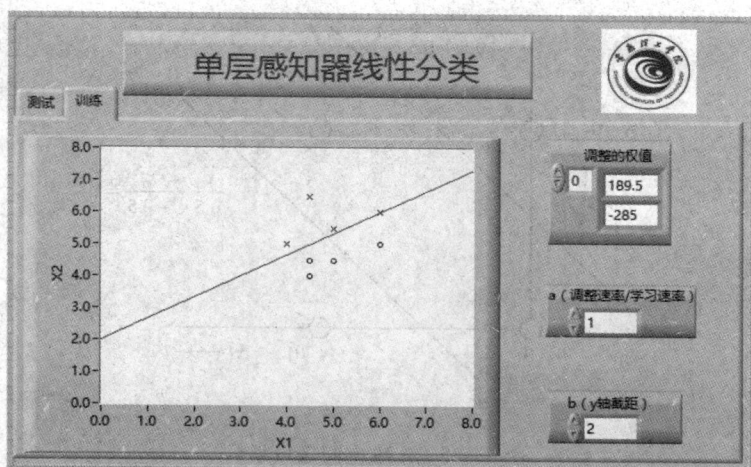

图 3 - 26　单层感知器分类的程序(训练选项)运行结果

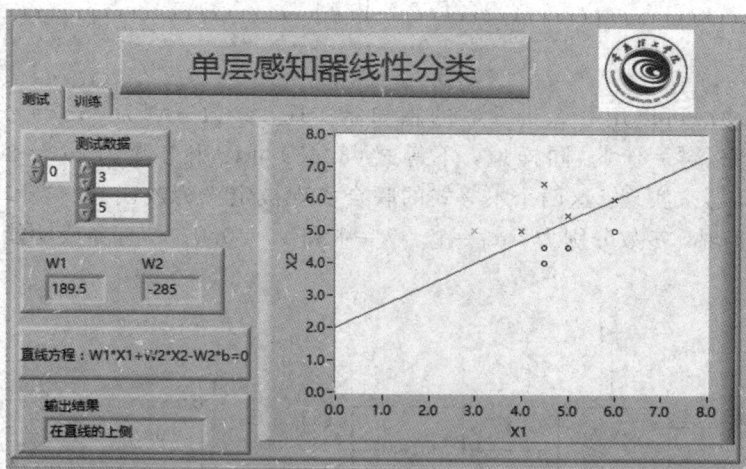

图 3 - 27　单层感知器分类的程序(测试选项)运行结果

让程序运行起来更简单快捷。图 3 - 26 的左边画出了对应的分类直线，并且把坐标点划分为两类。在图 3 - 27 的左边输出的参数有经修正的权值 W_1 和 W_2；输入参数有测试数据。图 3 - 27 右侧坐标中，绿色的点就是测试的数据分类输出结果。

3.4.2　多层感知器的分类

由前述可知，单个感知器可以实现线性分类，但对于非线性分类问题，单个感知器就显得无能为力了。为此，可用多层感知器来实现对非线性问题的划分，下面就以电路基础中的"异或门"功能实现为例进行进一步阐述。假定想把输入空间分成两个区域：一个区域输入坐标(x_1,x_2)时就会输出 $y=1$，另外一个区域输入坐标(x_1,x_2)时就会输出 $y=0$。从图 3 - 28 中可以看出，通过两条直线 AP 和 BP' 对这两个区域进行划分，利用多层感知器是可以实现的。

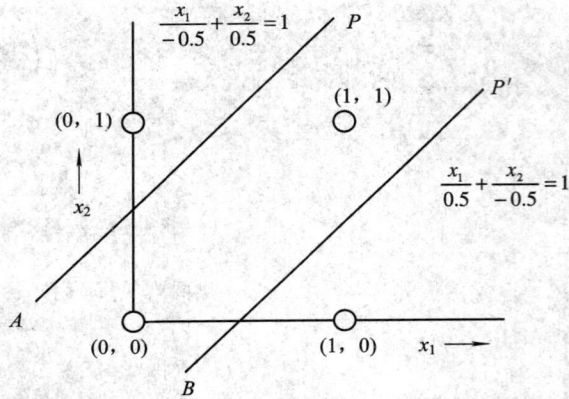

图 3-28　二维空间区域划分

可用两条直线 AP 和 BP' 来表征区域划分：

$$\frac{x_1}{-0.5} + \frac{x_2}{0.5} \leqslant 1 \qquad (3.37)$$

$$\frac{x_1}{0.5} + \frac{x_2}{-0.5} \leqslant 1 \qquad (3.38)$$

不等式(3.37)可以用一个带参数的感知器实现，参数分别为：$w_1 = -1/0.5 = -2$、$w_2 = 1/0.5 = 2$ 和 $x_0 = +1$。同样地，不等式(3.38)可以用参数为 $w_1 = 2$、$w_2 = -2$ 和 $x_0 = +1$ 的感知器来实现。这两个不等式的联合实现被定义为或函数。或函数也可以用第三个感知器来实现，参数分别为：$w_1 = 1$、$w_2 = 1$ 和 $x_0 = 0.0$。具有异或功能的多层感知器见图 3-29。

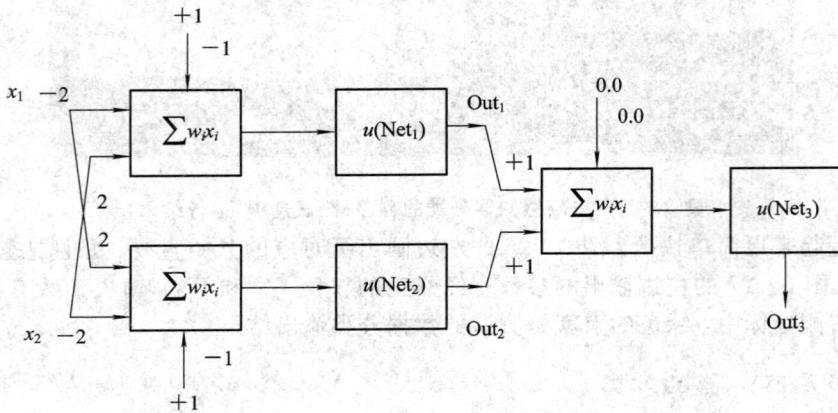

图 3-29　具有异或功能的多层感知器

在图 3-29 中，当输入为 $(x_1, x_2) = (0, 0)$，$(1, 1)$ 和 $(1, 0)$ 时，输出 $\text{Out}_1 = 0$(图中 u 为阈值型函数)；当输入为 $(x_1, x_2) = (0, 0)$，$(1, 1)$ 和 $(0, 1)$ 时，输出 $\text{Out}_2 = 0$。因此可以用第三个具有或功能的感知器把坐标 $(1, 0)$ 和 $(0, 1)$ 与坐标 $(0, 0)$ 和 $(1, 1)$ 分开。可以表示为：当输入为 $(x_1, x_2) = (0, 0)$ 和 $(1, 1)$ 时，输出 $\text{Out}_3 = 0$；当输入为 $(x_1, x_2) = (1, 0)$ 和 $(0, 1)$ 时，输出 $\text{Out}_3 = 1$。

　　具有异或功能的多层感知器分类建立在单感知器分类的基础上，单感知器分类只能实现简单的与、或、非的功能，而不能实现异或功能，多个单感知器组合在一起则弥补了此不足。

　　多层感知器异或功能分类的 LabVIEW 实现分为三个模块（子 VI）：划线判断 1 子 VI、划线判断 2 子 VI、划线子 VI。整个程序的流程图如图 3-30 所示。

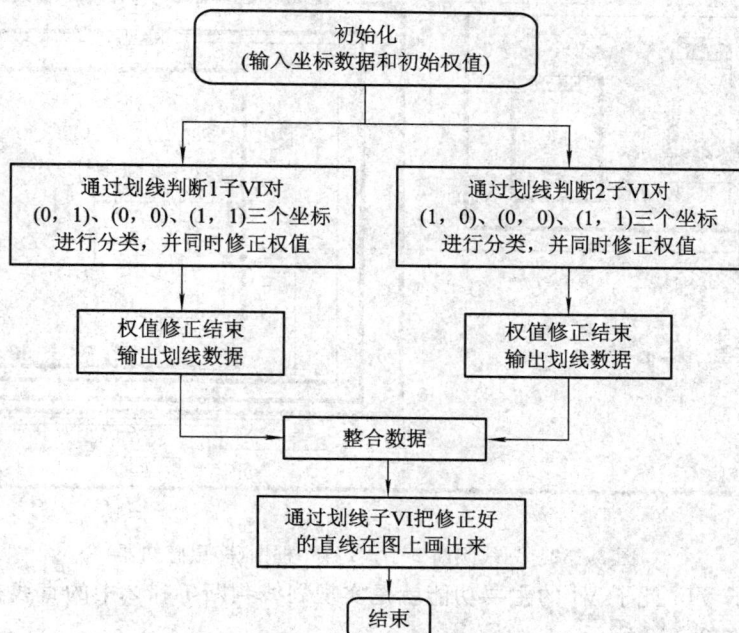

图 3-30　多层感知器异或功能分类的程序流程图

　　（1）划线判断 1 子 VI。此子 VI 的功能主要是在坐标系中对(0，1)、(1，1)、(0，0)三个坐标进行分类，把坐标(0，1)归于一类，其余的归于另一类，同时对权值进行修正。其程序框图如图 3-31 所示。

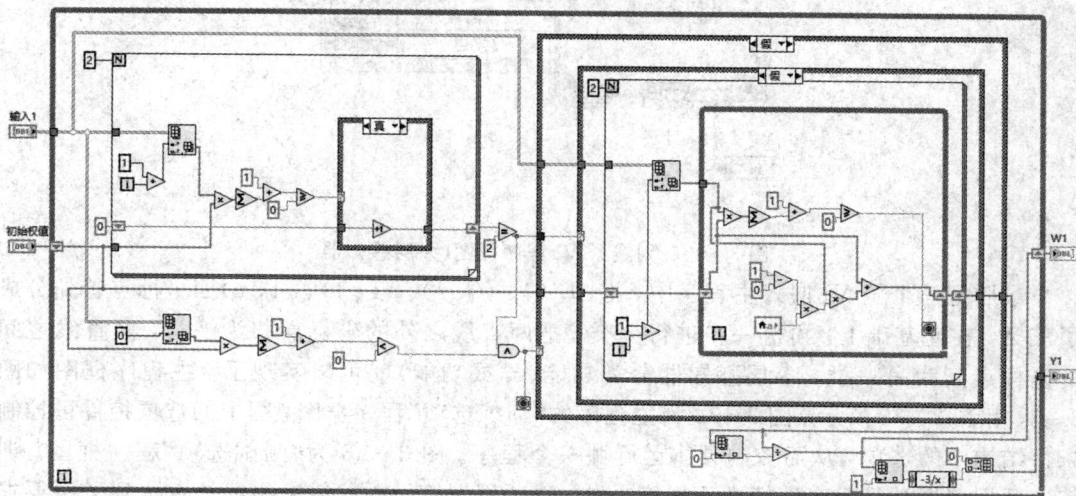

图 3-31　划线判断 1 子 VI 程序框图（多层感知器）

（2）划线判断 2 子 VI。此子 VI 的功能主要是在坐标系中对(0，0)、(1，1)、(1，0)三个坐标进行分类，把坐标(1，0)归于一类，其余的归于另一类，同时对权值进行修正。其程序框图如图 3-32 所示。

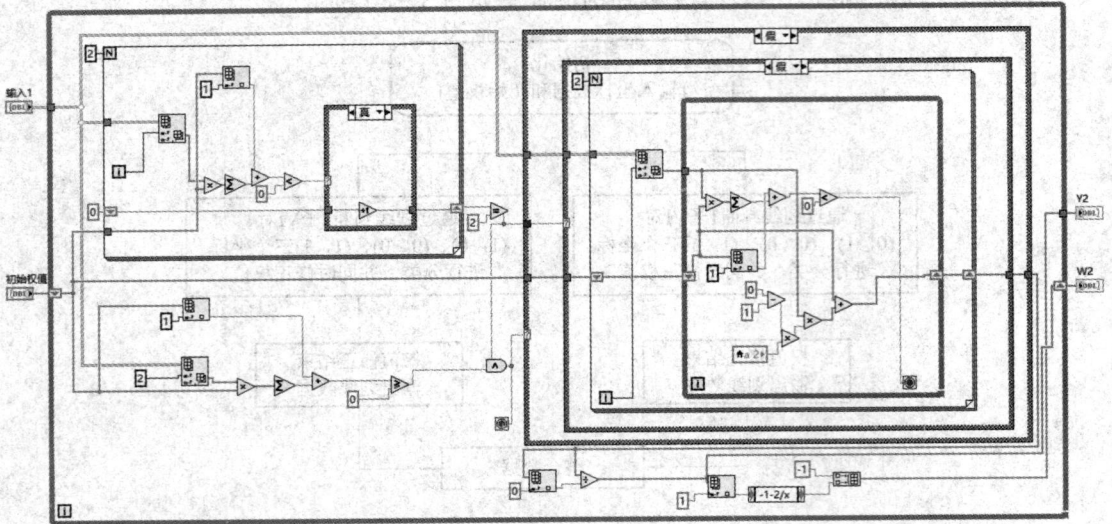

图 3-32　划线判断 2 子 VI 程序框图（多层感知器）

（3）划线子 VI。此子 VI 的主要功能就是实现划线判断 1 和 2 中的直线在图上画出来，其程序框图如图 3-33 所示。

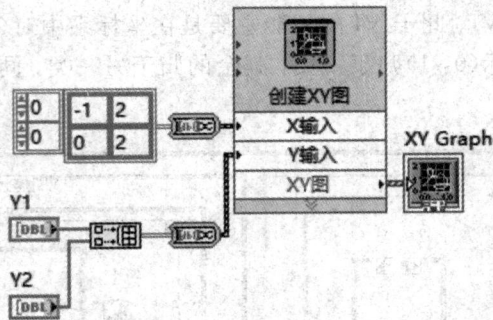

图 3-33　划线子 VI 程序框图（多层感知器）

最后把三个子 VI 嵌入主程序中，把(0，0)、(0，1)、(1，1)、(1，0)四坐标点首先分成了三类，在此基础上，再进一步进行分类，把两直线之外的坐标点归为一类，两直线之间的坐标点归为另一类，多层感知器分类功能（异或功能）就可以实现了。主程序框图如图 3-34 和图 3-35 所示。图 3-34 为主程序的"训练选项"程序框图，图中的选项控件可控制条件结构中的选项，从而控制具体运行哪一个程序。图 3-35 为"测试选项"程序框图。训练选项用多层神经元来训练合适权值，测试选项用训练好的权值来测试是否达到了所要求的效果。

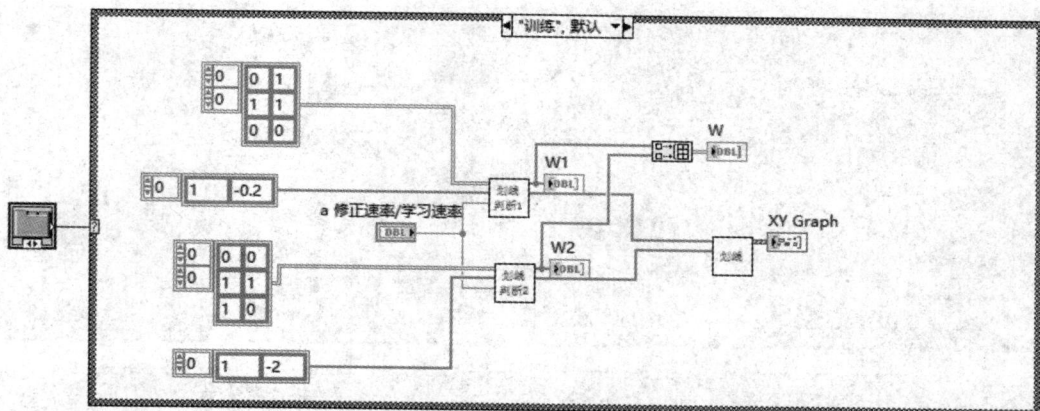

图 3-34 多层感知器分类程序框图(训练选项)

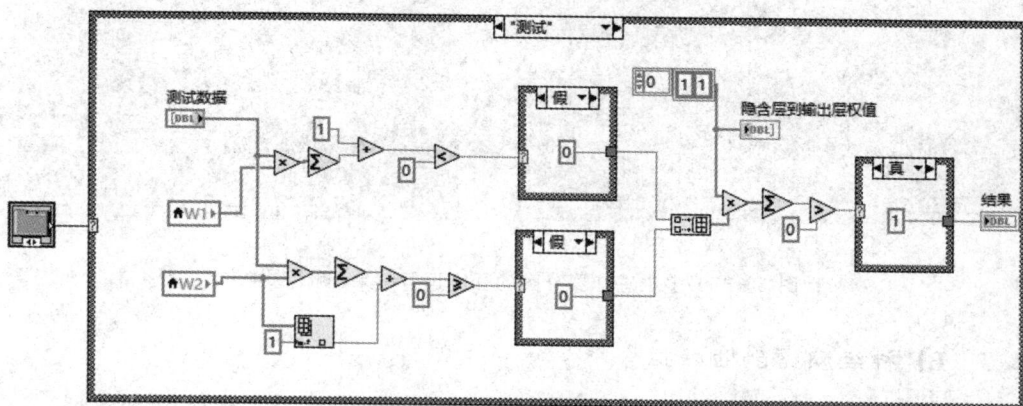

图 3-35 多层感知器分类程序框图(测试选项)

多层感知器分类的程序运行结果中，其训练选项的程序运行结果如图 3-36 所示，测试选项的程序运行结果如图 3-37 所示。由图中的测试数据可以看出，该多层感知器达到了异或功能。

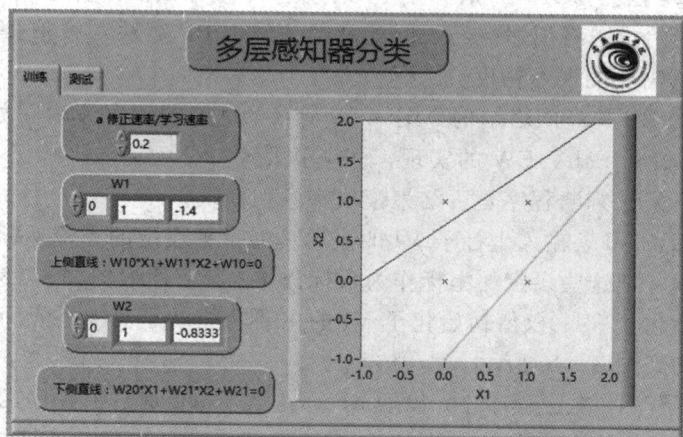

图 3-36 多层感知器分类的程序运行结果(训练选项)

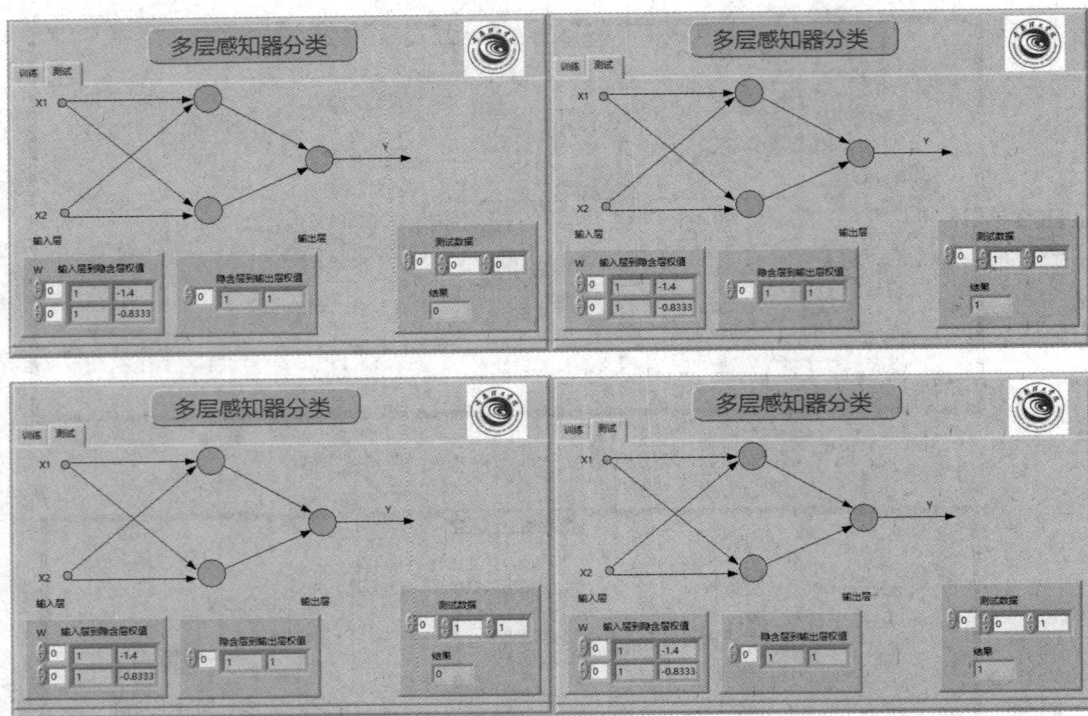

图 3-37 多层感知器分类的程序运行结果(测试选项)

3.4.3 BP 神经网络的曲线拟合

曲线拟合(Curve Fitting)是指选择适当的曲线类型来拟合观测数据,并用拟合的曲线方程分析两变量间的关系。本节将考虑在二维空间上给定一组离散的坐标点和一条初始的曲线,通过训练神经网络,使该曲线与已知的离散点逐渐逼近。

考虑一个具有三层结构的 BP 神经网络,它由输入层、隐含层和输出层组成,输入层神经元的个数为 2,隐含层只有一层,神经元个数为 10,输出层的神经元个数为 2。输入学习样本,并随机初始化网络相邻神经元间的权值,采用 BP 算法对权值进行修正,直至达到学习次数或者所需要的误差精度。

本节所采用的 BP 神经网络结构如图 3-6 所示,对应的程序流程图如图 3-38 所示。BP 神经网络曲线拟合 LabVIEW 的实现,总体上大致可分为输入坐标子 VI、权值初始化子 VI、BP 算法子 VI、判断程序是否结束模块和画图模块。

(1)输入坐标子 VI。输入坐标子 VI 的主要功能是把设定的经验坐标以二维数据的形式输入到程序中,并把这些设定的坐标作为目标样本,其程序框图如图 3-39 所示。

(2)权值初始化子 VI。权值初始化子 VI 的主要功能就是对神经元间的权值进行首次赋值,其程序框图如图 3-40 所示。

(3)BP 算法子 VI。在主程序中,包括 BP 算法的子 VI 是整个程序的核心模块。对权值的修正公式为(引入了动量项):$\boldsymbol{W}(k+1)=\boldsymbol{W}(k)+n[(1-a)\boldsymbol{D}(k)+a\boldsymbol{D}(k-1)]$,式中,

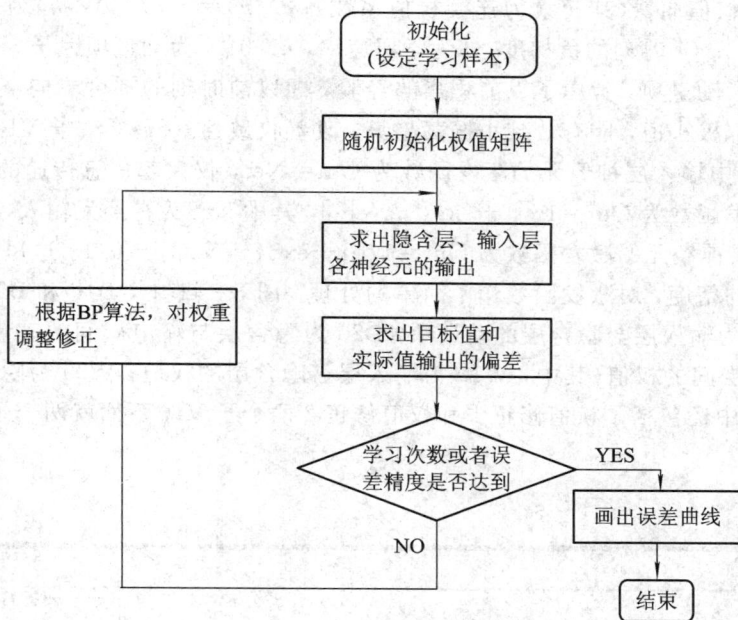

图 3-38 BP 神经网络程序流程图

图 3-39 输入坐标子 VI 程序框图

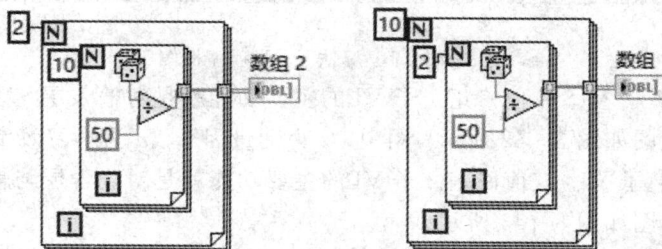

图 3-40 权值初始化子 VI 程序框图

$W(k)$ 表示连接权值向量(其元素为连接权值系数);$D(k) = -\partial E/\partial W(k)$ 为 k 时刻的负梯度;$D(k-1)$ 为 $k-1$ 时刻的负梯度;n 为学习速率,$n > 0$;a 为动量项因子,$0 \leqslant a < 1$。这种修正方法引入了动量项,考虑了以前积累的经验,即以前时刻的梯度方向,从而使学习过程不易陷入局部极小值,能有效减小振荡趋势,改善收敛性。BP 算法子 VI 的程序框图如 3-41 所示。图中输入层神经元的激发函数为 Out=Net,仅仅起信息传递的功能。隐含层的神经元的激发函数为 Out=1/[1+exp(−Net)],其中 Net 为神经元输入,Out 为神经元的输出。输出层神经元的激发函数为 Out=1/[1+exp(−Net)]−0.1。这里为了方便程序的调试和数据的精度,对激发函数作了简单的处理。图 3-41 中,D10 和 D20 定义为动量项(其中,D10 为输入层与隐含层的动量项,D20 为隐含层与输出层间的动量项),W10 和 W20 为神经元层间的权值(其中,W10 为输入层与隐含层的权值,W20 为隐含层与输出层间的权值)。图中还包括了权值修正 1 和权值修正 2 两个子 VI,下面就两个子 VI 的功能分别进行讲述。

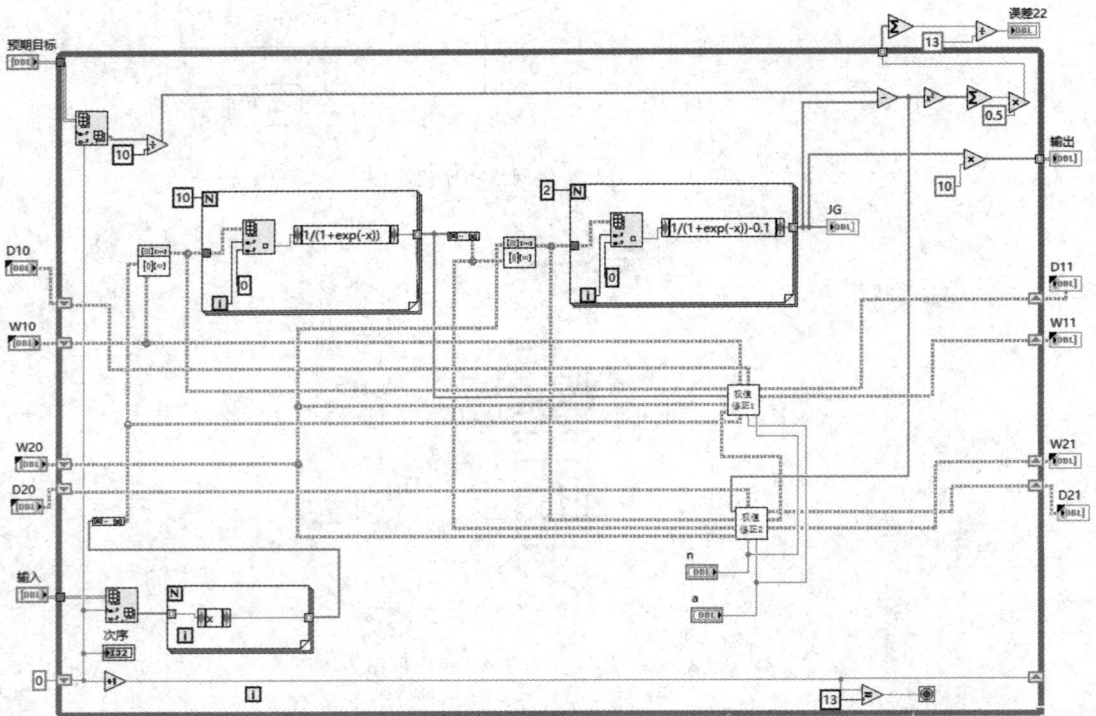

图 3-41 BP 算法子 VI 程序框图

① 权值修正 1 子 VI。权值修正 1 子 VI 的主要功能就是对输入层与隐含层间的权值进行修正,其程序框图如图 3-42 所示。图中,a 为动量因子、n 为学习效率。

② 权值修正 2 子 VI。权值修正 2 子 VI 的主要功能就是对隐含层与输出层间的权值进行修正,其程序框图如图 3-43 所示。

(4) 判断程序是否结束模块。此模块的主要功能是判断程序是否满足所设定的条件(一般为误差精度或者训练次数),当满足条件时程序停止运行,反之则运行,其程序框图如图 3-44 所示。

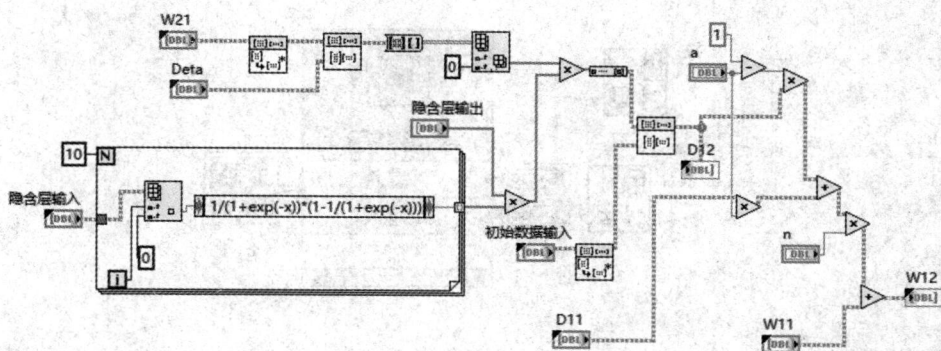

图 3-42　权值修正 1 子 VI 的程序框图

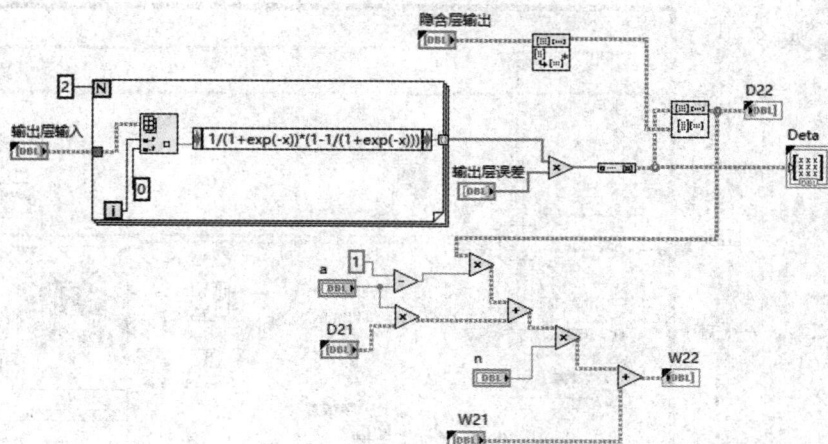

图 3-43　权值修正 2 子 VI 的程序框图

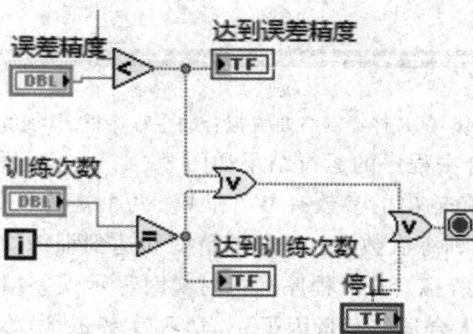

图 3-44　判断程序是否结束的程序框图

（5）画图模块。此模块的主要功能是把拟合曲线在图形显示界面画出来，其程序框图如图 3-45 所示。

最后把上述模块组合在一起，构成了 BP 神经网络曲线拟合的主程序框图，其训练选项的程序框图如图 3-46 所示。

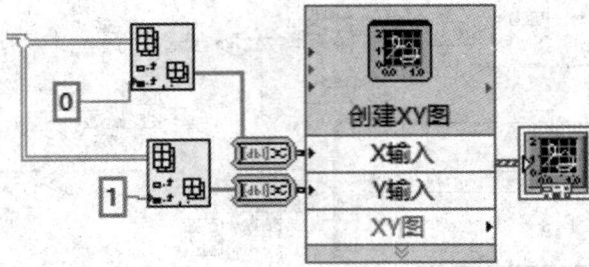

图 3-45 画图模块的程序框图

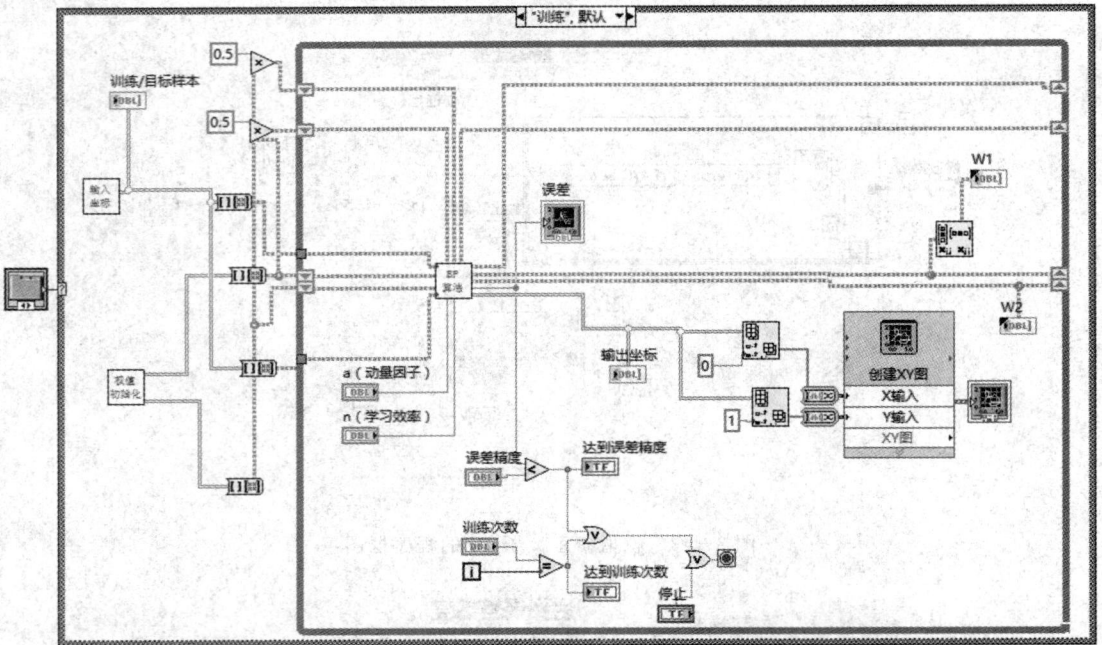

图 3-46 BP 神经网络曲线拟合的主程序框图(训练选项)

BP 神经网络曲线拟合主程序的运行结果如图 3-47 所示。图中左上角为搭建的 BP 神经网络框架结构图；左下角输出的参数有 W_1 和 W_2 两个矩阵权值；中间有 a(动量因子)、n(学习效率)、误差精度、训练次数、达到误差精度和达到训练次数指示灯、停止按钮；图的右边为误差曲线图和曲线拟合图，程序运行时实时显示误差精度和曲线拟合的程度。在程序的调试过程中，需输入合适的动量因子 a、学习效率 n、误差精度和训练次数。当程序运行时，两个指示灯用来指示训练是否达到设置的精度要求和训练次数要求，当两个要求有一个达到时，程序运行结束。当程序既没有达到设置的精度要求也没有达到训练次数要求时，可以通过点击停止按钮使程序停止，然后对其进行观察分析。

基于训练好的神经网络间的权值，下面来搭建测试选项的程序，其程序框图如图 3-48 所示。

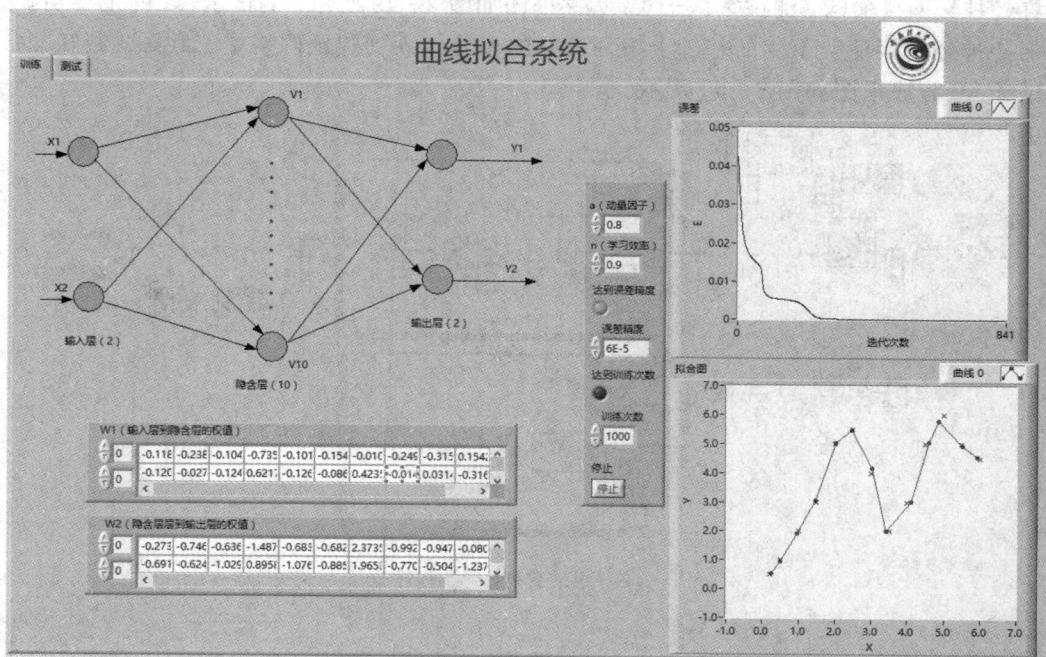

图 3-47　BP 神经网络曲线拟合主程序运行的结果

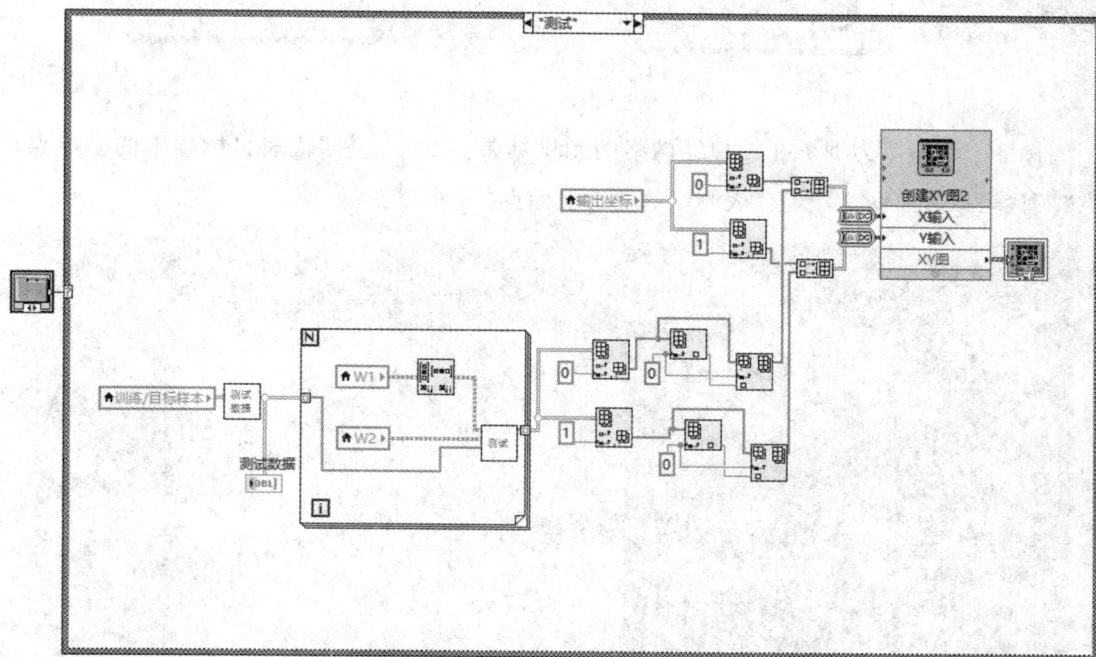

图 3-48　BP 神经网络曲线拟合的主程序框图(测试选项)

图 3-48 中包括了测试数据子 VI 和测试子 VI：测试数据子 VI 的主要功能是将上述两两相邻的训练样本坐标相加，然后求其坐标的平均值坐标，将该平均值坐标作为输入并

最终经神经网络输出，测试数据子 VI 程序框图如图 3-49 所示；测试子 VI 的主要功能是在保持神经网络框架不变的基础上把训练好的权值输入到神经网络中，为测试做好准备，测试子 VI 程序框图如图 3-50 所示。

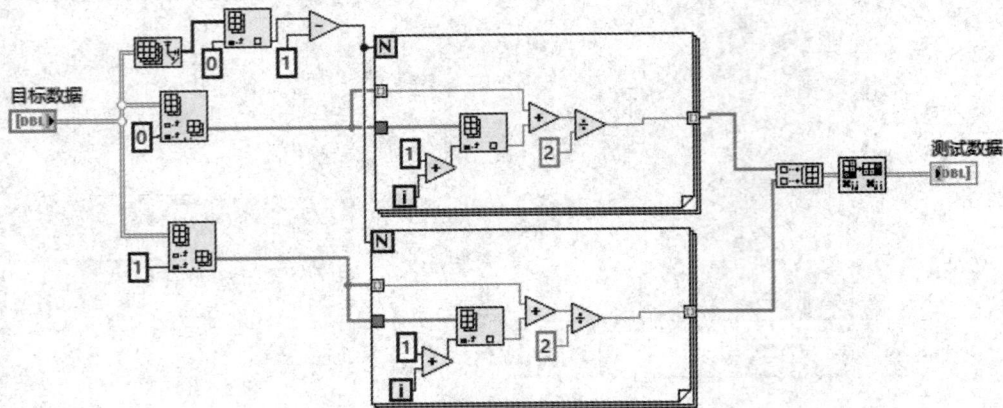

图 3-49　测试数据子 VI 程序框图

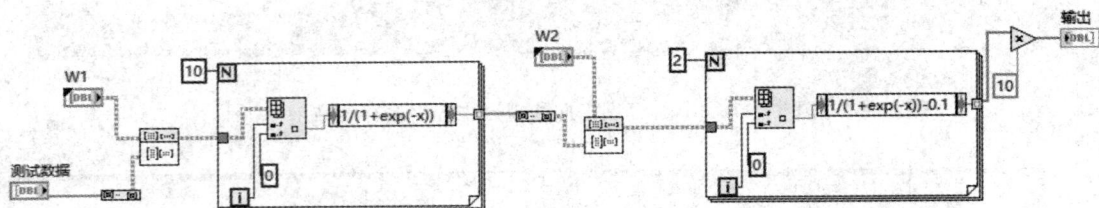

图 3-50　测试子 VI 程序框图

图 3-51 所示为训练好的神经网络的测试结果。图中"✖"代表目标样本的坐标点，"╱"代表拟合曲线，"■"代表测试的输出坐标点。

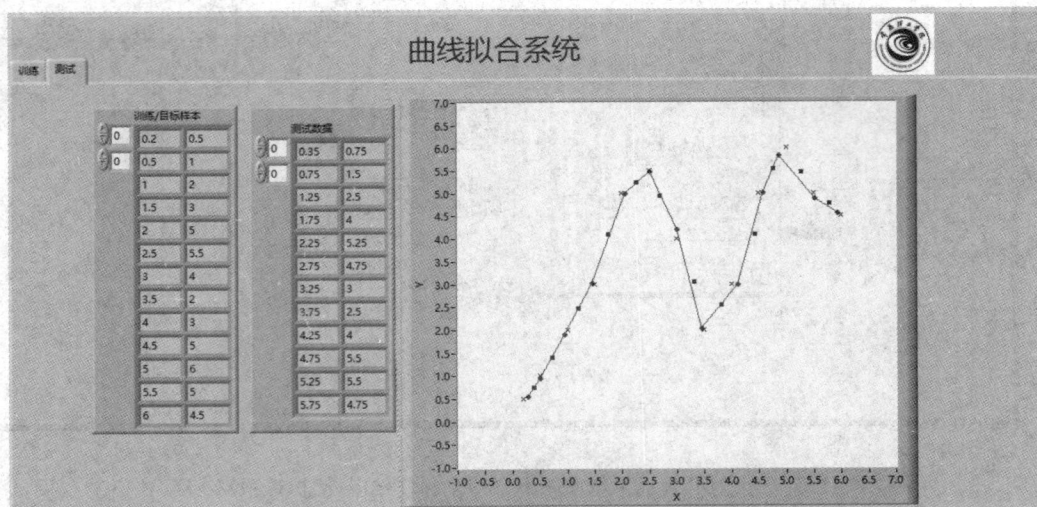

图 3-51　训练好的神经网络的测试结果

3.4.4 数字识别

数字识别的方法众多，本节采用的方法是 BP 神经网络识别方法。首先对输入的标准图片进行预处理，获取图像的特征，并把这些特征以数据矩阵的形式保存下来。然后对 BP 神经网络进行设计，这里所设计的 BP 神经网络为三层，即由输入层、隐含层和输出层组成，输入层含 48 个神经元（由于本节所考虑的输入的图像分辨率为 16×32，二值化后对其在 X、Y 方向进行垂直投影，并把投影后的数据叠加成特征向量，其个数为 48），所以输入神经元个数确定为 48，隐含层只有一层，神经元个数为 20（隐含层的神经元个数的选择一般根据经验来确定，这里根据测试结果的性能好坏将把隐含层神经元个数确定为 20），输出层的神经元个数为 10（输出神经元的个数一般根据目标输出来确定，这里需要识别 10 个数字）。最后，对 BP 神经网络进行训练，使其具有对数字图像识别的功能，并对其进行测试。

基于 LabVIEW 的 BP 神经网络的数字识别，可用四个模块来实现：模块一是目标向量的输入（也就是识别目标数字要达到的向量值）和输入层到隐含层、隐含层到输出层权值矩阵的初始化；模块二是数字特征矩阵的提取；模块三是 BP 神经网络算法训练；模块四是验证与测试。基于 BP 算法的数字识别如图 3-52 所示。

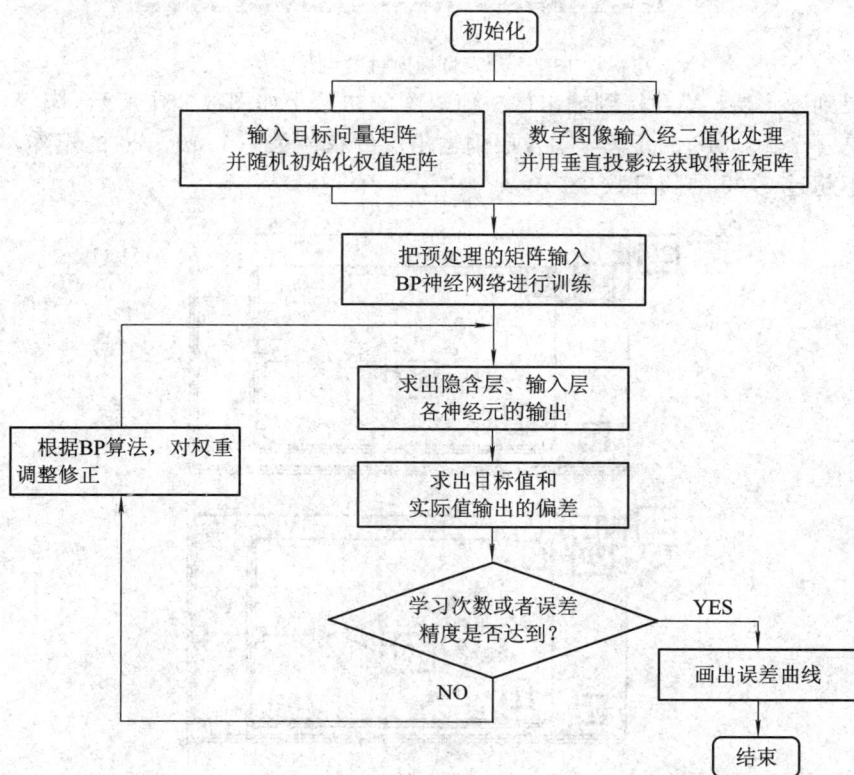

图 3-52　基于 BP 算法的数字识别

下面来具体阐述这四个模块。

（1）目标向量的设计如图 3-53 所示，第一行目标识别的数字对应为"0"，第二行目标识别的数字对应为"1"，以此类推，最后一行目标识别的数字对应为"9"，这里所设置的数值（"0.8"和"0"）和输出层神经元的激发函数有关，其中输出层的激发函数为 Out=1/[1+exp(−Net)]−0.1，而 S 型激发函数取值一般设为 0.9 和 0.1 较合适，所以，Out 取值为"0.8"和"0"。输出层的每个神经元输出结果与目标向量每一行里的数字是一一对应的，当输出的向量值与目标向量很接近或者相等时，所识别的数字就是该行向量所对应的数字。

0.8	0	0	0	0	0	0	0	0	0
0	0.8	0	0	0	0	0	0	0	0
0	0	0.8	0	0	0	0	0	0	0
0	0	0	0.8	0	0	0	0	0	0
0	0	0	0	0.8	0	0	0	0	0
0	0	0	0	0	0.8	0	0	0	0
0	0	0	0	0	0	0.8	0	0	0
0	0	0	0	0	0	0	0.8	0	0
0	0	0	0	0	0	0	0	0.8	0
0	0	0	0	0	0	0	0	0	0.8

图 3-53 目标向量的设计

输入层到隐含层、隐含层到输出层权值矩阵的初始化如图 3-54 所示，输入层到隐含层的权值是一个 20×48 的矩阵，隐含层到输出层的权值是一个 10×20 的矩阵，初始化的权值宜为不超过 0.02 的随机数。

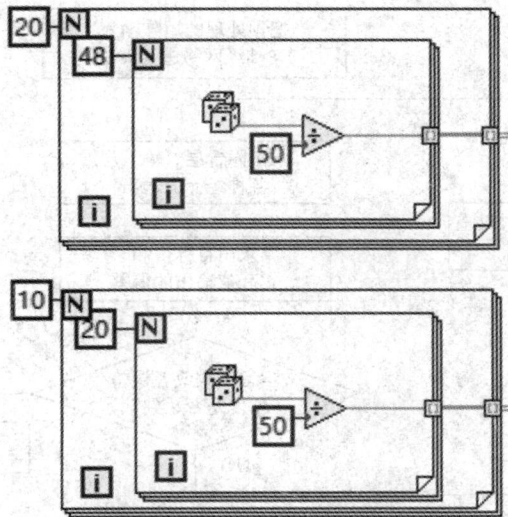

图 3-54 输入层到隐含层、隐含层到输出层权值矩阵的初始化

（2）数字特征矩阵的提取模块在整个程序中是一个子 VI，其程序框图如图 3-55 所示。它的主要功能是输入数字图像，对其二值化处理，并输出二值化后的数字特征矩阵。

数字特征矩阵提取中还包含另一个子 VI，即图像二值化子 VI，其程序框图如图 3-56 所示。

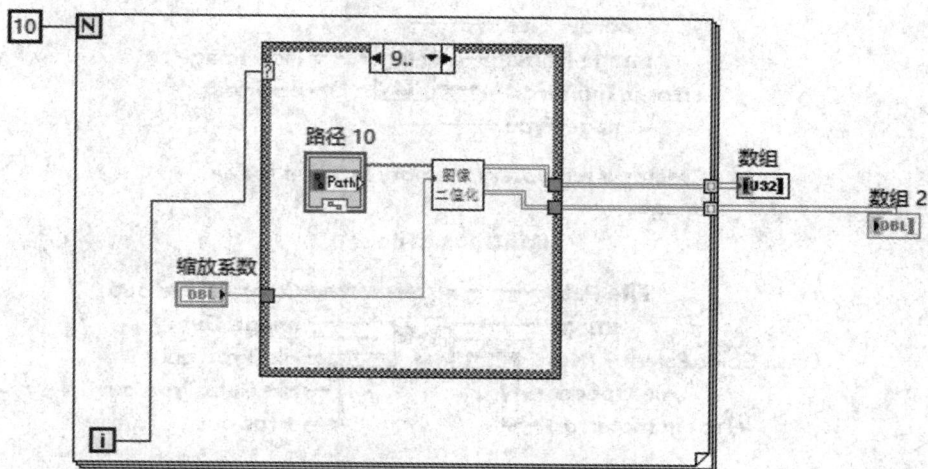

图 3-55 数字特征矩阵提取子 VI 程序框图

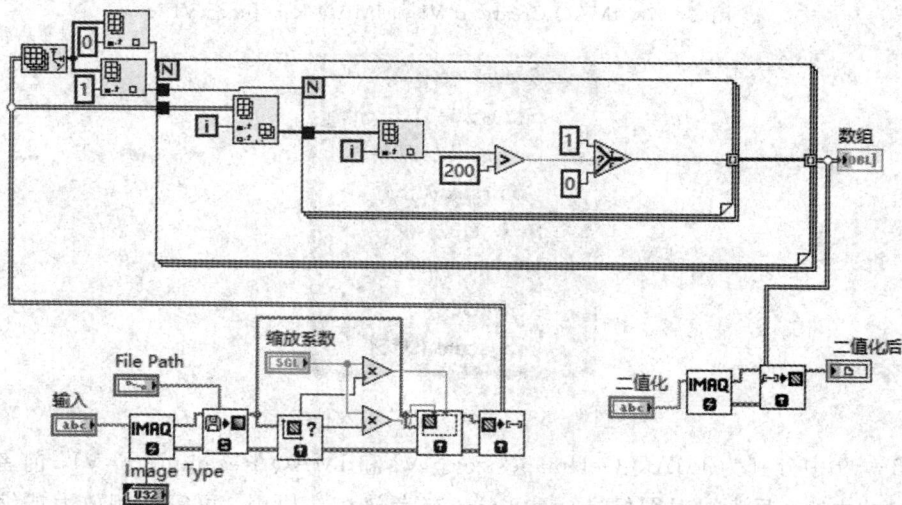

图 3-56 图像二值化子 VI 程序框图

在图 3-56 中的左下角是图像的载入和图像尺寸的等比例放大及缩小，右下角是二值化后的图像显示，上方是对图像二值化处理的重要环节——阈值的选择，合适的阈值可以把对象和背景区分开来，便于后续的图像处理，这里阈值选择 200，灰度值大于 200 的设为 1，反之设为 0，输出一个 0 和 1 组成的二值矩阵。

图 3-57 中为两个图像处理模块，它们分别为 IMAQ Create 子 VI 和 IMAQ Readfle 子 VI。前者为图像的输入创建一临时内存空间，同时声明图像的类型（图像类型的输入总共有 8 种，如图 3-58 所示），后者可读取图像，二者经常结合在一起用，起到读取图像数据的功能。

IMAQ Create

Border Size
Image Name · · · IMAQ · · · New Image
error in (no error) · · · ⚡ · · · error out
Image Type

Creates a temporary memory location for an image.

IMAQ ReadFile

File Path · · · Color Palette out
Image · · · Image Out
Load Color Palette? (No) · · · File Type out
File Options · · · File Data Type out
error in (no error) · · · error out

Reads an image file. The file format can be a standard format (BMP, TIFF, JPEG, JPEG2000, PNG, and AIPD) or a nonstandard format known to the user.

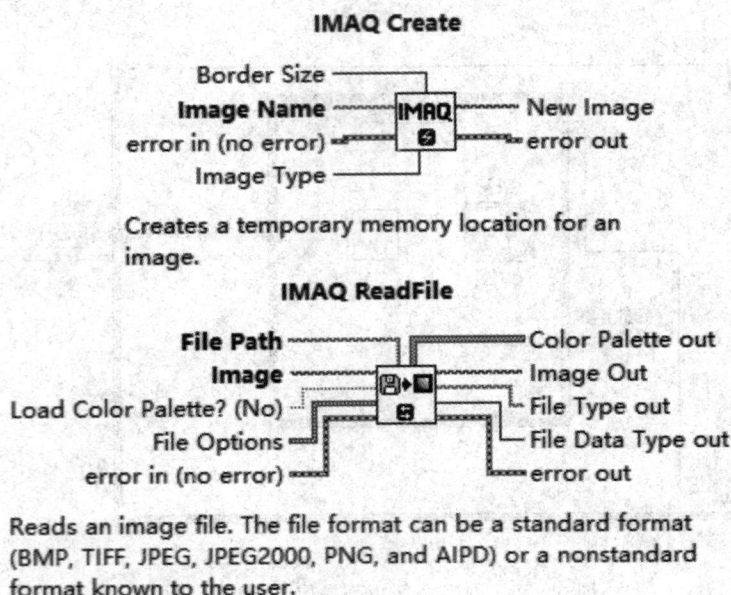

图 3 - 57　IMAQ Create 子 VI 和 IMAQ Readfle 子 VI

✓ Grayscale (U8)
Grayscale (I16)
Grayscale (SGL)
Complex (CSG)
RGB (U32)
HSL (U32)
RGB (U64)
Grayscale (U16)

图 3 - 58　图像类型的输入种类

　　图 3 - 59 中分别为 IMAQ GetImagesize 子 VI 和 IMAQ Resample 子 VI，前者可获取图像的尺寸大小，后者可对图像进行重采样，二者放在一块用，可等比例放大或缩小原图像的尺寸。

　　图 3 - 60 中分别为 IMAQ ImageToArray 子 VI 和 IMAQ ArrayToImage 子 VI，前者的功能是把读取的图像数据转换为矩阵数据的形式，转换的矩阵形式有 U8、I16、Float、U16 四种类型，后者的功能正好相反，是把 U8、I16、Float、U16 四种类型矩阵数据转换为图像。

　　(3) BP 算法子 VI 是整个程序的重要环节，其中对权值的修正公式为

$$w(k+1) = w(k) + n\delta + a[w(k) - w(k-1)]$$

式中，$w(k+1)$ 表示 $k+1$ 时刻神经元间的连接权值；$w(k)$ 表示 k 时刻神经元间的连接权值；$w(k-1)$ 表示 $k-1$ 时刻神经元间的连接权值；δ 为 k 时刻的负梯度 $(-\partial E/\partial w)$；Out

IMAQ GetImageSize

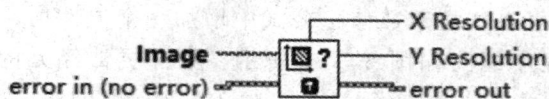

X Resolution
Image
Y Resolution
error in (no error)
error out

Gives information regarding the size (resolution)
of the image.

NI_Vision_Development_Module.lvlib:IMAQ Resample

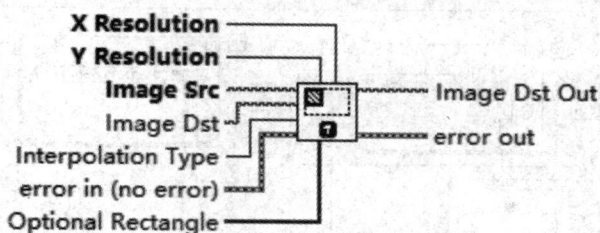

X Resolution
Y Resolution
Image Src
Image Dst Out
Image Dst
error out
Interpolation Type
error in (no error)
Optional Rectangle

Resamples an image to a user-defined size. You can use
this VI to display a reduced or enlarged image.

图 3-59 IMAQ GetImagesize 子 VI 和 IMAQ Resample 子 VI

IMAQ ImageToArray

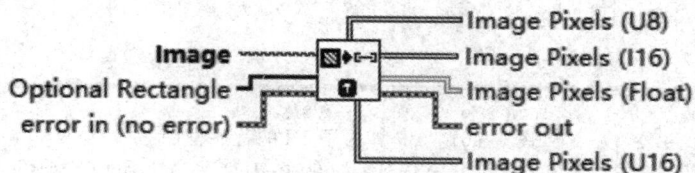

Image Pixels (U8)
Image
Image Pixels (I16)
Optional Rectangle
Image Pixels (Float)
error in (no error)
error out
Image Pixels (U16)

Extracts (copies) the pixels from an image, or part of an
image, into a LabVIEW 2D array. This array is encoded in
8 bits, 16 bits, or floating point, as determined by the type
of input image.

IMAQ ArrayToImage

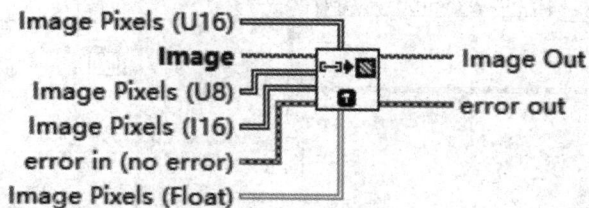

Image Pixels (U16)
Image
Image Out
Image Pixels (U8)
error out
Image Pixels (I16)
error in (no error)
Image Pixels (Float)

Creates an image from a 2D array.

图 3-60 IMAQ ImageToArray 子 VI 和 IMAQ ArrayToImage 子 VI

为神经元的输出；n 为学习效率，$n>0$；a 为惯性系数，$0 \leqslant a < 1$。这种修正方法实质上是一种简单的最速下降静态寻优算法，在修正 $w(k)$ 时，只是按 k 时刻的负梯度方式进行修正。为了使收敛速度快些，可在加权系数修正公式中增加一个惯性项，使加权系数更平稳一些。BP 算法子 VI 的程序框图如图 3-61 所示，隐含层神经元的激发函数为：Out = $1/[1+\exp(-Net)]$，其中 Net 为神经元输入，Out 为神经元的输出；输出层神经元的激发函数为：Out = $1/[1+\exp(-Net)] - 0.1$。

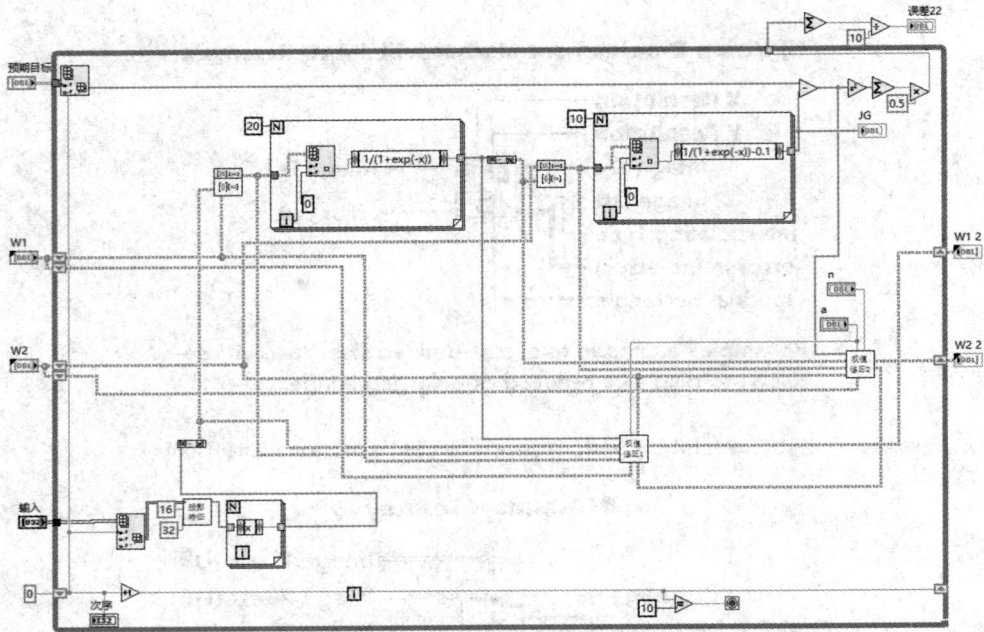

图 3-61 BP 算法子 VI 的程序框图

BP 算法子 VI 还包括权值修正 1 子 VI、权值修正 2 子 VI 和投影特征子 VI。权值修正 1 子 VI 的主要功能是对输入层与隐含层间的权值进行修正，其程序框图如图 3-62 所示，图中，a 为惯性系数。

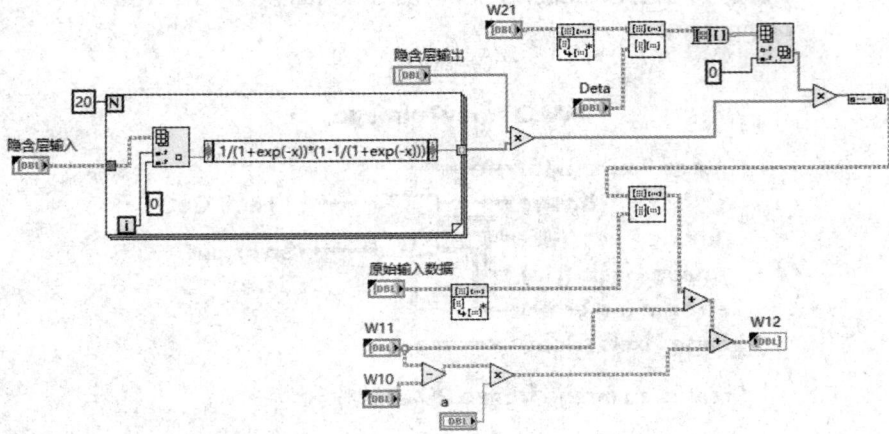

图 3-62 权值修正 1 子 VI 的程序框图

权值修正 2 子 VI 的主要功能是对隐含层与输出层间的权值进行修正，其程序框图如图 3-63 所示，图中，a 为惯性系数，n 为学习效率。

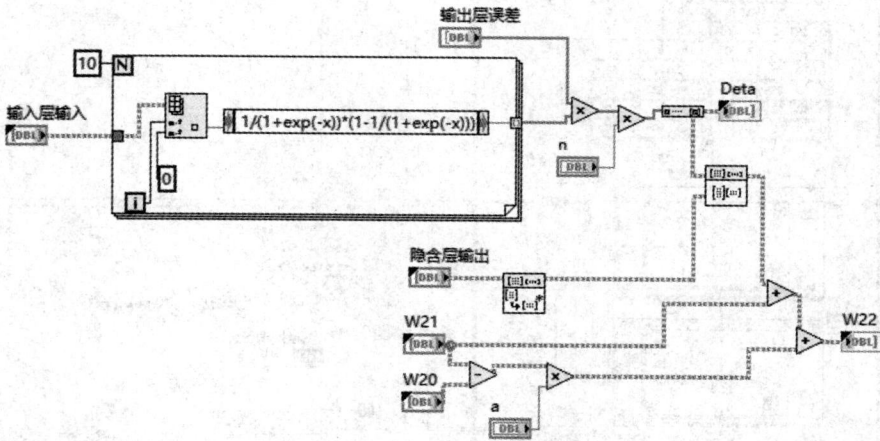

图 3-63　权值修正 2 子 VI 的程序框图

投影特征子 VI 的程序框图如图 3-64 所示。投影特征子 VI 的主要作用是统计图像二值化后矩阵每行每列"0"/"1"的个数，并把数据整合在一起，然后输出一维矩阵，把它作为 BP 神经网络的特征输入。

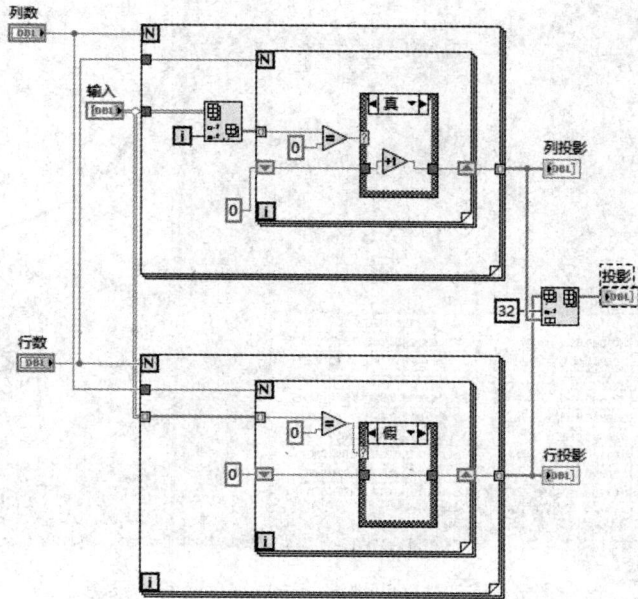

图 3-64　投影特征子 VI 的程序框图

把上面讲述的模块结合在一起就组成了数字识别训练选项的程序框图，如图 3-65 所示。图中 n 为学习速率，$n>0$；a 为惯性系数，$0 \leqslant a < 1$。当程序运行时达到运行次数或者误差精度时，程序就会停止运行，输出调整好的权值和误差曲线，其运行结果如图 3-66 所示。

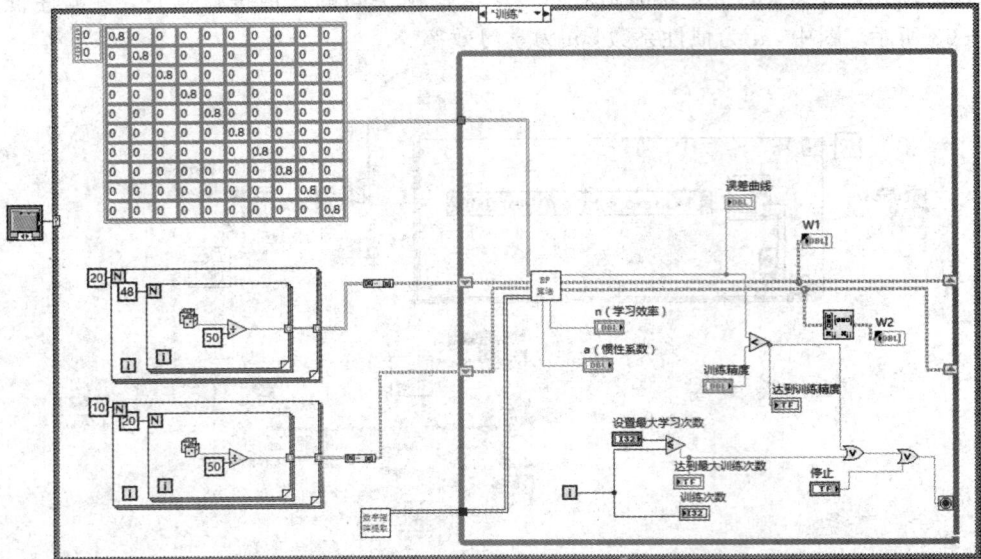

图 3-65　数字识别训练选项的程序框图

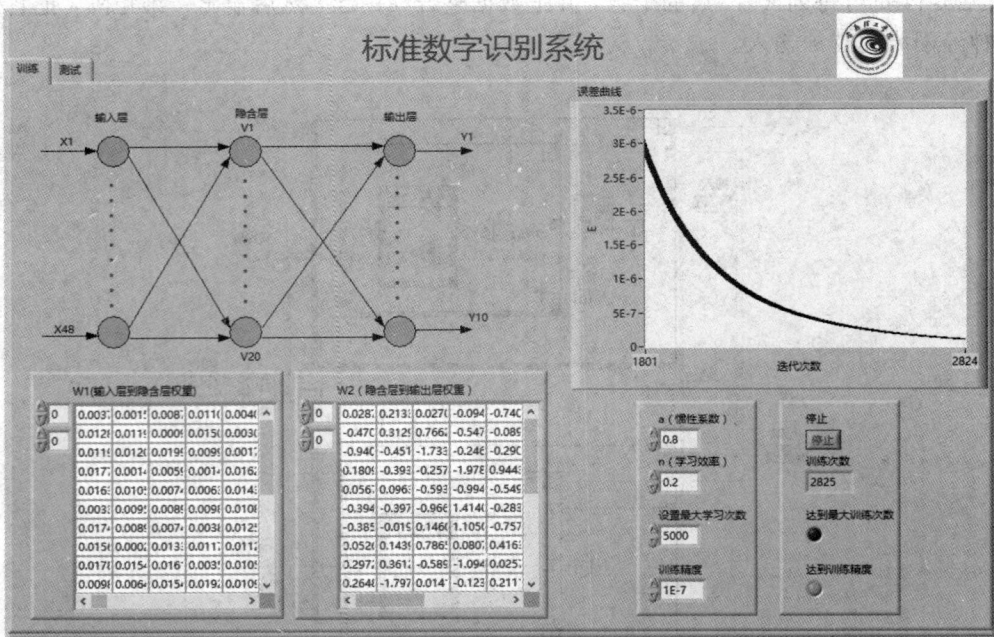

图 3-66　数字识别训练选项程序运行结果图

图 3-66 的左上角是整个神经网络的整体框架，左下方是神经元层间的权值，右上方是误差曲线，右下方是设置的各个参数，其中 a 为惯性系数，n 为学习效率。

（4）将训练好的 BP 神经网络进行测试验证，其测试选项的程序框图如图 3-67 所示。图 3-67 中还包括数字矩阵提取子 VI 和测试子 VI。数字矩阵提取子 VI 的主要功能就是提取输入图像二值化后的矩阵；在测试子 VI 中，首先输入测试图像，通过程序输出某种模式，然后判断这种模式和期望的模式是否相符，最后输出结果。测试子 VI 程序框图如图 3-68 所示。

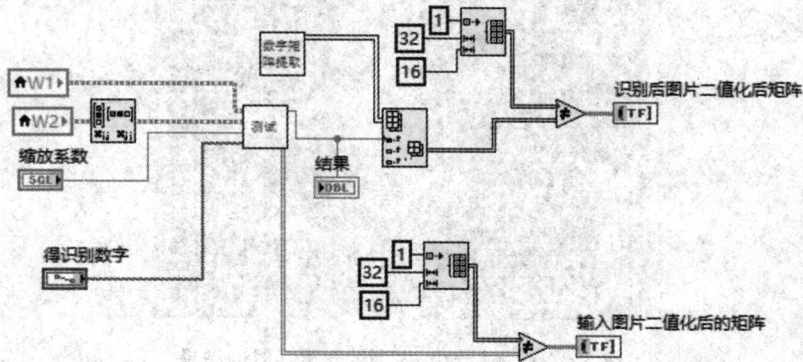

图 3-67 数字识别测试选项的程序框图

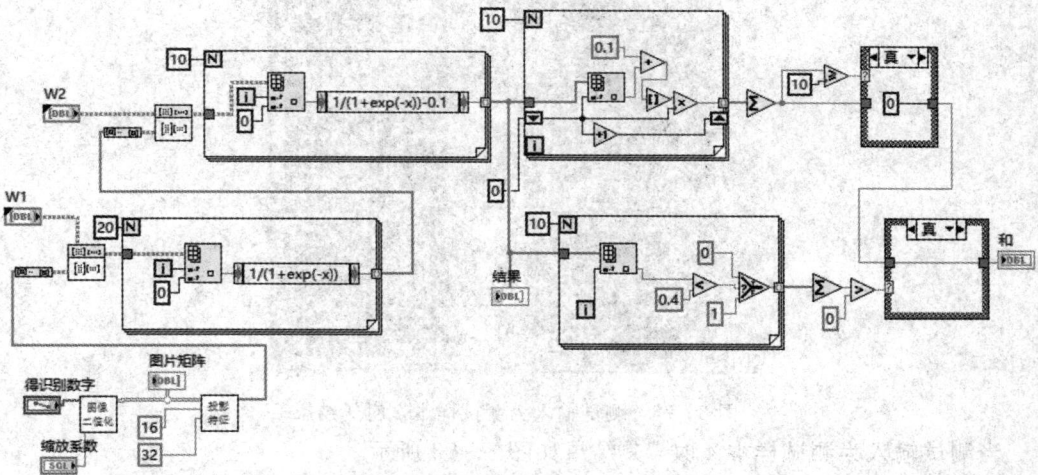

图 3-68 测试子 VI 程序框图

图 3-69 和图 3-70 所示分别为学习样本和测试样本。当测试输入为测试样本 9 时，其结果如图 3-71 所示。

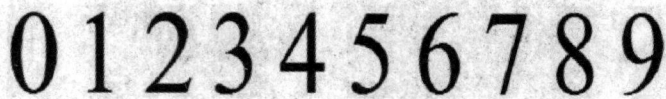

图 3-69 学习样本

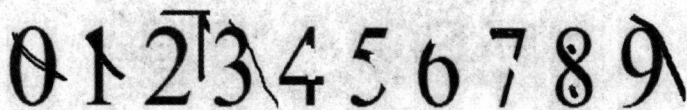

图 3-70 测试样本

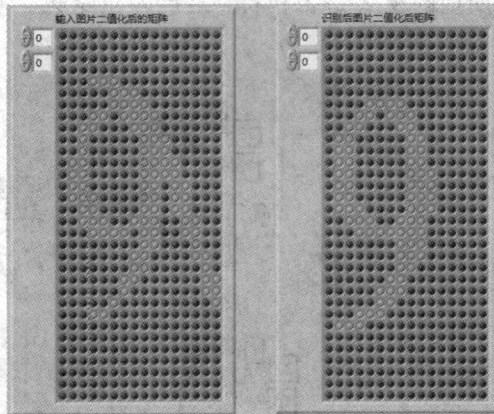

图 3-71 测试输入为测试样本 9 时的结果

当测试输入为测试样本 2 时，其结果如图 3-72 所示。

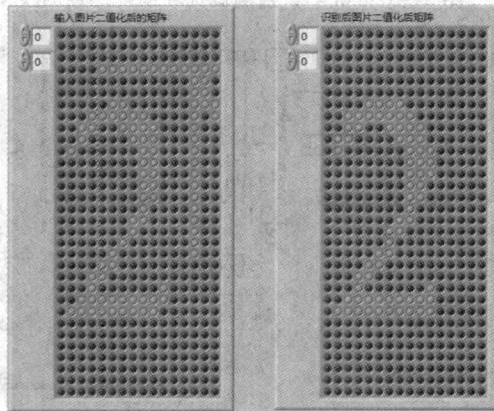

图 3-72 测试输入为测试样本 2 时的结果

当测试输入为测试样本 4 时，其结果如图 3-73 所示。

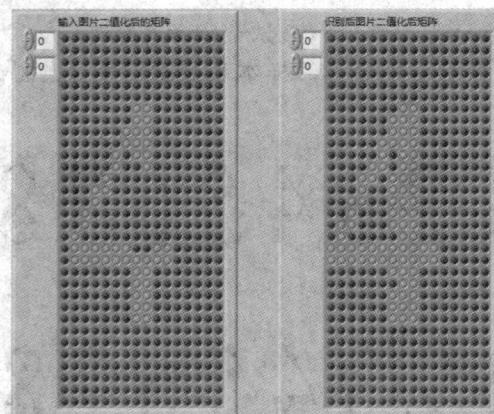

图 3-73 测试输入为测试样本 4 时的结果

从上面的测试结果可以看出，性能测试良好，可以达到数字识别的功能。

3.4.5 Hopfield 神经网络模式识别

Hopfield 神经网络模式识别就是通过要识别的目标样本来确定网络间的权值。权值设计的公式为 $W = \sum_{k=1}^{m} x^{(k)} x^{(k)\mathrm{T}} - mI = \sum_{k=1}^{m} (x^{(k)} x^{(k)\mathrm{T}} - I)$。式中，$W$ 是网络间的权值，$x^{(k)}$ 是输入样本的特征向量，m 为输入样本的个数，I 为单位矩阵。基于 LabVIEW 的 Hopfield 神经网络模式识别的实现大体可分为输入预处理子 VI 模块、网络的联想回忆模块和结果输出子 VI 模块。Hopfield 神经网络模式识别流程图如图 3-74 所示。

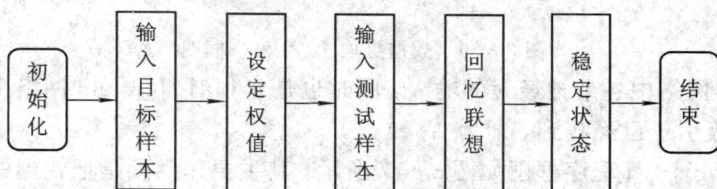

图 3-74 Hopfield 神经网络模式识别流程图

（1）输入预处理子 VI 模块，其程序框图如图 3-75 所示。它的主要功能是加载目标样本数据，并让加载的数据以布尔数据矩阵的形式显示出来，同时根据权值设计的公式求出设定的权值。在图 3-75 中可以看到一个数据提取的子 VI，其程序框图如图 3-76 所示，它的主要作用就是辅助输入预处理子 VI 来实现其自身的功能。图 3-76 中包含了一个单位矩阵的子 VI，它的主要作用是输出一个对角线上元素为 1、其余为 0 的二维方阵，右上角输入的数据为 100，输出就是 100×100 的方阵。

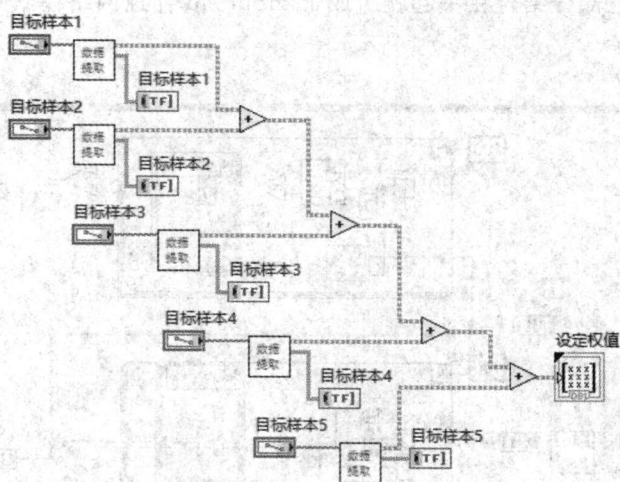

图 3-75 输入预处理子 VI 程序框图

（2）网络的联想回忆模块，顾名思义，就是通过测试样本找回原来网络的吸引子的过程，用公式可表示为 $Y = f(WX - \theta)$，式中 X 是测试样本，Y 是输出，W 是设定的权值，$f(\cdot)$ 为变换函数。当 X 在程序中经数次循环，达到 $X(k) = f[WX(k) - \theta]$ 的稳态（$X(k)$ 为

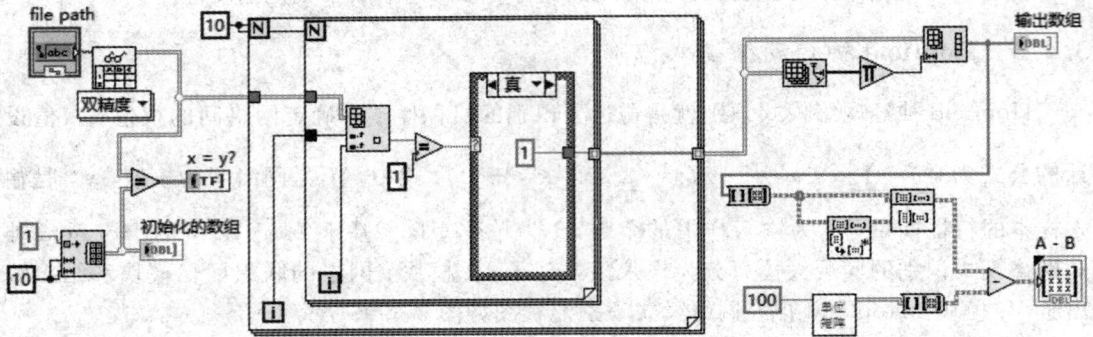

图 3-76 数据提取子 VI 程序框图

k 时刻 Hopfield 网络中各个神经元的输入，同时也是 k 时刻 Hopfield 网络中各个神经元的输出）时，表明吸引子已经找到，即为 $X(k)$。

（3）结果输出子 VI 程序框图如图 3-77 所示。其主要作用就是把找到的网络吸引子变换成布尔型数据矩阵并显示出来。

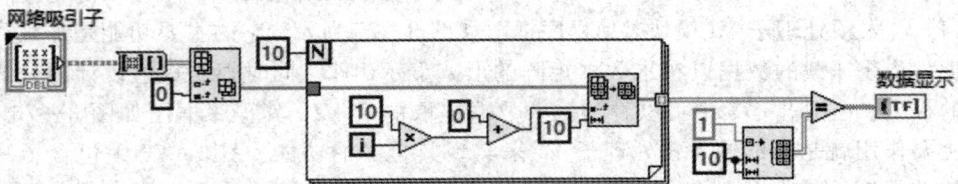

图 3-77 结果输出子 VI 程序框图

把上述所讲的三部分结合在一起就组成了 Hopfield 神经网络模式识别的主程序框图，如图 3-78 所示。

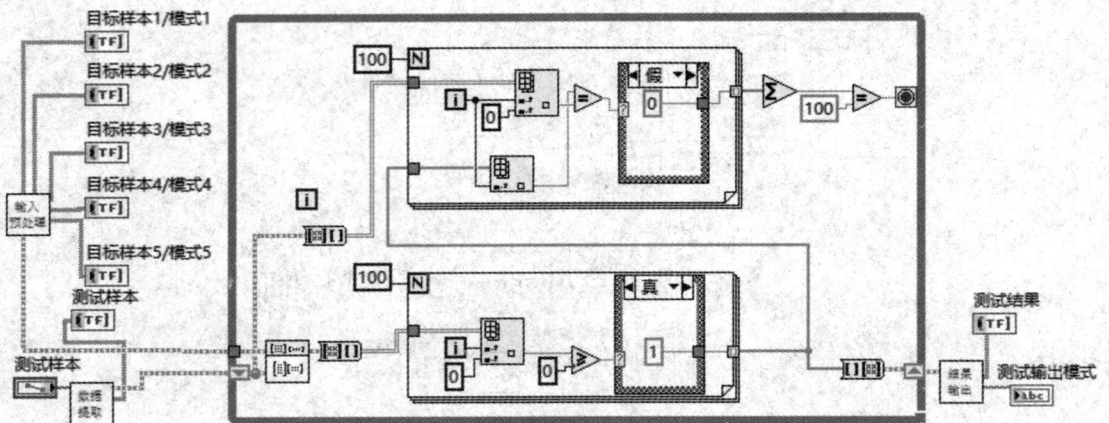

图 3-78 Hopfield 神经网络模式识别的主程序框图

在 Hopfield 神经网络模式识别的主程序中输入目标样本"1，2，3，4，5"和测试样本，然后运行主程序，就可得到如图 3-79 的运行结果。

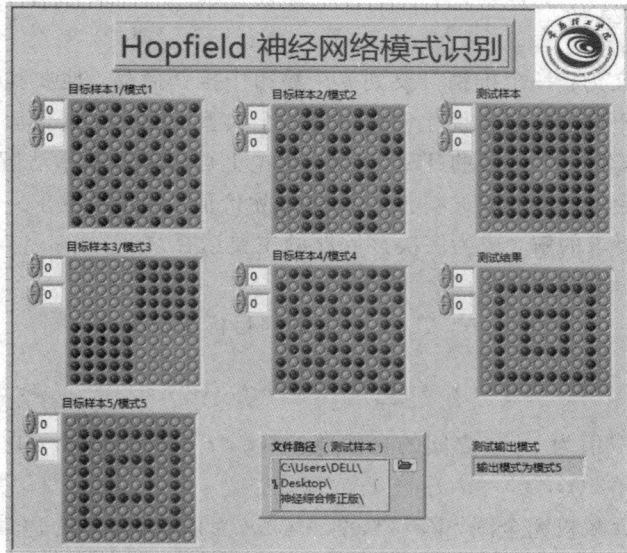

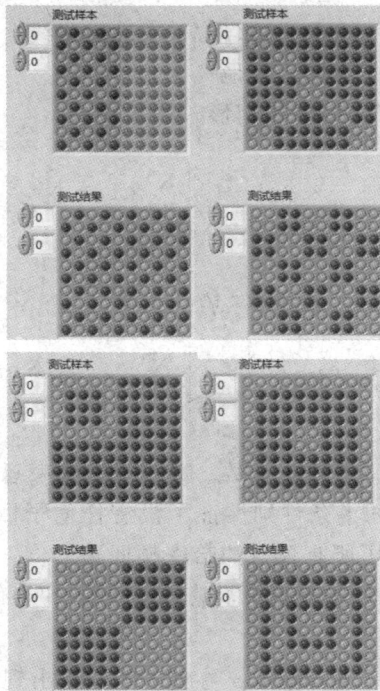

图 3-79　Hopfield 神经网络模式识别运行结果

　　在图 3-79 中，上子图的左边为输入的目标样本（模式），共 5 种，其右上角为测试样本，对应的右下角为测试结果。下子图为不同的测试样本输入，以及其对应的识别输出结果。从图中可以看出，测试样本只是训练样本的一部分（不完整信息），通过神经网络的联想功能可识别出所对应的目标样本。

3.4.6　TSP 路径寻优

TSP 问题可定义为：一个推销员要到 n 个城市中推销商品，他要找出一条到达所有城市的最短路径。TSP 问题是组合优化领域中的一个典型问题，一直是运筹学中最富挑战性的问题之一。对于求解 n 个城市的 TSP 问题，理论上可以通过枚举法解决，但是当 n 较大时，解题的时间消耗会使枚举法显得没有任何实际价值。因此，寻求一种求解时间短、能满足实际问题精度要求的解，成为解决该问题的主要途径。

TSP 问题的数学描述如下：

设巡回路径 $T=(T_1, T_2, \cdots, T_n)$，使得下列目标函数最小：

$$f(T) = \sum_{i=1}^{n-1} d(t_i, t_j) + d(t_n, t_1)$$

式中，t 为城市号，取值为 $1\sim n$ 之间的自然数；$d(t_i, t_j)$ 表示城市 i 和城市 j 之间的距离，对于对称式 TSP，有 $d(t_i, t_j)=d(t_j, t_i)$。

令 $G=(V, E)$ 为赋权完全图，$V=\{1, 2, \cdots, n\}$ 为顶点集，E 为边集，各顶点间的距离 d_{ij} 已知($d_{ij}>0$, $d_{ii}=0$, $i, j\in V$)。设

$$x_{ij} = \begin{cases} 1 & \text{边}(i, j) \text{在最优路线上} \\ 0 & \text{其他} \end{cases}$$

则 TSP 的数学模型可写成如下的线性规划形式：

$$\min Z = \sum_{j=1}^{n} \sum_{\substack{j=1 \\ j\neq i}}^{n} d_{ij}x_{ij}, \text{ subject to} \begin{cases} \sum_{\substack{j=1 \\ j\neq i}}^{n} x_{ij} = 1 & i \in V \\ \sum_{\substack{i=1 \\ i\neq j}}^{n} x_{ij} = 1 & j \in V \\ \sum_{i, j\in S} x_{ij} \leqslant |S|-1 & S \subset V \\ x_{ij} \in \{0, 1\} & i, j \in V \end{cases}$$

式中，$|S|$ 为集合 S 中所含图 G 的顶点个数。前面两个约束意味着对每个顶点而言，仅一条边进和一条边出；后一条约束条件则保证了没有任何子回路解的产生。于是，满足上述约束条件的解构成了一条遍历所有顶点的哈密顿回路。

使用一个 $n\times n$ 神经网络，用神经元的状态来表示某一条有效路径中的位置。例如，神经元 x_i 的状态用 v_{xi} 表示：

$$v_{xi} = \begin{cases} 1 & \text{城市 } x \text{ 在第 } i \text{ 个位置出现} \\ 0 & \text{城市 } x \text{ 在第 } i \text{ 个位置不出现} \end{cases}$$

式中，$x\in\{1, 2, \cdots, n\}$，$i\in\{1, 2, \cdots, n\}$，v_{xi} 表示第 x 个城市在路径中的第 i 个位置的状态。

由此可见，$n\times n$ 矩阵 $\boldsymbol{V}$ 可以表示 n 个城市 TSP 问题的一次有效路径，即 $\boldsymbol{V}$ 矩阵可以唯一确定对于所有城市的访问次序。

按照 CHNN(连续型 Hopfield 神经网络)的求解思路，首先构造能量函数，构造的能量函数为

$$E(t) = E_1(t) + E_2(t) + E_3(t) + E_4(t)$$

式中，

$$E_1(t) = \frac{A}{2} \sum_{x=1}^{n} \sum_{i=1}^{n} \sum_{\substack{j \neq i \\ j=1}}^{n} [v_{xi}(t) v_{xj}(t)]$$

$$E_2(t) = \frac{B}{2} \sum_{i=1}^{n} \sum_{x=1}^{n} \sum_{\substack{y \neq x \\ y=1}}^{n} [v_{xi}(t) v_{yi}(t)]$$

$$E_3(t) = \frac{C}{2} \Big[\sum_{x=1}^{n} \sum_{i=1}^{n} v_{xi}(t) - n \Big]^2$$

$$E_4(t) = \frac{D}{2} \sum_{x=1}^{n} \sum_{\substack{y \neq x \\ y=1}}^{n} \sum_{i=1}^{n} \{ d_{xy} v_{xi}(t) [v_{y, i+1}(t) + v_{y, i-1}(t)] \}$$

其中：d_{xy} 为城市 x 到城市 y 的距离；$A>0$，$B>0$，$C>0$，$D>0$ 均为常数；$E_1(t)$ 为行约束条件，当每行只有一个 1 时达到最小值 0；$E_2(t)$ 为列约束条件，当每列只有一个 1 时达到最小值 0；$E_3(t)$ 为总数约束条件，当矩阵 **V** 的元素和为 n 时达到最小值 0；$E_4(t)$ 为距离约束条件，若城市 x 出现在 i 位置，则与之相邻的城市 y 只能出现 $i-1$ 或 $i+1$ 位置，此时距离 d_{xy} 才有效，当 TSP 问题达到最优解时 $E_4(t)$ 取最小值。

　　TSP 路径寻优的 LabVIEW 的实现主要包括：城市坐标初始化、距离矩阵初始化、Hopfield 网络输入矩阵初始化，以及 U 值修正子 VI、条件判断子 VI、最佳距离子 VI 等模块。TSP 路径寻优的流程图如图 3 - 80 所示。

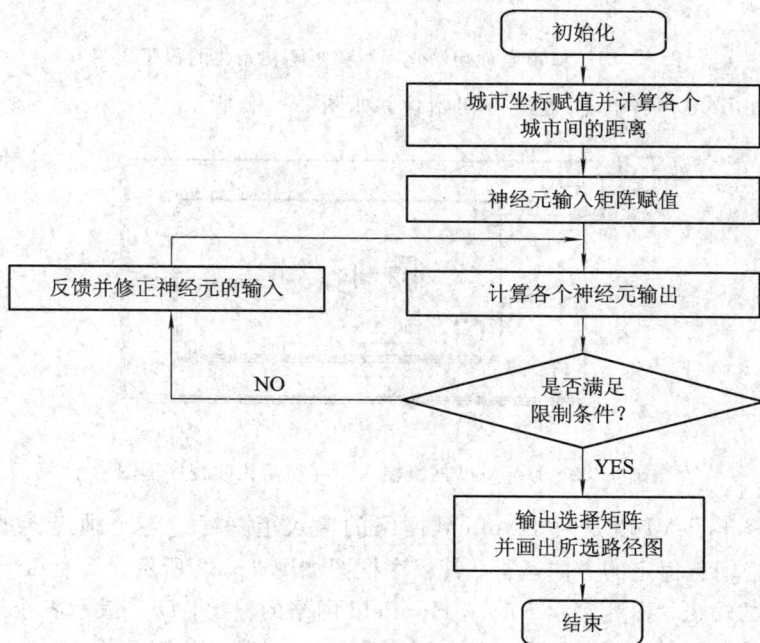

图 3 - 80　TSP 路径寻优的流程图

　　(1) 在程序运行前首先要对仿真的各个城市坐标进行赋值，并计算各个城市之间的距离，其程序框图如图 3 - 81 所示。

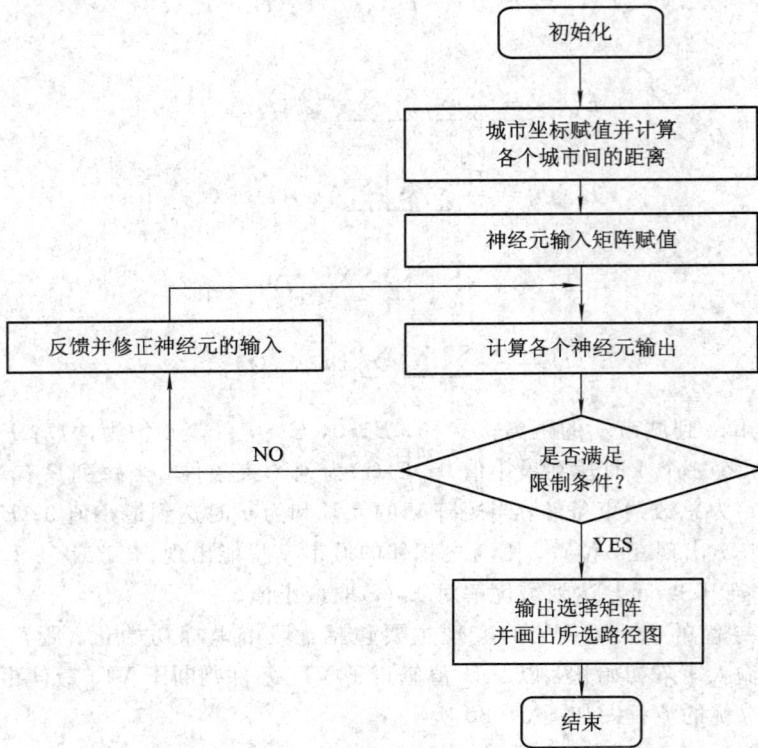

图 3-81 城市坐标初始化和距离矩阵初始化的程序框图

（2）对 Hopfield 网络的输入进行初始化，如图 3-82 所示。

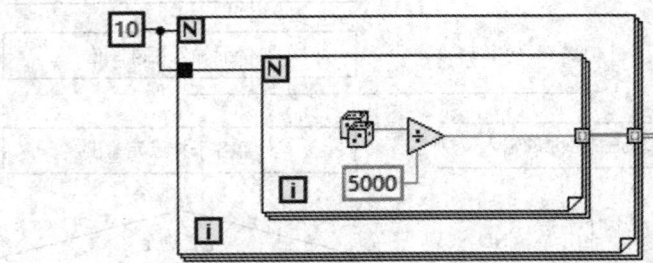

图 3-82 Hopfield 网络输入矩阵初始化的程序框图

（3）U 值修正子 VI 就是对 Hopfield 网络的输入矩阵通过各个神经元的反馈加以修正，使整个网络朝着稳定的方向运行，其程序框图如图 3-83 所示。其中 $X[\ ]$ 表示 k 时刻 Hopfield 网络的输入，$V[\ ]$ 表示 k 时刻 Hopfield 网络的输出，$D[\ ]$ 表示各个城市间的距离矩阵输入，$XX[\ ]$ 表示修正好 $k+1$ 时刻的神经元输入。其中修正公式为

$$\Delta U = -\alpha U - A\sum_{j\neq i}v_{xj} - B\sum_{y\neq x}v_{xj} - C\Big(\sum_x\sum_y - N\Big) - D\sum_{y\neq x}d_{xy}(v_{y,\,i+1} + v_{y,\,i-1})$$

式中，α、A、B、C、D 为相关的系数。

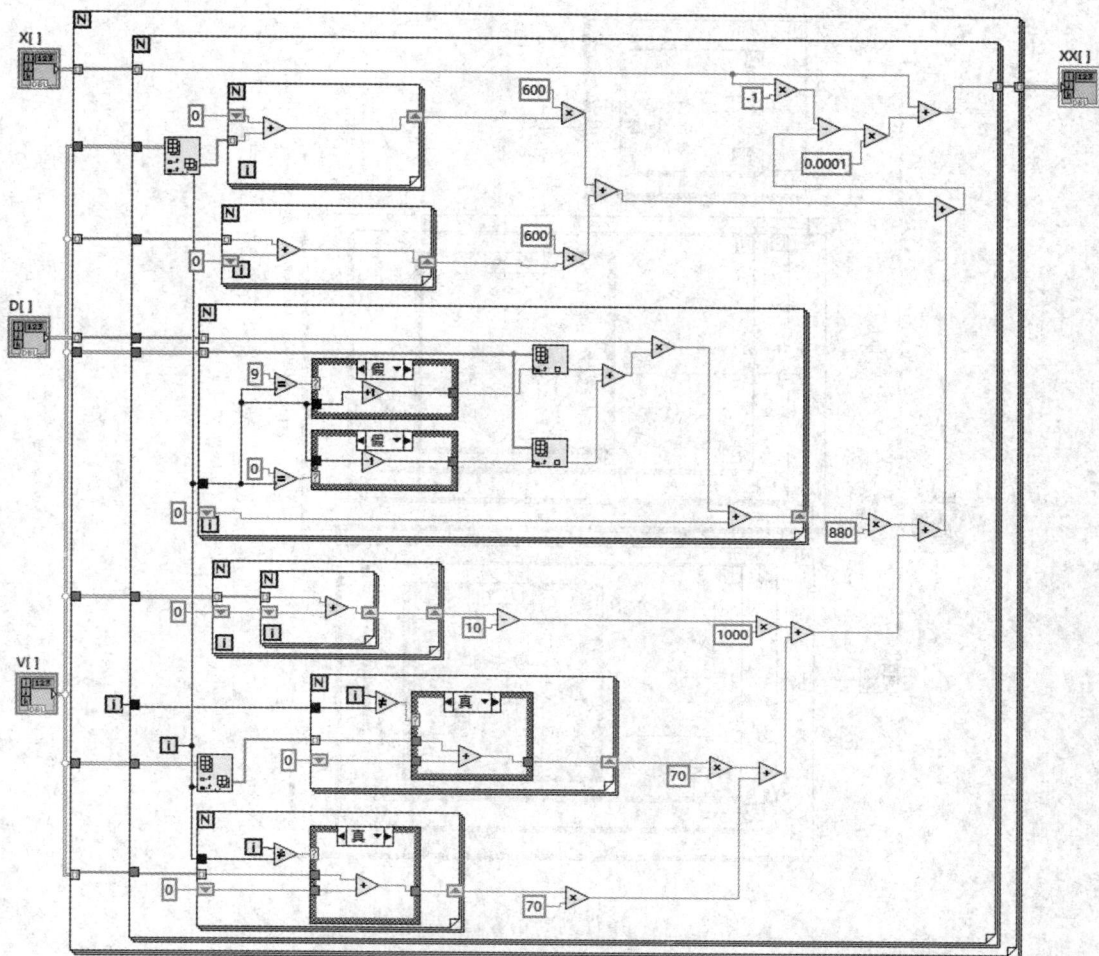

图 3-83 *U* 值修正子 VI 的程序框图

（4）条件判断子 VI 的主要作用是判断 Hopfield 网络在运行过程中是否满足了每一行和每一列只有一个"1"，其余都为"0"；同时也满足 10×10 矩阵的所有元素加起来等于 10。若满足上述条件，输出选择矩阵并输出路径图，否则，程序继续运行或者结束运行。条件判断子 VI 的程序框图如图 3-84 所示。

（5）最佳距离子 VI 的主要功能就是接受条件判断子 VI 的条件输出为真时，画出此时的路径线路图。最佳距离子 VI 的程序框图如图 3-85 所示。

将上述模块组合就构成了 TSP 路径寻优的主程序，其程序框图如图 3-86 所示。其中，最大训练次数设为 2000，当程序运行达到最优或者运行无果且循环次数等于 2000 时，程序结束运行。

考虑 10 个城市的 TSP 问题，若城市的坐标位置事先给定或已知，TSP 程序运行结果如图 3-87 所示。

考虑 10 个城市的 TSP 问题，若城市的坐标位置是通过随机方式生成的（范围在［0，1］），则 TSP 程序运行结果如图 3-88 所示。

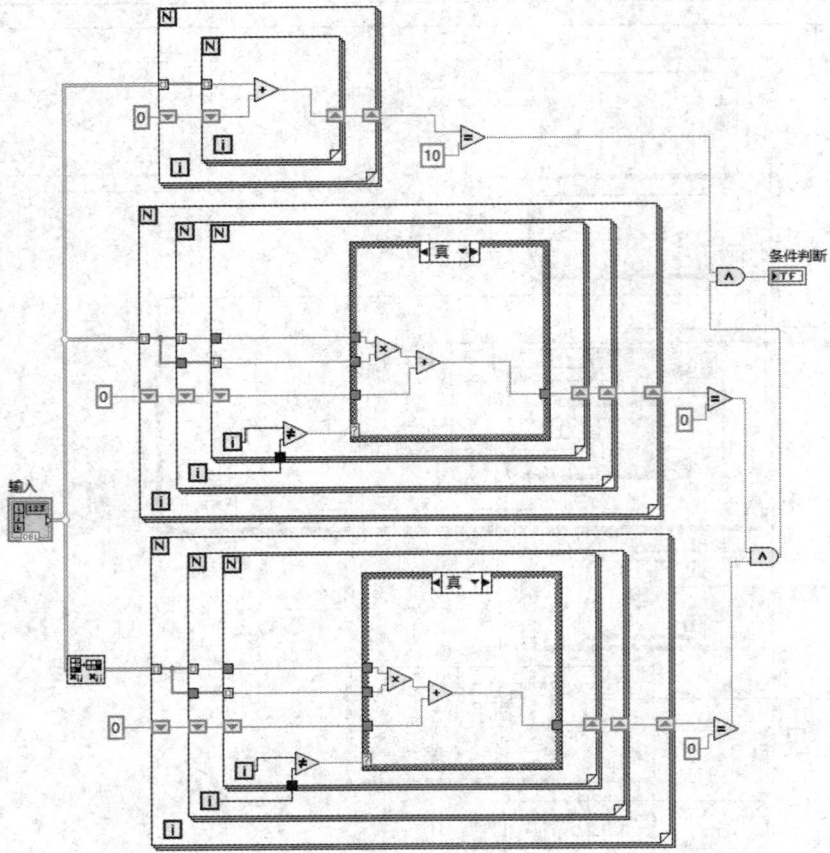

图 3-84　条件判断子 VI 的程序框图

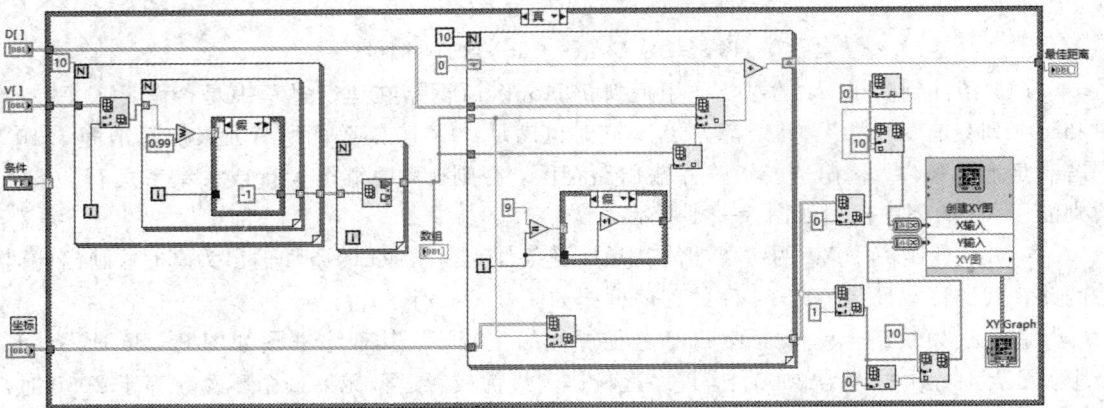

图 3-85　最佳距离子 VI 的程序框图

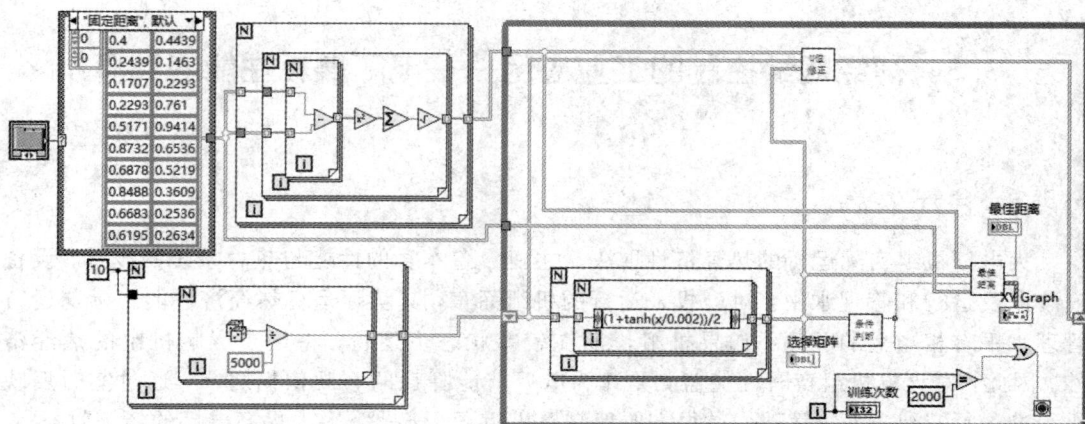

图 3-86 TSP 路径寻优的主程序框图

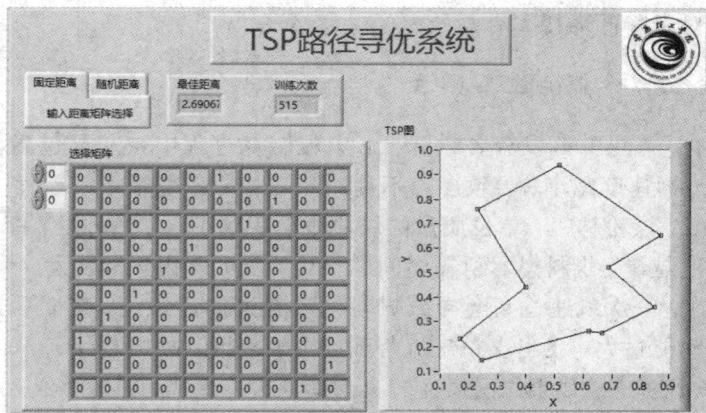

图 3-87 (固定距离)TSP 程序运行结果

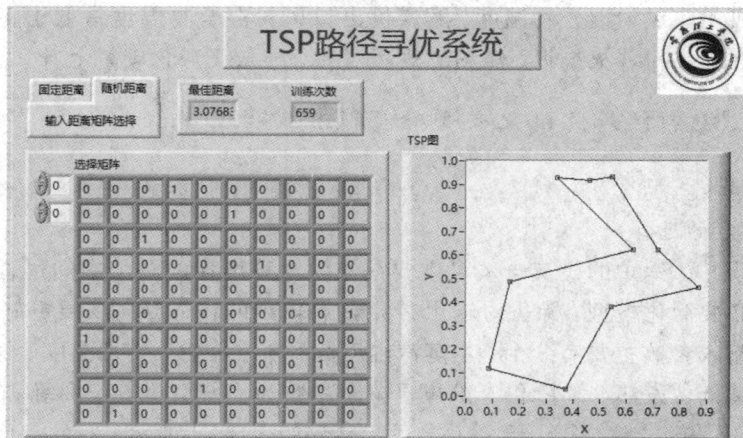

图 3-88 (随机距离)TSP 程序运行结果

3.5　神经网络控制的工业应用——电厂煤耗性能的计算

3.5.1　背景

　　火电厂机组实际运行的热经济性取决于主机设备本身的性能与热力系统的设计、设备安装以及运行和管理水平。对已投入运行的机组而言，其实际运行热经济性能指标与运行管理水平有相当大的关系。如果机组长期在较差状态下运行，将严重影响机组的热经济性。因此，对火电机组实时性能监测是作为电厂节能降耗的客观依据之一，通过实时反映机组的运行情况，可使管理人员很方便地掌握机组运行水平，大大提高电厂的经济效益。

　　据现代火力发电机组相关数据统计，锅炉飞灰含碳量每上升 1‰，标准煤耗约增加 $1.0 \sim 1.3$ g/(kW·h)，煤耗越高，电厂的经济效益就越差。由此可见，着力降低发电过程中的飞灰含碳量对于降低煤耗大有益处。

3.5.2　影响飞灰含碳量的主要因素

　　(1) 煤种影响。燃煤的挥发分含量降低，碳粒燃烧过程中被灰层包裹，炭粒表面燃烧速度降低，火焰传播速度减小，导致燃烧不良，飞灰含碳量升高。

　　(2) 煤粉细度。煤粉越粗，单位质量的煤粉表面积越小，加热升温、挥发分的析出、着火及燃烧反应速度越慢，煤粉燃尽所需时间越长，飞灰可燃物含量越大。

　　(3) 一次风速。一次风速过高会导致煤粉气流着火推迟燃烧，使燃尽过程缩短；较大的煤粉颗粒获得动能过大，飞出煤粉气流落到周围缺氧区，影响燃尽。

　　(4) 一、二次风配合。如果二次风在着火前就混入一次风，即过早混入一次风，则着火延迟；如果二次风过迟混入一次风，则着火后的燃烧缺氧，对燃烧也是不利的。用低挥发分煤时，要提高一次风温，适当降低一次风速。

　　(5) 磨煤机出口风粉混合物温度。磨煤机出口风粉混合物温度常低于正常温度，风粉混合物温度降低，煤粉着火推迟，煤粉燃烬程度差，导致飞灰含碳量上升。

3.5.3　基于 BP 神经网络的飞灰含碳量预测

1. 数据处理

1) 输入参数的选择

　　在实际工况中，锅炉的飞灰含碳量主要是作为计算煤耗的一个中间过程量，实时性要求强，因此有必要简化模型，除去对输出参数影响较小的输入量，以便更好地应用于实际工况。本模型输入参数主要有 8 个：主蒸汽温度、主蒸汽压力、排烟温度、煤粉细度、收到基灰分、收到基低位发热、氧量和入炉煤；输出参数为飞灰含碳量。训练和检测参数来源于某电厂的能量平衡试验结果，部分工况运行参数如表 3-1 所示。

表 3-1 部分工况运行参数

工况	燃料特性			锅炉负荷			氧量	入炉煤	飞灰含碳量
	煤粉细度	收到基灰分	收到基低位发热	主蒸汽压力	主蒸汽温度	排烟温度			
	%	%	MJ/kg	MPa	℃	℃	%	t/h	%
1	8.16	28.67	18.94	14.93	560.76	117.80	5.43	123.04	3.05
2	8.79	29.15	18.88	15.41	562.40	113.90	5.28	123.55	3.54
3	8.31	29.23	18.55	14.68	561.23	112.42	4.99	123.13	3.14
4	8.53	29.15	18.62	14.76	561.84	114.04	4.94	122.96	2.95
5	8.17	28.95	18.59	14.65	562.40	110.96	4.95	123.53	3.52
6	8.60	29.05	18.21	14.64	564.17	111.32	4.81	123.57	3.58
7	8.26	28.80	18.30	15.37	560.50	119.42	5.01	123.16	3.15
8	8.65	29.24	18.47	15.08	569.03	119.56	5.01	122.88	2.89
9	8.69	28.69	18.23	15.05	569.45	115.75	5.32	123.02	3.01
10	8.75	29.19	18.84	14.64	564.91	110.60	5.29	123.14	3.13
11	8.45	28.68	18.19	15.35	564.89	112.35	5.14	123.29	3.28
12	8.08	28.87	18.23	15.12	563.38	113.53	4.88	123.02	3.01
13	8.23	29.13	18.17	14.85	569.00	118.21	5.31	123.29	3.28
14	8.91	29.28	18.23	15.01	563.69	110.15	5.03	123.37	3.37
15	8.15	28.58	18.44	14.90	561.11	110.43	4.85	122.99	2.98
16	8.92	28.90	18.12	14.99	560.26	118.82	4.70	123.24	3.23
17	8.77	29.33	18.67	15.39	564.47	112.85	4.95	123.25	3.24
18	8.04	28.63	18.60	14.64	566.46	116.73	4.93	123.33	3.34
19	8.38	28.56	18.06	14.89	565.21	116.64	5.47	123.08	3.09
20	8.70	28.58	18.06	15.43	563.72	111.23	5.12	122.98	2.99
21	8.73	28.66	18.15	15.42	569.37	114.07	5.20	123.25	3.26
22	8.22	28.82	18.02	15.21	568.50	112.75	5.30	123.48	3.49
23	8.27	28.80	18.44	15.12	568.49	117.17	4.85	123.15	3.13
24	8.67	28.51	18.83	14.84	563.73	112.83	5.02	122.88	2.89
25	8.48	29.04	18.62	15.44	565.93	118.96	5.06	123.17	3.16
26	8.62	28.60	18.52	14.62	568.73	118.27	4.66	123.05	3.04
27	8.24	28.65	18.86	15.23	569.34	113.90	5.06	123.11	3.12
28	8.18	29.13	18.10	15.15	566.68	114.98	5.19	123.48	3.47
29	8.83	29.36	18.91	15.33	562.07	116.95	4.93	123.13	3.12

工况	燃料特性			锅炉负荷			氧量	入炉煤	飞灰含碳量
	煤粉细度	收到基灰分	收到基低位发热	主蒸汽压力	主蒸汽温度	排烟温度			
	%	%	MJ/kg	MPa	℃	℃	%	t/h	%
30	8.77	29.47	18.11	14.90	566.54	118.34	5.34	123.12	3.11
31	8.93	29.07	18.52	15.25	560.72	116.10	5.23	123.10	3.09
32	8.11	29.50	18.14	15.34	564.07	115.75	4.86	122.92	2.91
33	8.18	29.05	18.56	14.82	566.67	113.26	4.95	123.02	3.01
34	8.10	29.02	18.00	15.05	569.34	114.56	4.89	122.88	2.87
35	8.49	28.83	18.77	15.48	568.11	117.14	5.28	123.15	3.14
36	8.19	28.93	18.85	15.05	564.85	118.84	5.23	123.02	3.01
37	8.90	28.99	18.92	14.83	567.57	117.21	4.93	123.05	3.04
38	8.10	28.57	18.99	15.12	564.17	110.19	5.19	123.15	3.14
39	8.04	29.39	18.51	14.86	569.72	116.75	5.45	122.91	2.90
40	8.16	29.26	18.37	12.26	558.88	110.39	5.28	123.21	3.20
41	8.77	28.94	18.10	14.91	568.64	114.34	5.21	123.37	3.37
42	8.31	19.33	18.21	14.99	565.89	113.17	6.61	122.91	2.90
43	8.18	28.89	17.59	15.19	554.55	108.15	4.89	123.43	3.43
44	8.34	29.11	18.76	15.47	562.47	113.25	5.09	122.88	2.86
45	8.21	29.32	18.08	13.83	547.34	112.46	4.96	123.15	3.12
46	8.51	29.39	18.66	15.34	568.83	113.43	4.55	122.90	2.89
47	8.91	29.43	18.52	14.94	559.14	113.76	5.73	122.95	2.96
48	8.63	28.69	18.17	15.45	565.58	115.47	5.33	122.81	2.80
49	8.10	28.76	18.94	14.93	565.99	115.62	4.52	122.97	2.95
50	8.39	29.40	18.59	14.86	561.49	113.96	5.36	122.92	2.91
51	8.05	29.09	18.44	15.16	569.00	113.98	4.58	123.21	3.20
52	8.50	29.00	18.94	14.78	564.50	115.15	5.17	123.15	3.16
53	8.43	29.11	18.66	14.73	562.06	116.58	5.00	123.22	3.21
54	9.00	29.32	18.45	15.21	569.00	119.51	4.72	123.19	3.18
55	8.81	19.03	18.84	15.12	567.63	117.22	5.07	123.61	3.60

2）数据预处理

由于 BP 网络的激励函数选择了双曲正切 S 型函数，其输出在［−1，1］之间，为了保证网络不因为数据的过分分散而导致不收敛，需要对数据进行一些标准化预处理。对原始数据使用了归一化法进行处理：

$$\dot{I}_i = \frac{I_i - I_{imin}}{I_{imax} - I_{imin}} \tag{3.39}$$

式中，$\dot{I}_i$ 为神经网络输入归一化值；I_i 为第 i 个传感器的输出标定值；I_{imax}、I_{imin} 分别为第 i 个传感器输出的最大、最小标定值。这样，I_i 标准化到区间 $[0,1]$。网络训练好后需要验证网络的预测能力。对于新的输入，仍需按式(3.39)对数据进行预处理，这时得到的网络输出是相应的标准化输出。需对标准化输出作后期处理方能得到正确输出，此时可以按下式进行换算：

$$Y = Y_{min} + \dot{I} \times (Y_{max} - Y_{min}) \tag{3.40}$$

2. 模型设计

基于 BP 神经网络的飞灰含碳量预测方法，拟采用输入层和输出层分别为 8 个输入节点和 1 个输出节点，隐含层取为 20 个节点的三层 BP 网络结构。取表 3-1 中的前 35 组样本数据训练神经网络，后 20 组样本数据用来测试训练好的 BP 网络，其飞灰含碳量预测结构图如图 3-89 所示。

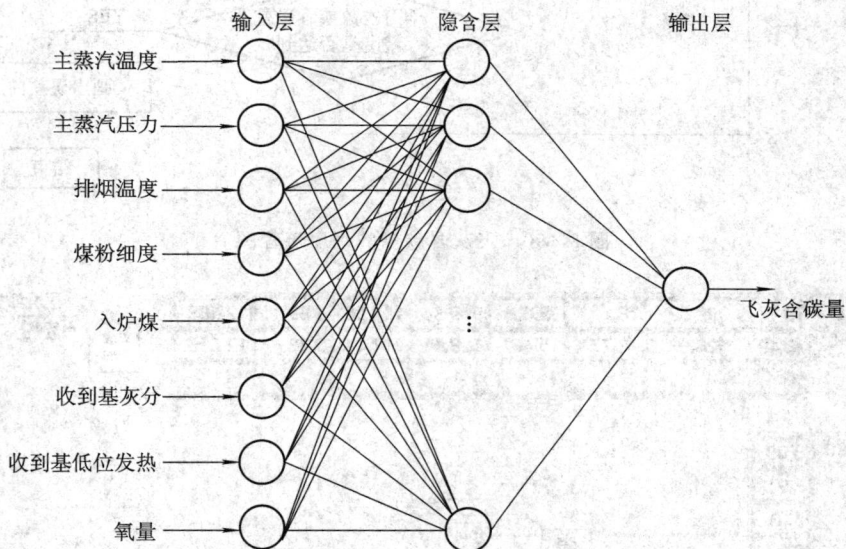

图 3-89 基于 BP 神经网络的飞灰含碳量预测结构图

3. BP 网络训练与测试

对飞灰含碳量预测 LabVIEW 程序的实现包括：输入数据的预处理(数据处理子 VI)、神经元间的权值矩阵的随机初始化和 BP 算法子 VI 三个模块。整体的程序流程图如图 3-90 所示。下面来逐一讲述。

(1) 输入数据的预处理。首先为了确保网络的收敛性，要对输入数据进行预处理，这里采用的是归一化的方法。数据处理程序框图如图 3-91 所示。图中二维归一化子 VI 的输入是表 3-1 中前 35 行中第 1 列到第 8 列的数据，一维归一化子 VI 的输入是表 3-1 中前 35 行中第 9 列的数据。

其中二维归一化子 VI 是建立在一维归一化子 VI 的基础上，其程序框图如图 3-92 所示。

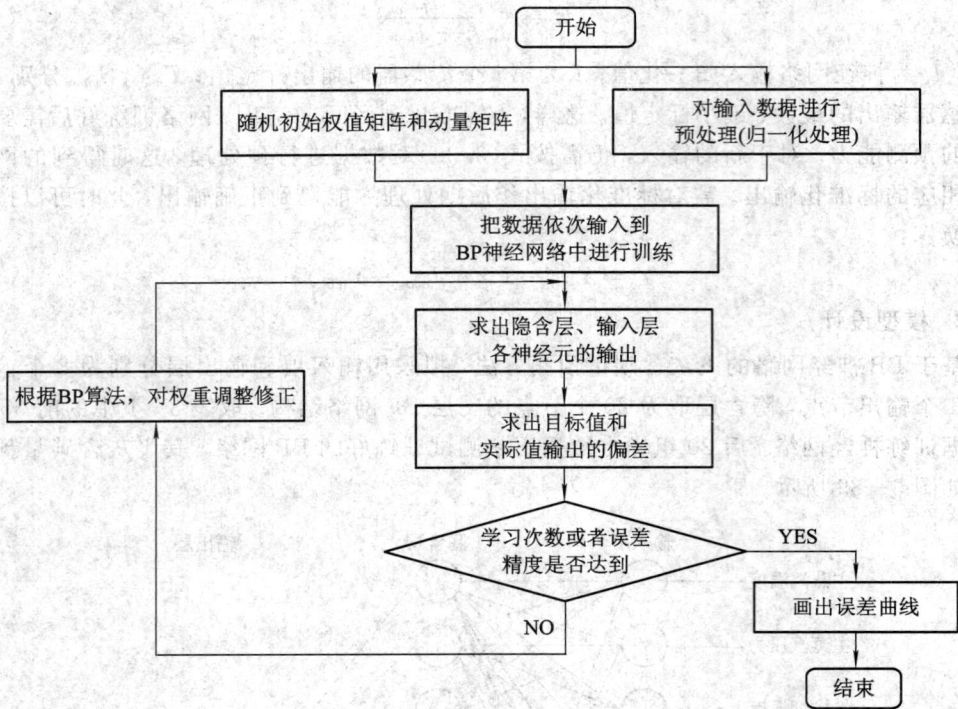

图 3-90　飞灰含碳量的程序流程图

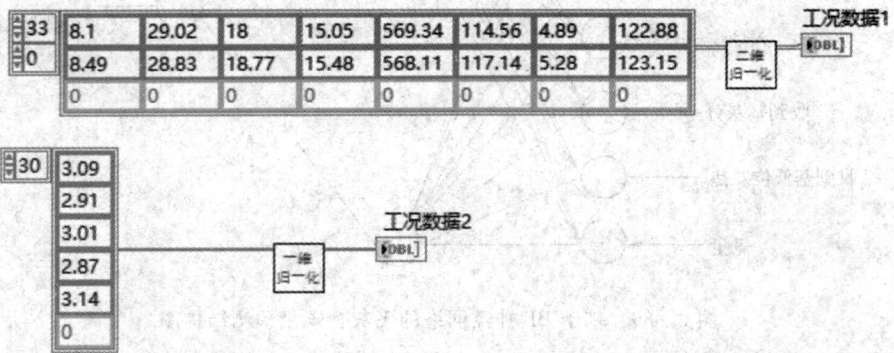

图 3-91　数据处理子程序框图

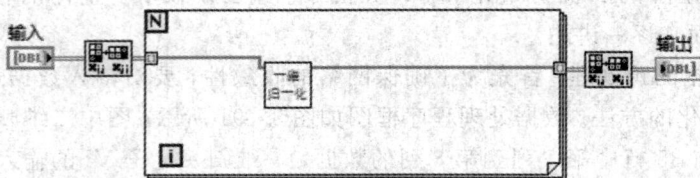

图 3-92　二维归一化子 VI 程序框图

一维归一化子 VI 利用式(3.39)对输入数据进行归一化处理,程序框图如 3-93 所示。

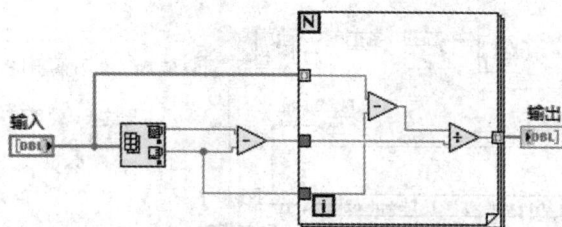

图 3-93　一维归一化子 VI 程序框图

(2) 神经元间的权值矩阵的随机初始化,在整个程序中运行前首先要确保对神经网络中的权值矩阵赋予初值,合适的初值能加快神经网络的收敛速度。其程序框图如图 3-94所示。输入层到隐含层的权值是一个 20×8 的矩阵,隐含层到输出层权值是一个 1×20 的矩阵,初始化都是不超过 0.02的随机数,这样初始化权值有利于整体程序的运行。

(3) BP 算法子 VI。BP 算法子 VI 是整个程序的重点,BP 算法子 VI 的程序框图在前面已经讲述,其原理相同,唯一不同之处就是设置的层间神经元个数设置不同。BP 算法子 VI 的程序框图如图 3-95 所示。

图 3-95 中包含了权值修正 1 和权值修正 2 两个子 VI,权值修正 1 子 VI 的主要功能就是对输入层与隐含层间的权值进行修正,其程序框图如图 3-96 所示。图中,a 为动量因

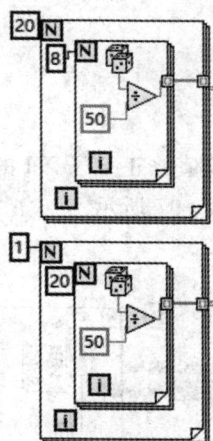

图 3-94　神经元间权值矩阵的
随机初始化程序框图

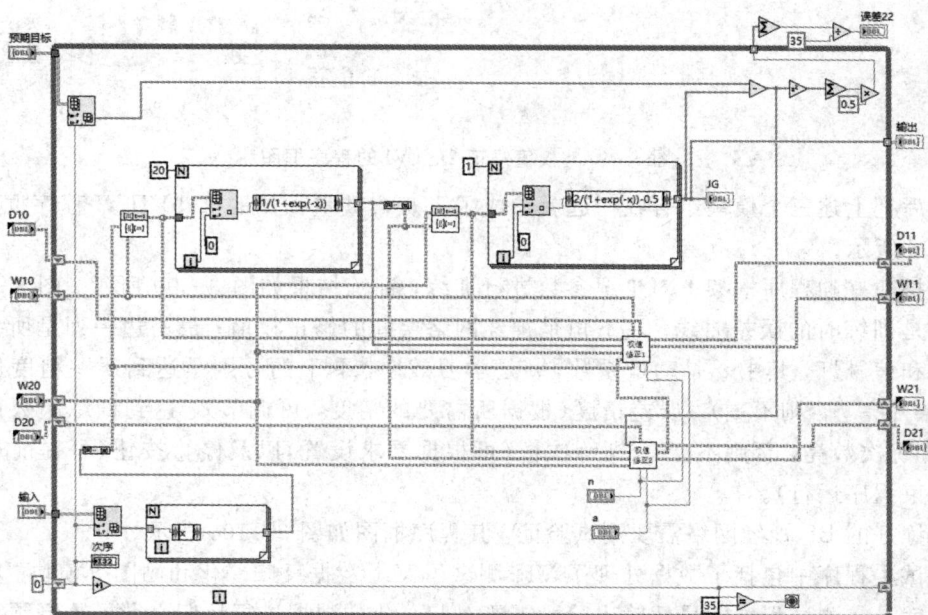

图 3-95　BP 算法子 VI 的程序框图

子、n 为学习效率。

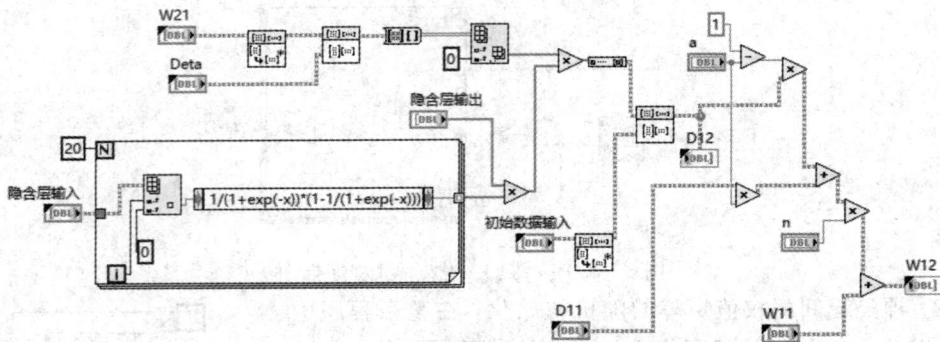

图 3-96 权值修正 1 子 VI 的程序框图

权值修正 2 子 VI 的主要功能就是对隐含层与输出层间的权值进行修正，其程序框图如图 3-97 所示。

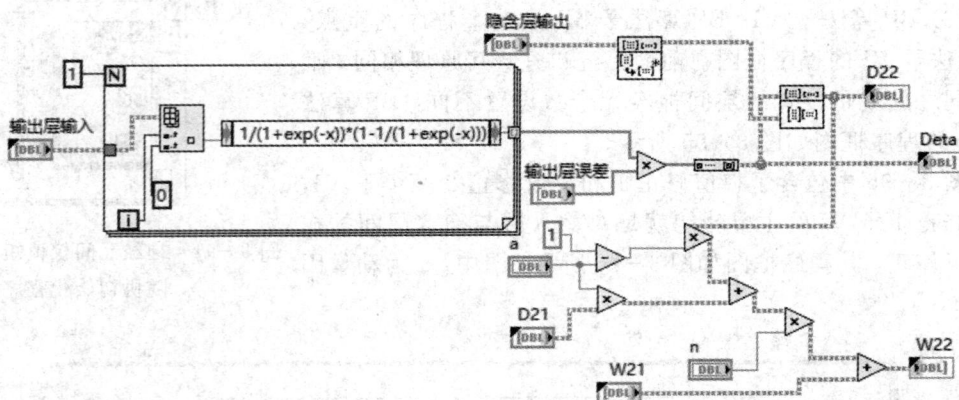

图 3-97 权值修正 2 子 VI 的程序框图

然后把上述三个模块组合在一起就形成了飞灰含碳量预测的 LabVIEW 程序框图，如图 3-98 所示。

在搭建好的程序框架下对工况参数进行训练，训练结果如图 3-99 所示。图 3-99 的左上角是训练时的误差曲线；左下角是神经网络层间的修正权值；最右边一列是所要输入的参数和信号灯，其中 a 是动量系数，n 是学习效率，剩下的分别是达到误差精度信号灯（满足条件亮，否则不亮）、误差精度（根据所需要的精度，可调节）、达到训练次数信号灯（达到训练次数亮，否则不亮）、训练次数（可根据要求设置）以及停止按钮（可提前点击此按钮结束程序运行）。

训练好的 BP 神经网络需要测试验证，其程序框图如图 3-100 所示。

测试主程序中包括了数据处理子 VI、测试子 VI、数据反归一化和画图等模块。数据反归一化就是在测试程序的最后输出阶段需要对归一化的数据进行反归一化，还原预测的真实数据。数据处理子 VI、画图等模块在前面已经阐述，测试子 VI 的主要功能就是把修正

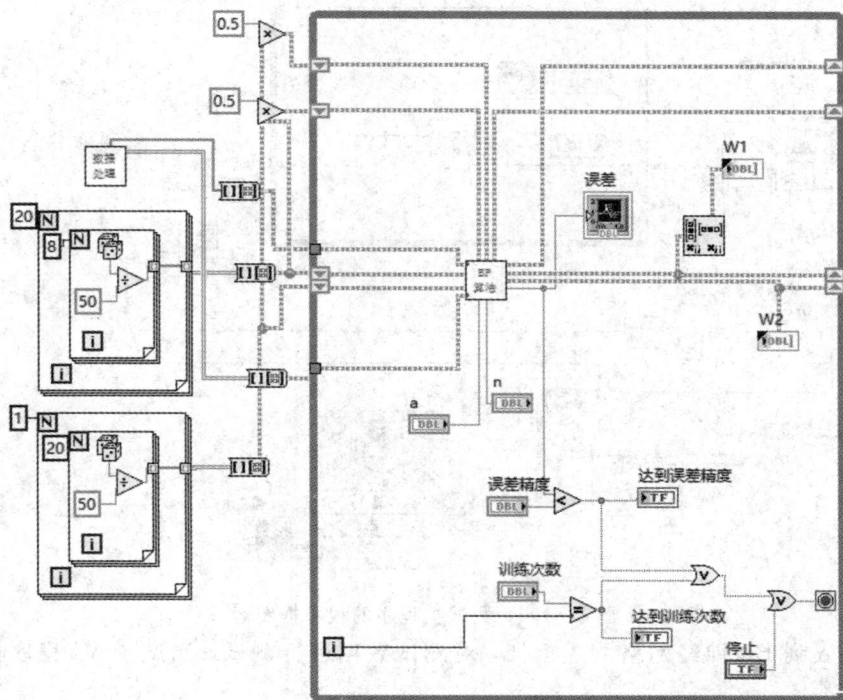

图 3-98 飞灰含碳量预测的 LabVIEW 程序框图

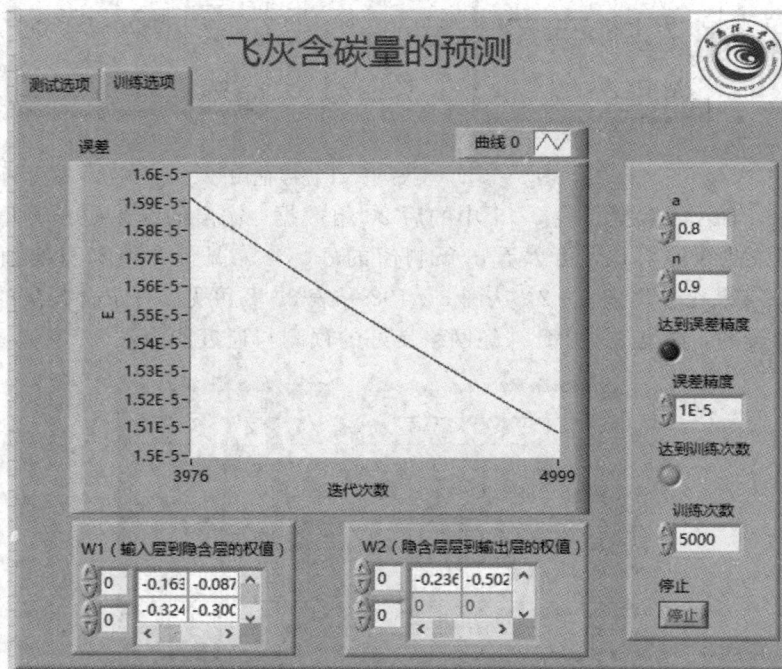

图 3-99 飞灰含碳量预测主程序训练结果图

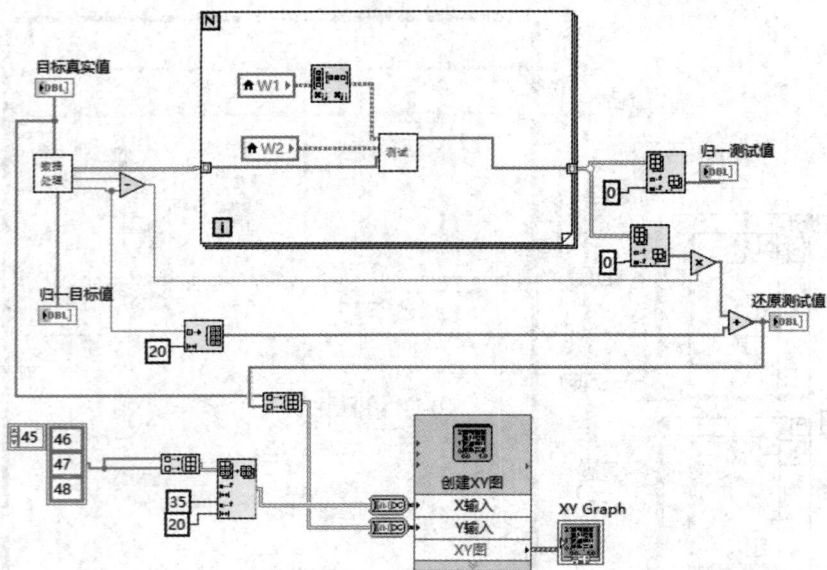

图 3-100　测试主程序的程序框图

好的权值输入到 BP 神经网络的主框架，对测试数据进行测试。测试子 VI 程序框图如图 3-101 所示。

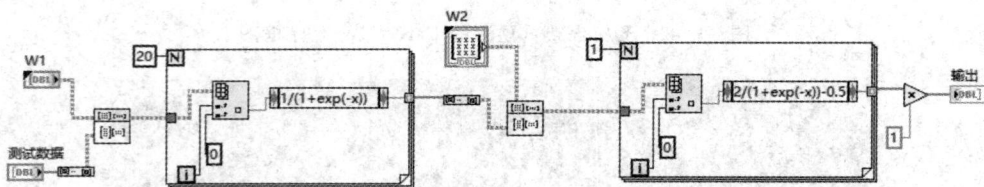

图 3-101　测试子 VI 程序框图

在测试中，输入的数据是表 3-1 中的后 20 组数据，输出的结果是预测值和真实值的曲线，通过两条曲线的对比，可以看出预测值的好坏。工况预测值和真实值的曲线如图 3-102 所示，结果比较见表 3-2。从图 3-102 和表 3-2 可见，飞灰含碳量的预测值与真实值是比较吻合的，这也说明 BP 神经网络良好的预测与逼近能力。

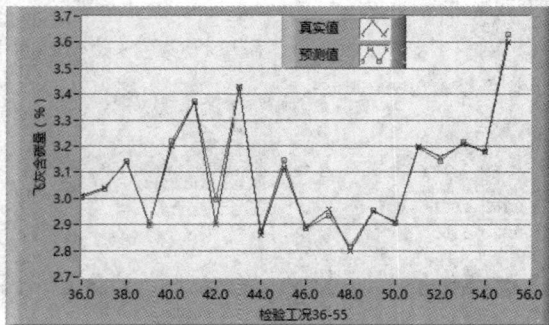

图 3-102　工况预测值和真实值的曲线

表 3 - 2 工况预测值和真实值的结果比较

工况	真实值	预测值	误差	工况	真实值	预测值	误差
36.00	3.01	3.00	0.01	46.00	2.89	2.89	0.00
37.00	3.04	3.04	0.00	47.00	2.96	2.93	0.03
38.00	3.14	3.14	−0.00	48.00	2.80	2.82	−0.02
39.00	2.90	2.90	0.00	49.00	2.95	2.95	−0.00
40.00	3.20	3.22	−0.02	50.00	2.91	2.91	0.00
41.00	3.37	3.37	−0.00	51.00	3.20	3.19	0.01
42.00	2.90	2.99	−0.09	52.00	3.16	3.14	0.02
43.00	3.43	3.43	0.00	53.00	3.21	3.22	−0.01
44.00	2.86	2.87	−0.01	54.00	3.18	3.18	0.00
45.00	3.12	3.15	−0.03	55.00	3.60	3.63	−0.03

习　题

3.1　生物神经元模型的结构功能是什么？

3.2　人工神经元模型的特点是什么？

3.3　人工神经网络的特点是什么？如何分类？

3.4　分别描述 Hebb 学习规则和 Delta 学习规则。

3.5　人工神经网络的常用学习方法和规则有哪些？

3.6　BP 算法的特点是什么？

3.7　增大权值是否能够使 BP 学习变慢？

3.8　简述一下 BP 神经网络的算法的学习过程，并画出流程图。

3.9　前馈神经网络和反馈神经网络各有什么特点？

3.10　对于图 3 - 103 所示的多层前馈神经网络，试利用 BP 算法训练该神经网络，使其实现表 3 - 3 所示的逻辑关系。

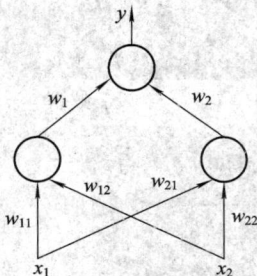

图 3 - 103 例 3.10 题图

表 3 - 3 例 3.10 题表

x_1	x_2	y
0	0	0
0	1	1
1	0	2
1	1	3

要求：(1) 用 LabVIEW 编写程序；(2) 对已训练的 BP 网络进行测试，并画出相应的学习误差曲线。

3.11　对于离散型 Hopfield 神经网络，给定向量 $s^{(1)} = (1, 1, 1, 1, 1)^{\mathrm{T}}$, $s^{(2)} = (1, -1, -1, 1, -1)^{\mathrm{T}}$, $s^{(3)} = (-1, 1, 1, 1, 1)^{\mathrm{T}}$，用相关法确定权矩阵。

第 4 章 群 智 能 算 法

4.1 引 言

随着人们对生物体的认知与智能的深入研究，现代人工智能的研究步入了一个逐渐摆脱依赖经典逻辑计算的全新时代，勇敢探索和开发了许多新的计算途径和方法。群智能算法是通过模拟自然界中的社会性动物的自组织行为而产生的一种高效求解复杂难题的新兴计算智能方法，已经引起了人们的高度关注。

个体通常非常简单，但作为一个群体却能表现出个体不具备的很复杂的集体行为，即群智能。群体是由大量同类的简单个体构成，个体之间能够相互影响，也能够改变环境，这些个体能够不依靠中心控制而表现出一种全局行为。尽管这些个体比较简单，个体能力有限，却能够通过某些行为模式下的交互过程来处理相对复杂的任务，从而生存下去。

群智能是人工智能中比较新的分支，一般可分为以下几种优化方法：

（1）基于生物群体的群智能优化方法，包括蚁群算法、粒子群（鸟群）算法、蜂群算法等。

（2）基于非生物群体的群智能优化方法，包括烟花算法、雨点算法等。

自然界中的群体如图 4-1 所示。

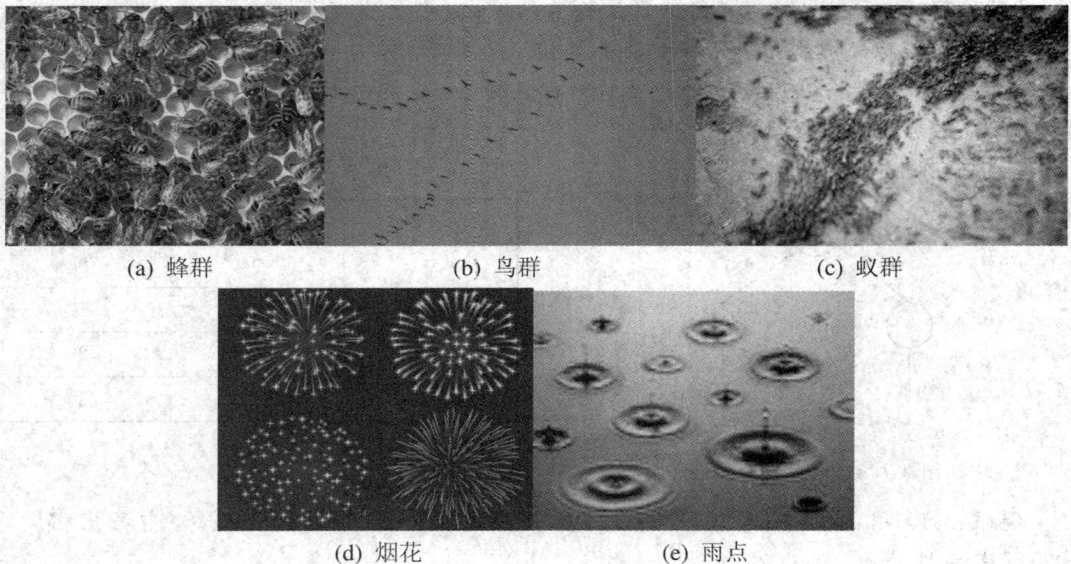

(a) 蜂群   (b) 鸟群   (c) 蚁群

(d) 烟花   (e) 雨点

图 4-1 自然界中的群体

4.2 蚁群算法

4.2.1 蚂蚁的生物学特征

从几千万年前至今，蚂蚁能够在不同的环境、气候和年代中生存，而蚂蚁成功生存下来的根本秘诀可以用一个词描述：社会性。蚂蚁倾向于生活在由多个个体组成的有秩序的社会中，个体间合作、交流以及划分日常工作任务。蚂蚁在找出路径、建造巢穴和定位食物位置方面具有超常的能力，它们是有效率、勤劳和节俭的生物，因此能够适应于各种不同的生态系统，并可以在恶劣的天气条件下生存。

与其他群居昆虫类似，蚂蚁也通过名为信息素的一种化学挥发性物质来进行交流，信息素上的方向和强度信息可以被蚂蚁的触须所感知。蚂蚁会利用不同类型的信息素发出不同的信号，其中一种信息素名为警报信息素，能够向附近的蚂蚁产生警报信号，例如避开危险的捕食者战斗、保卫蚁群等。另外一种重要的信息素称为食物路径信息素，与苍蝇不同，绝大多数蚂蚁生活在地面上并且会在地表留下信息素路径，其他蚂蚁就能够依靠信息素路径去追寻食物。蚂蚁一旦发现食物的最短路径，就会以最快速度返回巢穴，并且在其返回巢穴的过程中释放食物路径信息素，从而强化该路径。这条路径会逐渐吸引其他蚂蚁，随着越来越多的蚂蚁在该路径上释放信息素，这条路径对其他蚂蚁也会变得更具吸引力。蚂蚁选择一条路径的概率与从这条路径上经过的蚂蚁数量成正比，这个正反馈过程是蚂蚁自组织行为的一个例子。

当食物源枯竭后，返回巢穴的蚂蚁就不会再继续释放食物路径信息素，残留的信息素将逐渐挥发而消失。该负反馈行为有助于蚂蚁应对环境的变化，例如当一条到食物源的路径被障碍物所阻断时，蚂蚁会离开原路径去探索新的路线，如图 4-2 所示。这种路径构建与路径跟随行为被称为"外激励"（通过环境进行交互），也是蚂蚁在环境改变或者遇到其他蚂蚁探测时，应对新环境的一种间接通信方式。"外激励"提供了能描述个体（局部）与蚁群（全局）行为的通用机制：个体行为会改变环境（路径构建），转而改变其他个体的行为（路

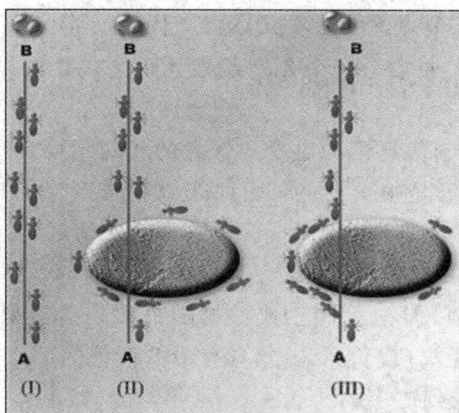

图 4-2 蚁群从巢穴搜索食物的演化过程

径跟随）。

4.2.2 蚁群算法原理

蚁群系统（Ant System，AS）是一种改进的模拟蚂蚁觅食行为的优化算法，由意大利学者 M. Dorigo 等人于 1991 年提出，它是继神经网络、遗传算法、免疫算法之后的又一种新兴的启发式搜索算法。随后蚁群系统又发展成一种通用的优化方法——蚁群优化（Ant Colony Optimization，ACO），其具有启发式模式、正反馈机制等特性。人工蚂蚁通过以下几种方式来模拟真实蚂蚁的行为：

（1）人工蚂蚁在有效路径的节点上堆积信息素痕迹。

（2）人工蚂蚁的移动取决于以前堆积的信息素痕迹、其他启发式函数，并通过相关概率选择其路径。

（3）在每次迭代中，人工信息素痕迹会显著地降低，以模拟真实蚂蚁信息素缓慢挥发的现象。

蚂蚁的状态转移规则由信息素信息和启发式信息来决定，它是一种基于随机局部策略来引导蚂蚁的移动：

$$P_{ij}^k(t) = \begin{cases} \dfrac{[\tau_{ij}(t)]^\alpha (\eta_{ij})^\beta}{\sum_{s \in N_i^k} [\tau_{is}(t)]^\alpha (\eta_{is})^\beta} & j \in N_i^k \\ 0 & j \notin N_i^k \end{cases} \tag{4.1}$$

式中，$P_{ij}^k(t)$ 是指蚂蚁 k 在第 t 次迭代时从节点 i 移动到节点 j 的概率；N_i^k 表示蚂蚁 k 在节点 i 的邻域节点集合。

$P_{ij}^k(t) = 0$ 意味着蚂蚁 k 会停留在当前节点，不会移动至其他节点，若累积概率大于某随机数，则移动到下一节点。这里的邻域是根据实际问题而定义的，例如在 TSP 问题中的邻域是指城市列表中所允许访问的城市。

$\tau_{ij}(t)$ 定义为节点 i 和节点 j 之间路径上累积的信息素总量。通常，每当一个蚂蚁经过节点 i 和 j 之间的路径时，$\tau_{ij}(t)$ 会发生局部更新，而在这条路径隶属于当前迭代或迭代至目前最佳解时，$\tau_{ij}(t)$ 会发生全局更新。

η_{ij} 是一个连接节点 i 和节点 j 的启发式函数，代表所定义实际问题的先验信息。从节点 i 到节点 j 的移动代价 η_{ij} 通常是一个非增函数，而且在算法执行时一般不会改变的（除非移动代价不是固定值）。

α 和 β 是权重参数，控制信息素与启发式信息的相对重要性程度。

（1）α 值大，表示信息素是很重要的，因此蚂蚁在选择节点时很容易偏向于先前其他蚂蚁的选择。在所有蚂蚁最终都选择同一条路径（常为次优解）后，将导致停滞现象。

（2）相反，α 值低，其决策与随机贪婪算法相似。

（3）如果 $\alpha = 0$，该 ACO 算法等同于典型的随机贪婪搜索策略，此时下一个节点的选择仅依赖于与当前节点的距离（代价），因此具有最低代价的节点在不管有多少其他蚂蚁访问和信息素强度时，将会受到更多的访问。

（4）如果 $\beta = 0$，蚂蚁仅依赖信息素来引导搜索过程，这也正是真实蚂蚁的搜索方式（真实蚂蚁在搜索过程中不会用到启发式信息）。

在蚂蚁构造出一条路径解之后，信息素通过两种方式进行更新。第一种方式是：信息素痕迹将会以 $\rho(0<\rho<1)$ 的挥发速率减少，使得蚂蚁忽略先前得到的次优路径，信息素的挥发速率一般要设置得比较快，这样才能更趋向于探索搜索空间的其他区域，同时避免算法向着局部最优收敛而早熟。第二种方式是：被蚂蚁访问过的节点上的信息素量会增加，若成本代价越小，所对应路径上的信息素增加量就越多：

$$\tau_{ij}(t+1) = (1-\rho)\tau_{ij}(t) + \sum_{k=1}^{m}\Delta\tau_{ij}^{k}(t) \tag{4.2}$$

$$\Delta\tau_{ij}^{k}(t) = \begin{cases} \dfrac{Q}{C^{k}(t)} & ij \in T^{k}(t) \\ 0 & \text{其他} \end{cases} \tag{4.3}$$

式中，Q 是特定的常数，m 是在第 t 次迭代时从节点 i 移动到节点 j 的蚂蚁总数，$T^{k}(t)$ 是蚂蚁 k 在第 t 次迭代时所访问的路径，$C^{k}(t)$ 是蚂蚁 k 在第 t 次迭代时访问 $T^{k}(t)$ 的总代价。

表 4-1 所示为蚁群优化算法流程。

表 4-1 蚁群优化算法流程

序号	内　容
1	将解空间模拟为一构造图
2	ACO 算法相关参数的初始化
3	在构造图中得到所有蚂蚁各自的解决方案
4	评价每一个解决方案的优劣，然后更新信息素强度
5	重复第 3 步和第 4 步，直到满足收敛条件或到达最大迭代次数

4.3 粒子群(鸟群)算法

4.3.1 鸟群的生物学特征

鸟群通常会被食物所吸引，在寻找食物和迁徙时总会成群结队地活动，鸟群具有高效的社会性互动和交流，使得它们能够：

(1) 即使在突然改变方向时，也不会发生碰撞；

(2) 对于外部的威胁能迅速地作出集散反应；

(3) 避开捕食者。

鸟群可被定义为：围绕某一个共同群体目标，同一个群体中大量相互作用影响的鸟所展现出的社会集体运动行为。鸟(或粒子)之间的局部交互式作用最终会形成这个群共同的运动方向，如图 4-1(b)所示。通常，鸟群集散行为遵循以下三个简单的集散规则：

(1) 中心趋向性，即个体趋向于往靠近邻域内群体中心的方向飞行；

(2) 碰撞回避性，个体根据与其相邻个体的相对位置来避免发生碰撞；

(3) 速度一致性，个体的速度会与其邻域个体保持一致。

设想这样一个场景：一群鸟在随机搜索食物，在这个区域里只有一块食物，所有的鸟都不知道食物在哪儿，但它们知道当前的位置离食物的距离。那么找到食物的最优策略是什么呢？最简单有效的方法就是搜寻目前离食物最近的鸟的周围区域。

尽管鸟群个体飞行规则相对简单，但整个鸟群飞行所展示出的效果非常复杂，就像液体一样，但实际上由离散的单个鸟构成。碰撞回避性决定了个体间的最小间距，而速度一致性有助于鸟群在飞行中保持这一最小间距，因此这两个规则彼此互补，共同确保模拟鸟群中无论有多少数量的个体都能自由地飞行，而不会彼此发生碰撞。

4.3.2 粒子群算法原理

粒子群算法（Particle Swarm Optimization，PSO）是由美国社会心理学家 James Kennedy 和电气工程师 Russell Eberhart 于 1995 年共同提出的，是继遗传算法、蚁群算法之后的又一种群智能算法，已成为进化算法的一个重要分支。

PSO 基本思想源于对许多鸟类群体行为进行建模与仿真研究结果的启发，其模型及仿真算法主要利用了鸟群寻找栖息地模型，Kennedy 和 Eberhart 对上述模型进行了修正，以使粒子群能飞向解空间并在最优解处降落。这一方面需在探索和利用之间寻找一个恰当的平衡；另一方面，需要在个体与社会性之间寻找平衡，即希望个体具有个性化，又希望其知道其他个体已经找到局部最优解并向它们学习，即社会性。粒子群算法初始于一组随机解，通过迭代搜寻最优解，是一种良好的进化计算技术，已被广泛应用于函数优化、ANN训练、数据挖掘、模糊控制以及其他应用领域。目前，研究人员已提出了多种 PSO 改进算法，如自适应 PSO、杂交 PSO、协同 PSO 等。

通常，粒子群算法把问题的解表示为 d 维解空间中的点集。在搜索空间中随机初始化 N 个粒子 $\{x_i^0\}_{i=1}^N$，其中 x_i^0 表示第 i 个粒子的初始状态向量，每个粒子的状态定义为 $x_i = \{x_{i1}, x_{i2}, \cdots, x_{id}\}$，对应于 d 维解空间中的一个点，是优化问题的候选解。此外，每个粒子 x_i 具有一个描述其优劣的适应度 $f(x_i)$ 和瞬时速度 $v_i = \{v_{i1}, v_{i2}, \cdots, v_{id}\}$，$f(\cdot)$ 表示适应度函数。粒子根据以下三个方面的影响在搜索空间中独立地运动，且不会发生碰撞：

（1）惯性约束，粒子有向着当前运动方向飞行的能力，当前速度定义为 v_i^n，其中 n 表示迭代次数。

（2）粒子有朝着自身搜索出的最优位置（个体极值）$p_i^n = (p_{i1}^n, p_{i2}^n, \cdots, p_{id}^n)$ 运动的趋势：

$$p_i^n = \underset{x=x_i^0, \cdots, x_i^n}{\mathrm{argmax}} f(x) \tag{4.4}$$

（3）粒子有朝着群体搜索出的最优位置（全局极值）$p_g^n = (p_{g1}^n, p_{g2}^n, \cdots, p_{gd}^n)$ 运动的趋势：

$$p_g^n = \underset{x=p_1^n, \cdots, p_N^n}{\mathrm{argmax}} f(x) \tag{4.5}$$

通常，粒子群算法包含两个步骤：种群初始化和速度位置的迭代式更新过程。在粒子群算法的第 n 次迭代时，会根据式(4.4)和式(4.5)得到每个粒子的个体极值 p_i^n 和粒子群的全局极值 p_g^n。标准粒子群算法中，在第 $n+1$ 次迭代时，粒子的速度位置更新公式为

$$v_{id}(n+1) = v_{id}(n) + c_1 r_1 [p_{id}(n) - x_{id}(n)] + c_2 r_2 [p_{gd}(n) - x_{id}(n)]$$
$$x_{id}(n+1) = x_{id}(n) + v_{id}(n+1) \tag{4.6}$$

式中，$v_{id}(n)$ 表示在第 n 次迭代时，粒子 i 在第 d 维上的速度；$x_{id}(n)$ 表示在第 n 次迭代时，粒子 i 在第 d 维上的位置；$p_{id}(n)$ 表示在第 n 次迭代时，粒子 i 在第 d 维上的历史最优位置；$p_{gd}(n)$ 表示在第 n 次迭代时，整个群在第 d 维上的历史最优位置；r_1 和 r_2 是均匀分布在 $[0.0, 1.0]$ 中的 D 维随机向量，由于 PSO 是在各个维度中操作的，因此每一维中的值都

是相互独立产生的随机数，粒子群算法速度位置更新示意图如图 4-3 所示。

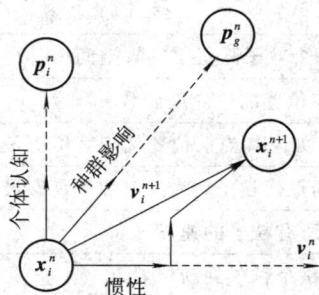

图 4-3 粒子群算法速度位置更新示意图

式(4.6)中的 c_1 和 c_2 是两个常系数，且为正数，分别称之为认知因子和社会因子，控制粒子自身经验与种群经验的相对重要性程度。各种不同版本的 PSO 算法为了具有更强的搜索能力，会选择不同的权重系数策略，但在典型的应用中，c_1 和 c_2 通常在[0，4]中，且 $c_1+c_2=4$。通过驱使粒子往它的历史最优位置 p_i（个体经验）或全局最优位置 p_g（群体经验）靠近时，c_1 和 c_2 的值会显著影响 PSO 的搜索能力：

（1）c_1 和 c_2 的值较大时，会使得粒子往更远的区域飞行，增强了全局的探索能力，但可能导致粒子发生偏离。

（2）c_1 和 c_2 的值较小时，会限制粒子的运动，增强了在最优位置附近局部搜索的精确性。

（3）$c_1>c_2$ 时，粒子的搜索方向会更加偏向于个体的历史最优位置。

（4）$c_1<c_2$ 时，粒子的搜索方向会更加偏向于群体的历史最优位置。

速度更新公式(4.6)包含了 3 个主要部分：

第一个部分 $v_{id}(n)$，是惯性部分，在考虑到粒子先前速度的基础上确保粒子的速度不会发生突变，使得粒子会保持原有速度方向继续运动。除非粒子的当前位置、个体最优位置和种群最优位置之间确实存在着很大的差异时，粒子才会偏离。惯性部分对种群的全局最优粒子尤为重要。如果一个粒子的新位置的适应度值优于全局最优位置，那么此新位置成为全局最优，在下一次迭代时，该粒子的历史最优位置、种群的全局最优位置和粒子的当前位置是一样的，$p_{id}(n)-x_{id}(n)=p_{gd}(n)-x_{id}(n)=0$，于是后两个部分的影响将不再存在。这种情况将阻止全局最优粒子的速度发生变化，在接下来的迭代中，只要没有其他粒子发现新的全局最优位置，其运动方向将保持不变，全局最优粒子在搜索空间中也将继续在其先前速度的惯性方向上进行新的探索。

第二部分 $p_{id}(n)-x_{id}(n)$，是认知部分，使得粒子在向着其历史最优位置的方向上得到一个吸引力。这个部分表现了粒子在其飞行历史中独立思考和自主学习的能力，常被称为自身记忆或自我认识。

第三部分 $p_{gd}(n)-x_{id}(n)$，是种群部分，使得粒子在向着全局最优位置的方向上得到一个吸引力。这个部分表现了粒子群在群体的飞行历史中信息共享和群体学习的能力，常被称为协同、社会信息或群体信息。

根据式(4-6)，典型的 PSO 算法流程如表 4-2 所示。

表 4 - 2　典型的 PSO 算法流程

序号	内　　容
1	初始化粒子群，每个粒子随机得到解空间中各个维度中的速度和位置
2	计算每个粒子所在位置的适应度函数
3	对于每一个粒子，如果其当前位置优于其历史最优位置，则更新历史最优位置
4	更新粒子群的全局最优粒子，确保该粒子具有最佳的适应度值
5	根据式(4.6)更新所有粒子的速度
6	根据式(4.6)移动每个粒子到新位置上
7	重复第 2~6 步，达到收敛条件或停止准则（例如，迭代次数达到最大值；得到足够好的适应度值；在若干连续次的迭代时，全局最优粒子未发生更新）

4.4　烟花算法

4.4.1　烟花燃放现象特征

人们燃放出了大量绚丽多彩的礼花，将漆黑的夜空照得亮如白昼，五彩斑斓的烟花，燃放出各种美丽的图像。研究者将烟花的爆炸图像与进化计算中随机搜索建立起了联系，产生了一种可以用像烟花爆炸图像一样的方式来对问题解空间进行有效搜索的新方式。

燃放烟花(fireworks)或爆竹(crackers)是中国人最重要的节日活动之一，具有上千年的历史。通常，每逢中国的传统节日，成千上万的烟花或爆竹在夜空中爆炸并产生出五彩缤纷的美丽图案。不同价格和规格的烟花在黑夜中爆炸会产生不同的效果。一般制作精良的烟花产生的火花数量比较多，爆炸产生的火花分布的范围通常也较均匀，爆炸画面美观；而粗制滥造的烟花只能产生零星的火花，且爆炸产生的火花分布无规则，且范围比较分散。烟花爆炸模型如图 4 - 4 所示。

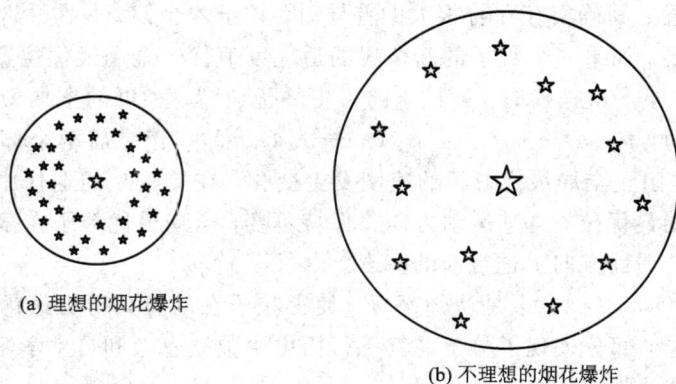

(a) 理想的烟花爆炸

(b) 不理想的烟花爆炸

图 4 - 4　烟花爆炸模型

受到烟花在夜空中产生火花并照亮周围邻域这一自然现象的启发，Tan 和 Zhu 在 2010 年提出了烟花算法。点燃的烟花被发射到夜空中，爆炸产生火花继而照亮其邻近的夜空，产生了相当美好的景象。事实上，一个优化问题的求解过程亦是如此。对于一个最优化问题，尤其自变量在连续空间的最优化问题，在整个解空间内，如何有效迅速地找到全局最优解呢？在烟花算法中，烟花被看作为最优化问题的解空间中一个可行解，那么烟花爆炸产生一定数量火花的过程即为其搜索邻域的过程。烟花算法通过模拟烟花爆炸的方式来进行多点同时爆炸式搜索，是一种高效的新型群体智能算法，区别于其他的搜索算法，并在求解复杂优化问题中表现出了非常优良的性能和很高的效率。

烟花算法具有局部搜索能力和全局搜索能力自调节机制。烟花算法中每个烟花的爆炸半径和爆炸火花数是不同的，适应度值差的烟花的爆炸半径较大，使其具有更大的"探索能力"——勘探性。适应度值好的烟花的爆炸半径较小，使其能够在该位置周围具有更大的"挖掘能力"——开采性。此外，高斯变异火花的引入可以进一步增加群体的多样性。

烟花算法不仅继承了现有群体智能优化算法的许多优点，还具有明显的自身特色，归纳起来，烟花算法具有以下一些优点：

（1）爆发性（explosive）。每次迭代开始，需要让烟花进行爆炸，在辐射范围内产生许多与该烟花本身不同的火花。之后，依据特定选择策略选择 N 个火花或烟花作为下一代烟花群体，恢复烟花数目，并为下次爆炸过程做好准备。

（2）瞬时性（instantaneity）。烟花算法中爆炸产生的火花，如果没有在选择策略中被选中成为下一代的烟花，这些火花或烟花本身都将在本次迭代中消亡，也就是说，一次特定的爆炸只存在于一次特定的迭代之中，具有瞬时存在性。

（3）简单性（simplicity）。每个个体只能感知局部信息，个体的能力或遵循的规则非常简单，因此算法的组成和实现都非常简单。

（4）局部覆盖性（locality）。对于某一个烟花而言，它的爆炸范围是整个自变量取值范围的一个小部分，其爆炸出的火花是这个爆炸范围内的一些局部点，只是对爆炸范围的区域内的点有一定程度的随机覆盖，但是不会涉及爆炸范围外的点，因此说这种爆炸具有一定的局部性。

（5）涌现性（emergent properties）。使用简单交互规则，通过协同与竞争方式个体间相互作用，其群体总体表现出来的单个个体不具有的复杂行为，呈现出智能的特点。涌现现象是以相互作用为中心的，它比单个行为的简单累加要复杂得多。

（6）分布并行性（distributed parallelism）。群体中个体相对简单，没有一个直接的中心控制约束，每个个体进行局部相互作用，本质上是一个分布式方法，呈现出高度并行的特色，特别适合并行化处理。

（7）多样性（diversity）。其一指烟花个体的多样性，即通过一定的选择机制，使选择保留下来的烟花具有不同的位置，以保证算法的多样性特征。其二指爆炸强度和爆炸幅度的多样性，即在爆炸强度的作用下，根据各个烟花的优良度不同（适应度函数值大小不同），各个烟花产生不同个数的火花；在爆炸幅度的作用下，根据各个烟花不同的优良度，各个烟花产生的火花拥有不同的变异幅度。其三指爆炸算子中的多种变异共存，正如烟花有多个隔层那样，爆炸幅度中存在有多种变异。目前有两种变异：一种是位移变异；另一种是高斯变异。其中，位移变异是跟自变量的取值区间，以及粒子本身的优良度（决定了变异幅度的大小）相关的一种变异；高斯变异只与烟花本身的位置有关。这两种变异是本质上不同的变异，保证了变异的多样性。

（8）可扩充性（scalability）。由于个体相对独立，个体间的协作通常通过间接的方式实现信息交流，增加或减少部分个体，对系统的影响都不剧烈，从而保证系统具有很强的可扩展性。

（9）适应性（adaptability）。由于只使用各个个体的适应性来对系统求解能力进行评估，因此对所求解问题的要求非常低，甚至不要求所求解问题具有显式的表达。

4.4.2 烟花算法原理

烟花算法通过模拟燃放的烟花在空中爆炸的这种行为建立相应的数学模型，通过引入随机因素和选择策略形成一种并行爆炸式搜索方式（parallel explosive search manner），进而发展成为能够求解复杂优化问题最优解的全局概率搜索方法。目前，烟花算法及其改进算法已被应用到了许多实际优化问题求解中。应用领域主要包括方程组求解、非负矩阵分解（NMF）计算、垃圾邮件检测算法中参数优化、方向性特征距离度量、数字滤波器 FIR 和 IIR 的设计、油料作物的施肥问题、群体机器人多目标搜索、电力系统重构问题等。

不失一般性，假设求解的优化问题表示为最小优化问题：

$$\min f(x)$$
$$\text{subject to} \quad g_i(x) \leqslant 0, \quad i = 1, 2, \cdots, m$$

式中，$f(x)$ 为目标函数，$g_i(x)$ 为约束函数，x 为 n 维优化变量。

烟花算法的基本准则可描述为：若烟花对应的适应度函数值越小（说明适应度越好），则该烟花爆炸产生的火花数量越多，爆炸幅度越小；反之，若烟花对应的适应度函数值越大（说明适应度越差），则该烟花爆炸产生的火花数量越小，且爆炸幅度越大。

烟花算法的基本框架如图 4-5 所示，主要运用到了爆炸算子（explosive operator）、变异操作（mutation operation）、映射规则（mapping rule）和选择策略（selection strategy）等

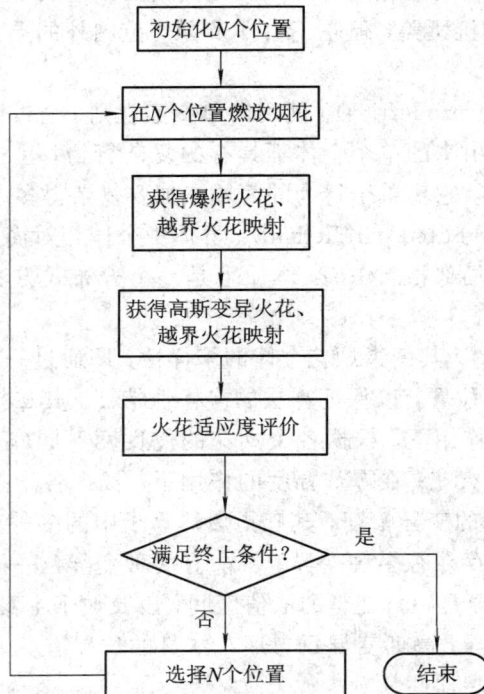

图 4-5 烟花算法的基本框架

四部分内容,这些直接决定了烟花算法的性能优劣。爆炸算子包括爆炸数目、爆炸幅度、位移操作等;变异算子主要包括高斯变异操作等;映射规则包括有模运算规则、镜面反射规则和随机映射规则等操作;选择策略包括有基于距离的选择和随机选择等操作。

烟花算法的工作过程与其他群体智能优化算法相似,首先随机选择 N 个烟花初始化群体,然后让群体中的每个烟花经历爆炸操作和变异操作,并应用映射规则保证变异后的个体仍处于可行域内,最后在保留最优个体(即精英策略)的前提下,应用选择策略从生成的所有个体(烟花和火花)中选择出余下的 $N-1$ 个个体共同组成下一代的群体。这样周而复始,逐一迭代下去。通过这种交互传递信息(直接或间接地)使群体对环境的适应性逐代变得越来越好,从而求得问题的全局最优解的足够好的近似解。

1. 爆炸算子

为了达到烟花差异化的目的,即开采性和勘探性兼顾的目标,在烟花算法中,每个烟花的爆炸幅度和爆炸产生的火花数目是根据其相对于烟花种群中其他烟花适应度值计算得到的。

对于烟花 x_i,其产生火花个数的公式为

$$S_i = m \frac{Y_{\max} - f(x_i) + \varepsilon}{\sum_{i=1}^{N} [Y_{\max} - f(x_i)] + \varepsilon} \tag{4.7}$$

式中,S_i 为第 i 个烟花产生的火花个数;m 是常量,用来限制产生的火花总数;$Y_{\max}$ 是当前群体中适应度最差的个体的适应度值;$f(x_i)$ 为个体 x_i 的适应度值;ε 是一个极小的常量。

烟花爆炸幅度(范围)的计算公式为

$$A_i = \hat{A} \frac{f(x_i) - Y_{\min} + \varepsilon}{\sum_{i=1}^{N} (f(x_i) - Y_{\min}) + \varepsilon} \tag{4.8}$$

式中,A_i 为第 i 个烟花爆炸幅度范围,即爆炸的火花在该范围内移动;$\hat{A}$ 是常量,用来限制爆炸幅度;$Y_{\min}$ 是当前群体中适应度值最好的个体的适应度值;$f(x_i)$ 和 ε 的意义同上。

位移操作是对烟花的某一维进行位移,即

$$\Delta x_i^k = x_i^k + \text{rand}(0, A_i) \tag{4.9}$$

式中,$\text{rand}(0, A_i)$ 表示幅度 A_i 内生成的均匀分布的随机数。

2. 变异算子

为了增加爆炸火花种群的多样性,烟花算法引入了变异算子用于产生变异火花,即高斯变异火花。其产生过程如下:首先在烟花种群中随机选择一个烟花 x_i,然后对该烟花随机选择一定数量的维度进行高斯变异操作。

用 x_i^k 表示第 i 个个体在第 k 维上的位置,此时高斯变异的计算方式为

$$x_i^k = x_i^k g \tag{4.10}$$

式中,g 是随机数,服从均值为 1,方差为 1 的高斯分布,即 $g: N(1, 1)$。

3. 映射规则

在爆炸算子和变异算子分别产生爆炸火花和高斯变异火花过程中,可能产生的火花会超出可行域的边界范围。当火花 x_i 在维度 k 上超出边界时,采用模运算的映射规则映射到新的位置,其公式为

$$x_i^k = x_{\min}^k + |x_i^k| \% (x_{\max}^k - x_{\min}^k) \tag{4.11}$$

式中，x_i^k 表示超出边界的第 i 个个体的第 k 维上的位置；$x_{\max}^k$ 和 $x_{\min}^k$ 分别表示第 k 维上的边界上下界；$\%$ 代表模运算。

4. 选择策略

为使烟花群体中优秀的个体能够传递到下一代群体中，在产生爆炸火花和高斯变异火花后，算法会在候选者集合（包括烟花、爆炸火花和高斯变异火花）中选择一定数量的个体作为下一代的烟花。在烟花算法中，采用欧氏距离来度量任意两个个体之间的距离，即

$$R(x_i) = \sum_{j=1}^{K} d(x_i, x_j) = \sum_{j=1}^{K} \|x_i - x_j\| \tag{4.12}$$

式中，$d(x_i, x_j)$ 表示任意两个个体 x_i 和 x_j 之间的欧氏距离；$R(x_i)$ 表示个体 x_i 与其他个体的距离之和；$j \in K$ 是指第 j 个位置属于集合 K；集合 K 是经爆炸算子和高斯变异产生的火花的位置集合。

个体选择采用轮盘赌的方式，每个个体被选择的概率用 $p(x_i)$ 表示，即

$$p(x_i) = \frac{R(x_i)}{\sum_{j \in N} R(x_j)} \tag{4.13}$$

由式（4.13）可以看出，离其他个体距离更远的个体具有更多的机会成为下一代个体。这种选择方式保证了烟花算法的种群多样性。

烟花算法的流程如表 4-3 所示。可以看出，烟花算法的流程与其他群体智能算法相似，需要通过迭代更新。

表 4-3　烟花算法的流程

序号	内　　容
1	随机初始化 n 个烟花的位置
2	评价烟花的适应度值
3	对烟花进行爆炸操作及变异操作
4	更新火花位置，依据映射规则对火花进行映射
5	评价火花的适应度值，并选择下一代烟花
6	重复第 3～5 步，直到满足收敛条件或停止准则

4.5　群智能算法的应用实例

本节主要讲述群智能方法求解 TSP 问题（旅行商问题）。TSP 问题是基本的路线规划问题，具体定义第 3 章 3.4 节已详细讲述，这里就不再赘述了。

设给定 N 个城市的集合 $\{c_1, c_2, \cdots, c_N\}$，每两个城市 c_i、c_j 直接的距离为 $d(c_i, c_j)$，则旅行商问题定义为寻找一个排列 $x = (x_1, x_2, \cdots, x_N)$，$x_i \in \{1, 2, \cdots, N\}$，使得排列 x 的路径长度最小，即

$$L(x) = \sum_{i=1}^{N-1} d(c_{x_i}, c_{x_{i+1}}) + d(c_{x_N}, c_{x_1}) \tag{4.14}$$

最小，且满足 $\forall i \in \{1, 2, \cdots, N\}$，$\exists j \in \{1, 2, \cdots, N\}$，使得 $x_j = i$。

这里设定每个城市之间都是连通的，且相邻城市之间的距离与路径无关（$d(x_i, x_j) = d(x_j, x_i)$，$1 \leqslant i, j \leqslant N$）。每个城市只能被经过一次，且保证被经过一次。目标函数为 $L(x)$。显然，算法的优化目标是

$$\min_x L(x) \tag{4.15}$$

旅行商问题同样对应一些现实问题，例如应用于物流行业中，对应如何确定最短路线、减少时间和成本开支的问题。因此，对旅行商问题进行研究有着重要意义。

随着对旅行商问题的不断研究，很多智能优化算法也用于求解旅行商问题，常规的解法有：

（1）穷举法。穷举法是最直接、最简单的求解旅行商问题的方法，同时也是运算量最大的方法。随着 TSP 问题规模的不断增加，搜索的次数会更大，速度也变慢，时间复杂度为 $O(n!)$ 级。穷举法一般采用的是深度优先搜索策略。

（2）回溯法。用回溯法求解旅行商问题，其本质就是在穷举法的基础上增加了一个约束限制条件。当不满足约束限制条件时，算法就不继续往下搜索，而是返回到上一步搜索其他的解空间。

（3）贪婪法。贪婪法采用的是分级处理策略。贪婪法先根据 TSP 问题选择出问题解的衡量标准。再根据衡量标准对 TSP 问题作出最优的选择，这个最优选择其实是局部最优解。最后通过局部最优解在整体上求解出全局最优解。

（4）智能优化算法。在求解旅行商问题上，很多智能优化算法也被应用其中，比如模拟退火算法、蚁群算法、遗传算法和神经网络等。

这里主要讲述智能优化算法用于求解旅行商问题，包括蚁群算法、粒子群算法以及烟花算法。

4.5.1 蚁群算法的应用

随着 ACO 理论与应用算法研究的不断发展，研究者已尝试将其应用于各种工程优化问题，并取得了意想不到的收获。

蚁群算法应用于旅行商问题时，已知蚁群中蚂蚁的数量为 m，城市 i 与城市 j 之间的距离表示为 $d_{ij}(i, j = 1, 2, \cdots, n)$，$t$ 时刻位于城市 i 中蚂蚁的个数为 $b_i(t)$，且有 $m = \sum_{i=1}^{n} b_i(t)$，$\tau_{ij}(t)$ 表示 t 时刻在城市 i 和城市 j 连线上残留的信息素量。初始时刻，各条路径上信息素量相等，设 $\tau_{ij}(0) = C$（C 为常数），蚂蚁随机从任一个城市出发。在蚂蚁构建路径时需要在所有未访问的城市中按照概率选择下一个城市，作为下一步访问城市。在 t 时刻，蚂蚁 $k(k = 1, 2, \cdots, m)$ 由城市 i 移动到城市 j 的概率定义为

$$p_{ij}^k(t) = \begin{cases} \dfrac{[\tau_{ij}(t)]^\alpha \cdot [\eta_{ij}(t)]^\beta}{\sum\limits_{s \in \text{allowed}_k} [\tau_{is}(t)]^\alpha \cdot [\eta_{is}(t)]^\beta} & j \in \text{allowed}_k \\ 0 & \text{其他} \end{cases} \tag{4.16}$$

式中，α 和 β 是权重参数，分别控制信息素浓度与启发式信息的相对重要性；$\eta_{ij}(t)$ 是启发函数。

若 $\alpha=0$，蚁群算法则相当于一种经典的随机贪婪算法，靠近城市 i 的城市将很有可能被选出；若 $\beta=0$，那么蚁群算法只有信息素在起作用，没有利用任何启发信息带来的偏向性，这将导致算法的性能变得十分糟糕。当 $\alpha>1$ 时，算法很快陷入局部最优，使得所有的蚂蚁都停留在同一条路径上，而这条路径往往与优化目标相距很大。

启发函数定义如下：

$$\eta_{ij}(t) = \frac{1}{d_{ij}} \tag{4.17}$$

该函数表示蚂蚁从城市 i 转移到城市 j 的期望程度，说明如果城市间距离越短，启发函数值越大，蚂蚁移动到这个城市的期望越大。显然，蚂蚁移动到概率值较大的城市，使得蚁群算法快速收敛；为了保证全局收敛，蚂蚁也会以效率选择其他城市。

与实际的蚁群不同的是，人工蚁群具有记忆能力，$allowed_k(k=1,2,\cdots,m)$ 表示蚂蚁 k 下一步允许走过的城市的集合，随着过程进行动态调整。

在每只蚂蚁走完一步或者经历所有城市后，要对残留信息进行局部或全局更新处理，这样可以避免残留信息素对启发式信息的影响。同时，也会增加具有较好的解决方案的信息素值，而减少那些有不好影响的信息素。蚂蚁系统信息素通过下式来更新：

$$\tau_{ij}(t+1) = (1-\rho)\tau_{ij}(t) + \sum_{k=1}^{m'} \Delta\tau_{i,j}^{(k)}(t) \tag{4.18}$$

式中，信息素的挥发系数 $\rho \in (0,1]$；$\Delta\tau_{i,j}^{(k)}(t)$ 是蚂蚁 k 在本次循环中留在路径 (i,j) 上的信息素量，当为局部更新时，通常 $\Delta\tau_{i,j}^{(k)}(t)$ 取为一个较小的常数；当为全局更新时，$\Delta\tau_{i,j}^{(k)}(t)$ 可定义为

$$\Delta\tau_{i,j}^{(k)}(t) = \begin{cases} \dfrac{Q}{L_k} & (\text{若蚂蚁 } k \text{ 经过边 } ij) \\ 0 & \text{其他} \end{cases} \tag{4.19}$$

式中，常量 Q 表示信息素强度因子；L_k 是蚂蚁 k 在本循环中所走路径的总长度，路径越短，则这条路径上的残留信息素越多。

蚁群算法求解 n 个城市 TSP 问题的主要步骤可概括如下：

（1）根据转移概率选择下一个城市；

（2）更新待选择城市 $allowed_k(k=1,2,\cdots,m)$；

（3）更新信息素场。

基于蚁群算法求解 TSP 的程序如下：

```
参数初始化；
while Nc<Ncmax do
        for k=1, …, n do
蚂蚁按照概率，从城市 i 转移到城市 j；
修改禁忌表；
End for
根据式(4.18)更新信息素；
清空禁忌表；
End while
％循环结束并输出结果
```

根据上述程序的流程，采用模块化、图形化设计思想，利用 LabVIEW 软件平台的功能和强大的函数库，在该平台下利用蚁群算法求解 n 个城市的 TSP 问题，程序中包括城市坐标初始化，距离初始化，蚂蚁概率性地选择下一城市，信息素更新，最佳路径提取等子 VI 程序。

第一步，随机生成城市位置，即给出待求解的城市坐标，其程序框图如图 4-6 所示，其中 C_num 表示城市的个数。

第二步，根据转移概率选择下一个城市，这里主要给出了转移概率计算子 VI 和选择下一个城市子 VI 的程序框图，分别如图 4-7、图 4-8 所示。

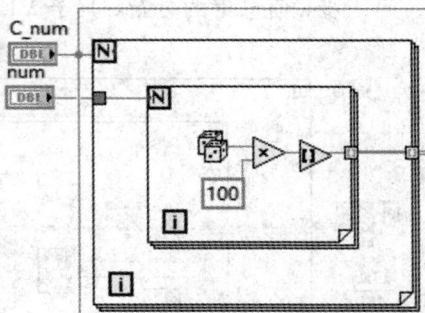

图 4-6　随机生成城市位置的程序框图

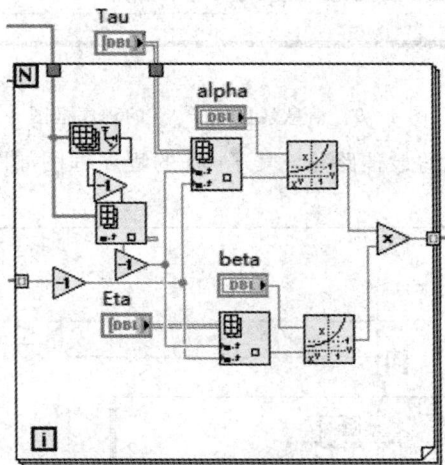

图 4-7　转移概率计算子 VI 的程序框图

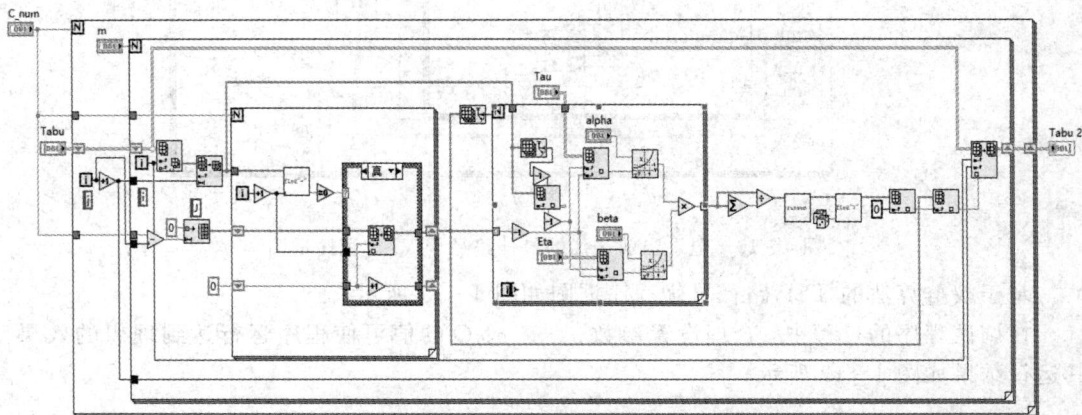

图 4-8　选择下一个城市子 VI 的程序框图

第三步，信息素的更新，其子 VI 的程序框图如图 4-9 所示。

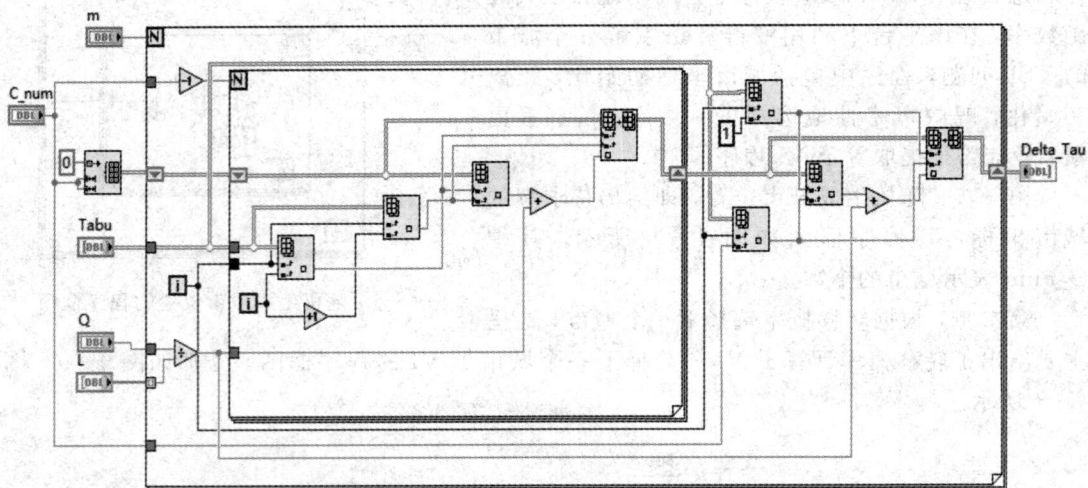

图 4-9　信息素更新子 VI 的程序框图

第四步，记录当前迭代的最佳路径，其子 VI 的程序框图如图 4-10 所示。

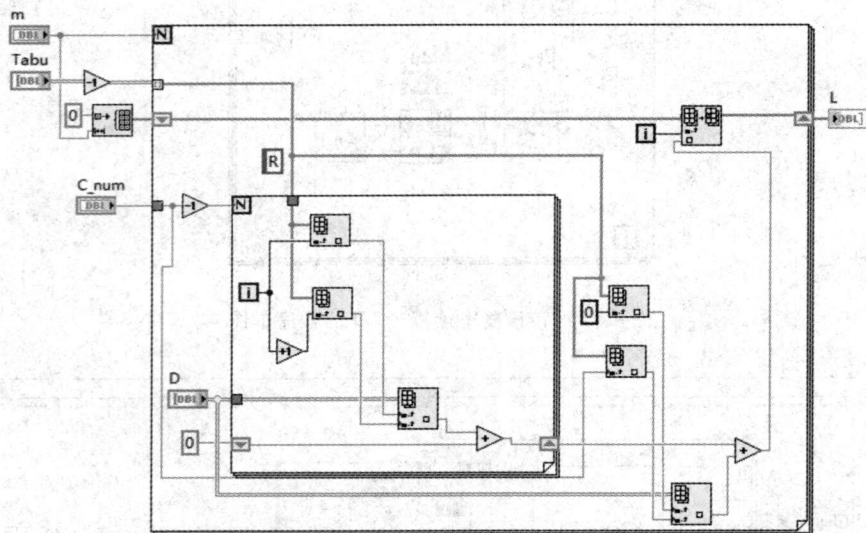

图 4-10　记录当前迭代的最佳路径子 VI 的程序框图

基于蚁群算法的 TSP 路径寻优程序框图如图 4-11 所示。

在调试程序的过程中，合理设置参数 α、β、ρ、Q 的值可使程序运行达到理想的效果，其运行结果如图 4-12 所示。

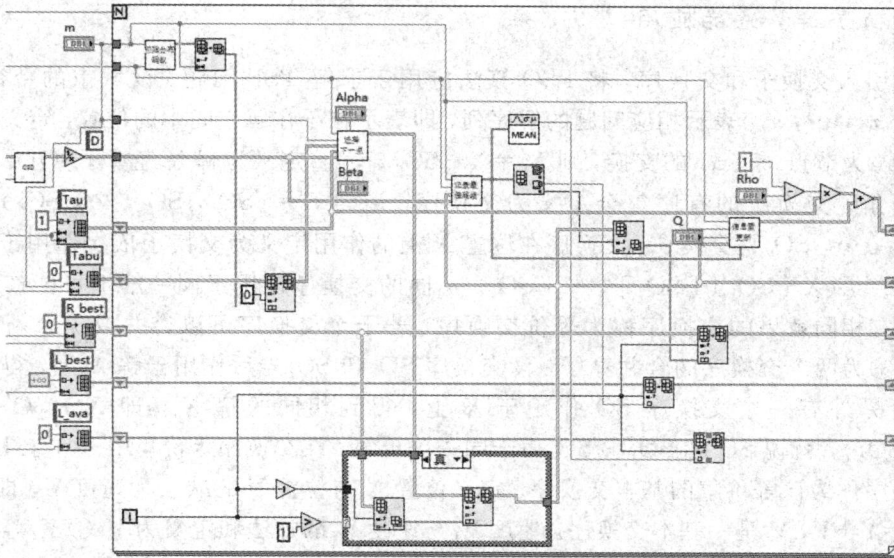

图 4 - 11　基于蚁群算法的 TSP 路径寻优程序框图

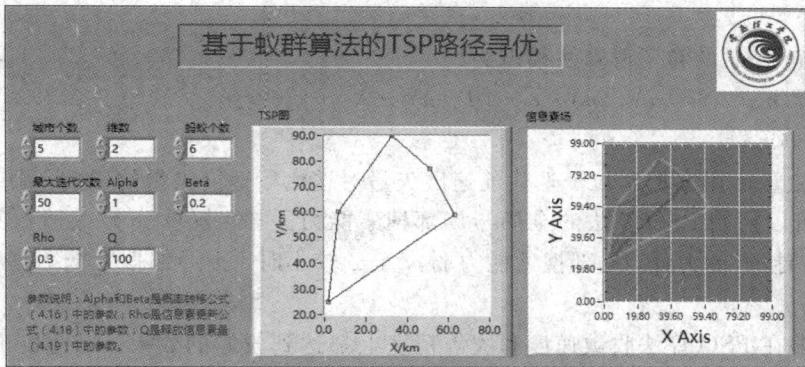

(a) 5 个城市

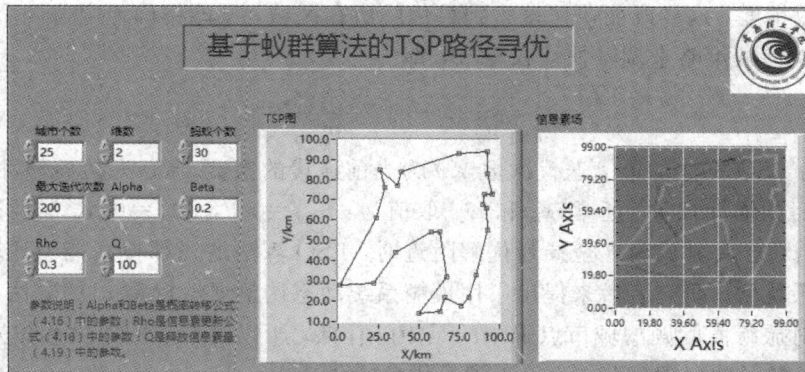

(b) 25 个城市

图 4 - 12　LabVIEW 开发环境下的基于 ACO 的 TSP 程序运行结果

4.5.2　粒子群算法的应用

通过引入交换子和交换序，将 PSO 算法应用于求解 TSP 问题。设城市的个数为 n，$X=(x_1, x_2, \cdots, x_n)$ 表示相应问题的解序列，即表示粒子在解空间中的位置。定义交换子 $SO(i_1, i_2)$ 为节点 x_{i_1}、x_{i_2} 的交换，则 $X'=X+SO(i_1, i_2)$ 定义为解 X 经算子 $SO(i_1, i_2)$ 作用后的新解。交换子的有序集合定义为交换序，记为 $S=(SO_1, SO_2, \cdots, SO_n)$，其中 $SO_1, SO_2, \cdots, SO_n$ 是交换子。交换序在位置 X 上的作用定义为交换子依次作用于 X，即 $X=X+S=[(X+SO_1)+SO_2]+\cdots+SO_k$。不同的交换序作用于同一解上可能产生相同的新解，有相同效果的交换序称为等价交换序。若干个交换序可以合并成一个新的交换序，定义 $\oplus$ 为两个交换序的合并算子。设交换序 SO_1 和 SO_2 先后作用于解 X 上，得到新解 X'。假设另外有一个交换序 SO' 作用于 X 上，得到相同的解 X'，即 $X+SO'=X+(SO_1 \oplus SO_2)$，就说 SO' 和 $SO_1 \oplus SO_2$ 属于同一等价集。在交换序等价集中，拥有最少交换子的交换序称为该等价集的基本交换序。定义位置 X 与位置 Y 的减法为速度 V，即 $X-Y=V \Leftrightarrow X=Y+V$，$V$ 是一基本交换序。速度 V_1 与速度 V_2 的加法和定义为 $V_1 \oplus V_2$ 等价的基本交换序。速度的倍数 cV 定义为 integer(c) 个 V 相加，再与 V 的前 integer$\{[c-\text{integer}(c)]k\}$ 个交换子求和，其中 k 为 V 中交换子的个数，integer( ) 为向下取整函数。

用于求解 TSP 的粒子群算法模型为

$$V_i(n+1)=wV_i(n)+c_1r_1[P_i(n)-X_i(n)]+c_2r_2[P_g(n)-X_i(n)]$$
$$X_i(n+1)=X_i(n)+V_i(n+1) \tag{4.20}$$

式中，惯性权重 w 用来控制粒子迭代前速度矢量对迭代后速度矢量的影响。调节惯性权重 w 的大小，可以控制 PSO 算法的全局与局部搜索能力。惯性权重 w 较大时，PSO 算法在解空间中全局搜索能力强，局部搜索能力弱，而 w 较小时，则局部搜索能力增强，全局搜索能力减弱。

为了能够在 PSO 算法收敛速度和收敛精度上都达到较好的效果，惯性权重 w 在粒子搜索过程中线性动态调整，前期提高全局搜索能力，加快收敛速度，后期加强局部搜索能力，提高收敛精度，这样既能快速搜索到最优解所在区域，又能精确地定位到全局最优解。一般采用线性递减策略来调整惯性权重 w，即

$$w^m=w_{\min}-m\frac{w_{\text{int}}-w_{\text{end}}}{m_{\max}} \tag{4.21}$$

式中，$m_{\max}$ 为 PSO 算法的最大迭代次数，m 为当前迭代的次数，w_{int} 为初始惯性权重，w_{end} 为迭代到最后的惯性权重。通常 w_{int} 和 w_{end} 取值为：$w_{\text{int}}=0.9$，$w_{\text{end}}=0.4$。线性递减策略也有其缺陷，当粒子一开始就在全局最优解附近时，PSO 算法的局部搜索能力比较弱，可能会错过全局最优解。研究者后来提出了用模糊系统动态调整惯性权重 w 的方法。

该算法对旅行商问题的城市点采用的是矩阵存储，所以对粒子的速度和位置矢量要进行限制，防止粒子冲出搜索范围，得不到最优解。设置 $v_{\max}$、$v_{\min}$、$x_{\max}$ 和 $x_{\min}$，当粒子速度 $v>v_{\max}$ 时，$v=v_{\max}$；当粒子速度 $v<v_{\min}$ 时，$v=v_{\min}$。当粒子位置 $x>x_{\max}$ 时，$x=x_{\max}$；当粒子位置 $x<x_{\min}$ 时，$x=x_{\min}$。

求解 TSP 的基本 PSO 算法程序如下：

初始化粒子群；

while 不满足结束条件；

根据公式(4.20)更新粒子当前位置；

得到局部最优解；

更新当前最优解；

end

%输出：最优解

根据上述程序的流程，采用模块化、图形化设计思想，利用 LabVIEW 软件平台的功能和强大的函数库，在该平台下利用粒子群算法求解 n 个城市的 TSP 问题，程序中包括城市坐标初始化、距离初始化、粒子种群初始化、适应度值计算、粒子速度更新、粒子位置更新、最佳路径提取等子 VI。

第一步，粒子种群初始化中最重要的就是适应度值的计算，适应度值计算子 VI 的程序框图如图 4 - 13 所示。

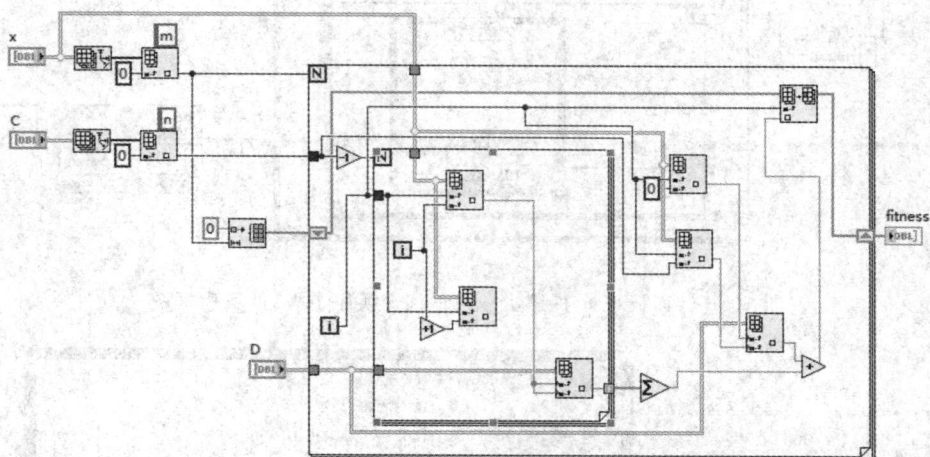

图 4 - 13　适应度值计算子 VI 的程序框图

第二步，粒子的速度与位置更新，这主要体现在求得交换序并以概率 c_1 保留、以概率 c_2 保留以及以概率 w 保留上一代最优交换序，以概率 w 保留上一代最优交换序程序中建立了交换局部最优路径子 VI，具体程序框图如图 4 - 14、图 4 - 15、图 4 - 16、图 4 - 17 所示。

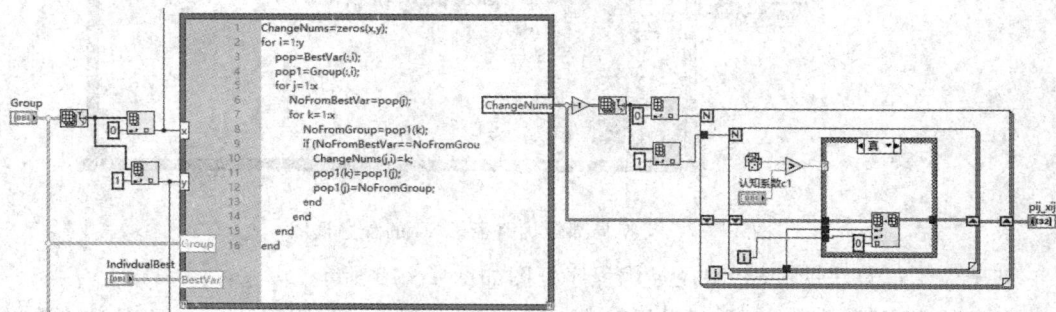

图 4 - 14　求交换序并以概率 c_1 保留子 VI 的程序框图

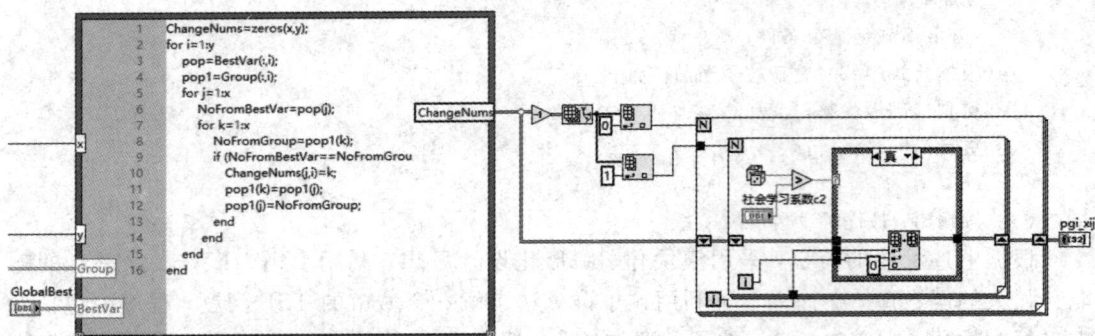

图 4 - 15 求交换序并以概率 c_2 保留子 VI 的程序框图

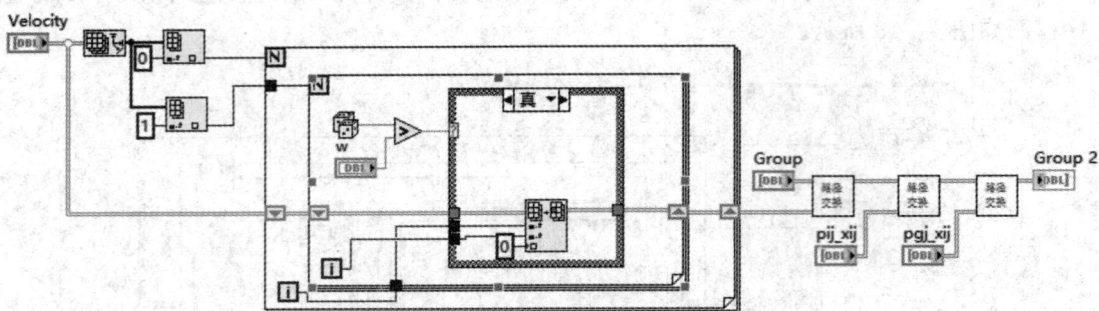

图 4 - 16 以概率 w 保留上一代最优交换序子 VI 的程序框图

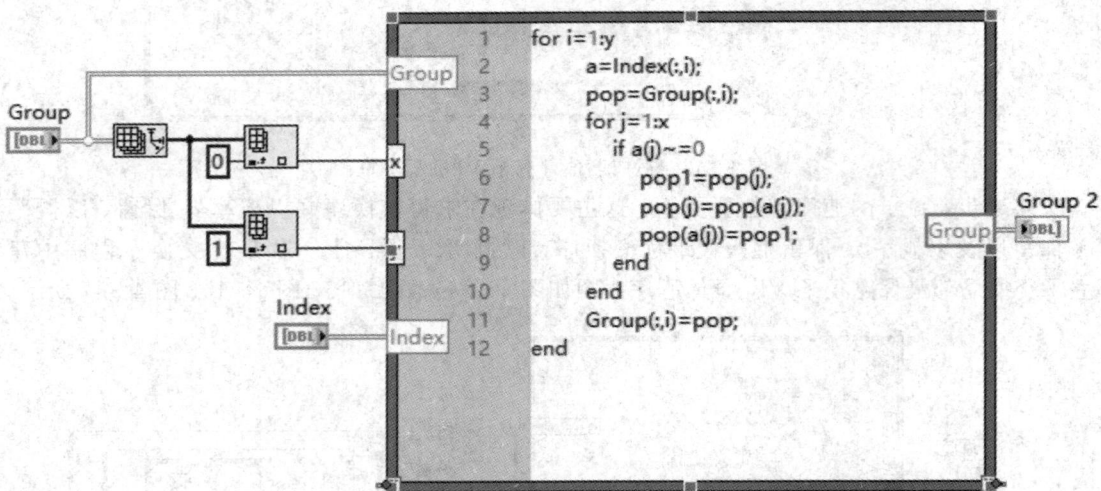

图 4 - 17 交换局部最优路径子 VI 的程序框图

基于粒子群算法的 TSP 路径寻优程序框图如图 4 - 18 所示。

在调试程序的过程中，合理设置参数 w、c_1 和 c_2 值，可使程序运行达到理想的效果。这里取 $w = 0.96$，$c_1 = 0.5$ 和 $c_2 = 0.7$，运行结果如图 4 - 19 所示。

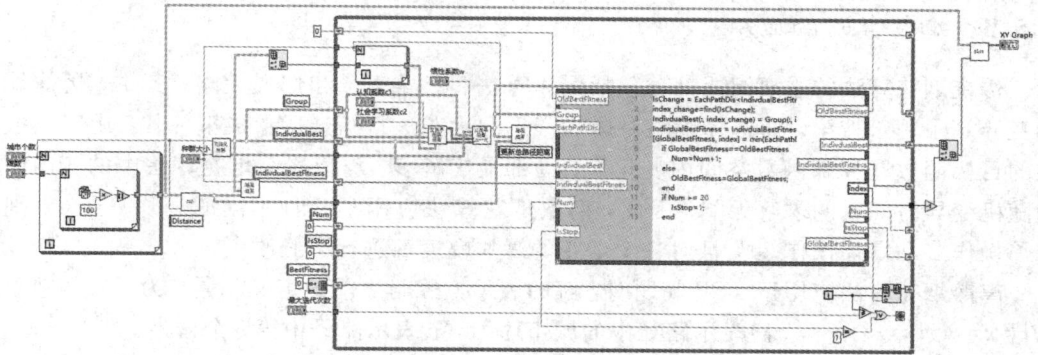

图 4-18　基于粒子群算法的 TSP 路径寻优程序框图

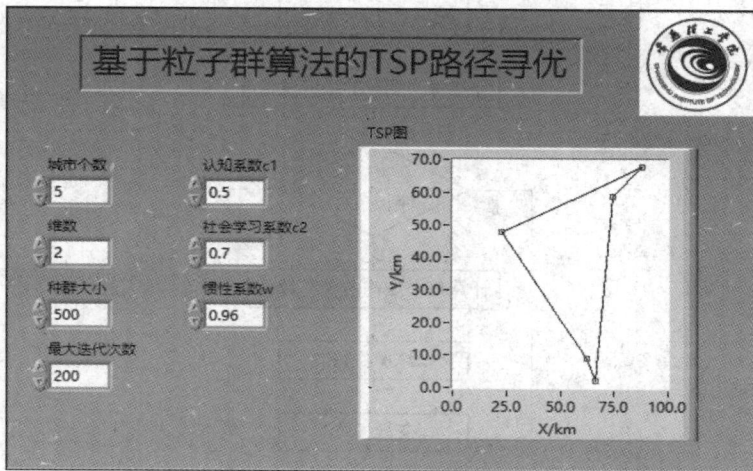

(a) 5 个城市

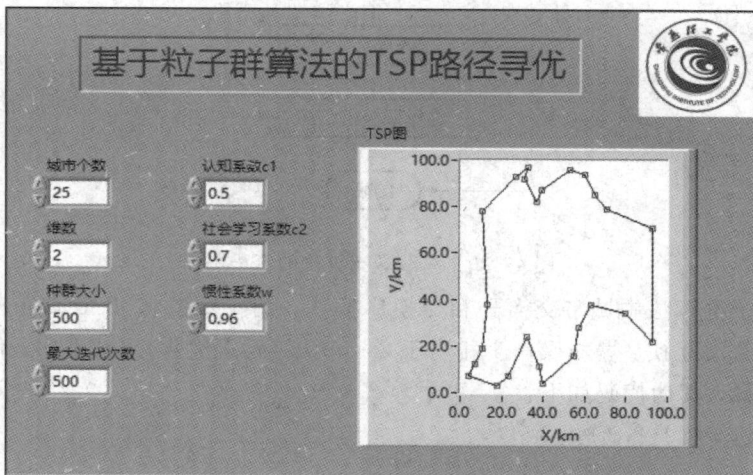

(b) 25 个城市

图 4-19　LabVIEW 开发环境下基于 PSO 的 TSP 程序运行结果

4.5.3 烟花算法的应用

传统烟花算法的主要组成部分包括爆炸算法、变异算子和选择策略。其中，爆炸算子和变异算子用于搜索，而选择策略对爆炸产生的火花进行筛选后形成下一代。由于离散问题的目标函数在局部函数空间内变化大，局部最优解多，类似连续烟花算法中的各向同性的随机变异对问题的求解无益。因此，离散烟花算法应用了两种不同的爆炸算子(分别为爆炸操作1和爆炸操作2)，且对各个烟花的爆炸幅度都进行了修改。

离散烟花算法应用于 TSP 问题时，解的表示方式与之前的定义相同，为城市序列。用向量 $x=(x_1, x_2, \cdots, x_n)$ 表示路径中的城市序列，x_i 表示路径中第 i 个城市。

离散烟花算法的流程图如图 4-20 所示。

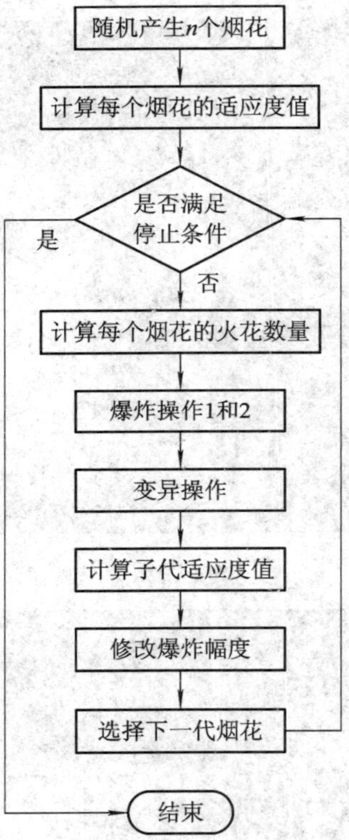

图 4-20 离散烟花算法的流程图

类似于粒子群算法中城市交换子和交换序操作，烟花算法将 TSP 城市的基本操作定义为两条边的交叉互换。爆炸操作 1 相当于 2-opt(两元素优化)局部搜索，但并非 2-opt 这样的贪婪选择，其伪代码如下：

```
%输入：产生爆炸的烟花 x
Spark=x
z=randi(n)    %n 为城市数量，randi 随机生成 1-n 的整数
rp=randperm(n)    %randperm 随机生成一个 1-n 的排列
for i=1：n, whilerp(i)≠z
```

```
a＝z，b＝z＋1，c＝rp(i)，d＝rp(i)＋1　 ％a，b，c，d 表示序列下标
sort(a，b，c，d)
L_0＝d(c_{x_a}，c_{x_b})＋d(c_{x_c}，c_{x_d})，L_m＝d(c_{x_a}，c_{x_c})＋d(c_{x_a}，c_{x_d})
if L_0＞L_m then
翻转序列 x_{b，c}，返回
    else
    if rand＞p_a then
翻转序列 x_{b，c}
％对 a 分别进行 2 - opt 优化
for k＝1：n
2 - opt(a，k)
end
％对 c 分别进行 2 - opt 优化
for k＝1：n
2 - opt(c，k)
end
end
    end
End
％输出：生成的烟花 Spark
```

　　在优化过程中，当算法找到适应度较佳的局部最优点的时候，爆炸操作 1 的搜索能力将会有所退化。在这种情况下，离散烟花算法设计了搜索能力更强的基于 3 - opt 的爆炸操作 2，其伪代码如下：

```
％输入：产生爆炸的烟花 x
Spark＝x
z_1＝randi(n)，z_2＝randi(n)　 ％n 为城市数量，randi 随机生成 1—n 的整数
rp＝randperm(n)　 ％randperm 随机生成一个 1—n 的排列
For z_3＝1：n，while z_3≠z_1 and z_3≠z_2
sort(z_1，z_2，z_3)
a＝rp(z_1)，b＝rp(z_1)＋1，c＝rp(z_2)，d＝rp(z_2)＋1，e＝rp(z_3)，f＝rp(z_3)＋1
L_0＝d(c_{x_a}，c_{x_b})＋d(c_{x_c}，c_{x_d})，L_m＝d(c_{x_a}，c_{x_e})＋d(c_{x_a}，c_{x_d})
for 四种可行的改变
计算 L_0 和 L_m；
if L_0＞L_m then
接受这种改变，返回；
else
if rand＜p_a then
接受这种改变，进行相应的序列变换；
对 a，c，e 分别进行 2 - opt 优化；
返回；
end
end
```

```
        end
    End
    %输出：生成的烟花 Spark
```

烟花爆炸数量与前节相同，每个烟花产生的火花数量为

$$S_i = m_e \frac{\dfrac{1}{[L_{\max} - L(x_i) + \varepsilon]^2}}{\displaystyle\sum_{j=1}^{n} \dfrac{1}{[L_{\max} - L(x_i) + \varepsilon]^2}} \tag{4.22}$$

式中，$L_{\max} = \max\{L(x_i)\}$ 是最大的适应度值，即最长的路径，m_e 表示最大火花数量。而每个烟花的爆炸幅度则设为相同的固定值。

爆炸操作可以实现路径中城市的交换，但对于某些无法被 2 - opt 和 3 - opt 优化的特殊路径则无能为力。离散烟花算法定义了介于 2 - opt 和 3 - opt 之间的 2h - opt 优化作为变异操作，即将某城市移出排列并插入某条边中。

爆炸操作通过父子竞争得出下一代烟花。首先取出杂交池中的烟花，让这些烟花随机进行交叉操作，得出的子代烟花再与父代烟花进行适应度值比较，让父子代烟花共同竞争。

定义烟花 x_i 被选择的概率为

$$p(x_i) = \frac{\dfrac{1}{[L(x_i) - L_{\min} + \varepsilon]^2}}{\displaystyle\sum_{j=1}^{n} \dfrac{1}{[L(x_i) - L_{\min} + \varepsilon]^2}} \tag{4.23}$$

式中，$L_{\min} = \min\{L(x_i)\}$ 是最小的适应度值，即最短的路径。

由上面的分析可知，离散烟花算法可描述为：首先，随机产生若干个初始烟花；其次，根据爆炸算子和变异算子生成火花；最后，根据火花的适应度值和选择策略选择若干个火花进入下一代。其具体计算过程的程序如下：

```
    随机产生 N 个烟花 xi；
    while 未达到停止条件；
    对每个烟花，根据爆炸算子产生火花；
    对每个烟花，根据变异算子产生火花；
    改变爆炸幅度；
    选择 N 个产生的烟花进入下一代；
    end
```

以上程序中包括城市坐标初始化、距离初始化、烟花位置初始化、适应度值计算、爆炸操作 1、爆炸操作 2、最佳路径提取等子 VI。由于上述的几个基本子 VI 设计与前述的 PSO 应用于 TSP 相似，这里就不再赘述。这里重点介绍烟花数量产生、爆炸操作与变异等子 VI 模块。

第一步，产生烟花数量，其子 VI 的程序框图如图 4 - 21 所示。

第二步，烟花的爆炸操作，其子 VI 程序框图如图 4 - 22 所示。

第三步，为了找到最优解，建立了个体交叉子 VI、全局交叉子 VI、个体变异子 VI，其具体程序框图如图 4 - 23、图 4 - 24、图 4 - 25 所示。

在调试程序的过程中，合理设置爆炸参数，可使程序运行效果达到理想的效果。根据相关资料，烟花数量设置为 5，最大火花数量设置为 50 左右有较好的效果。其总程序框图如图 4 - 26 所示，程序运行结果如图 4 - 27 所示。

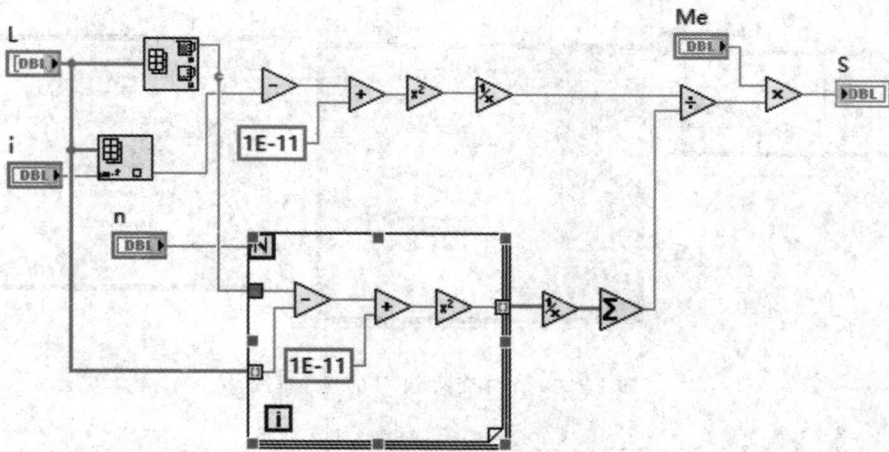

图 4-21 产生烟花数量子 VI 的程序框图

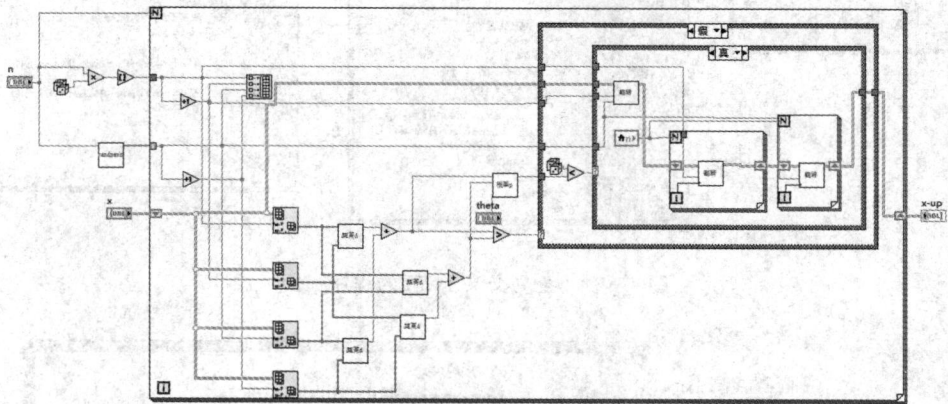

(a) 爆炸操作 1

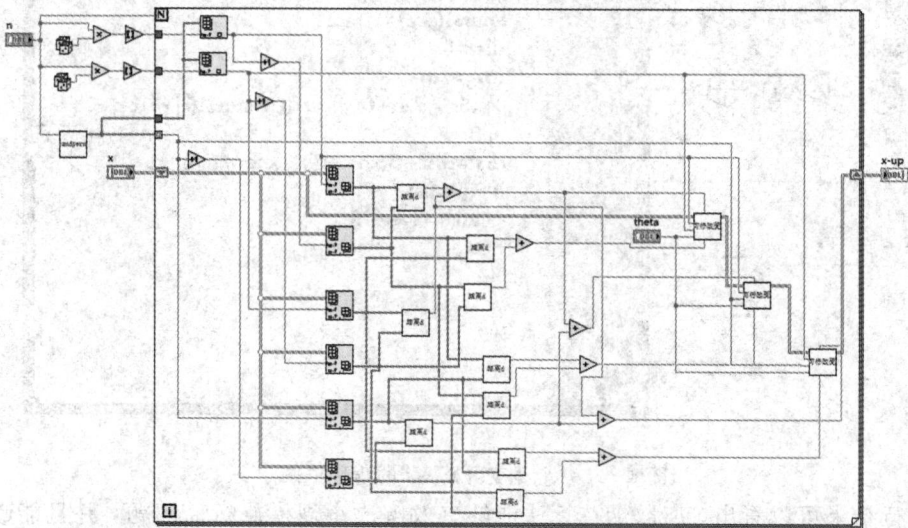

(b) 爆炸操作 2

图 4-22 烟花爆炸操作子 VI 的程序框图

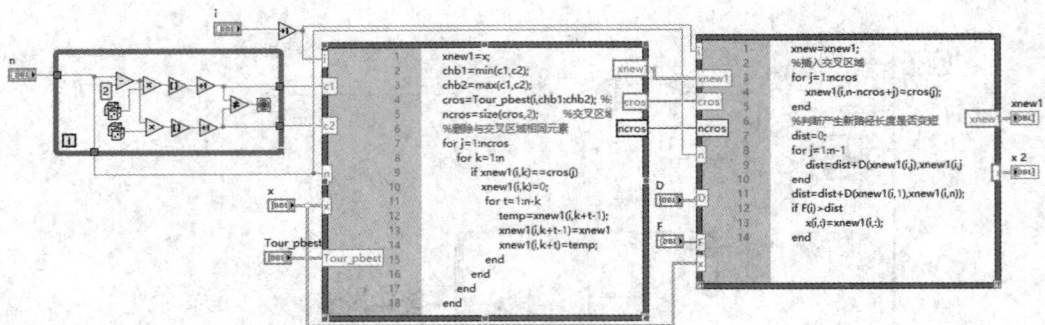

图 4-23　个体交叉子 VI 的程序框图

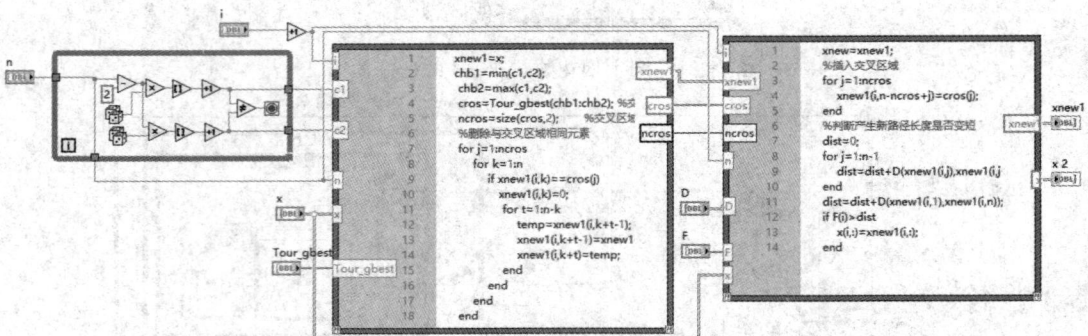

图 4-24　全局交叉子 VI 的程序框图

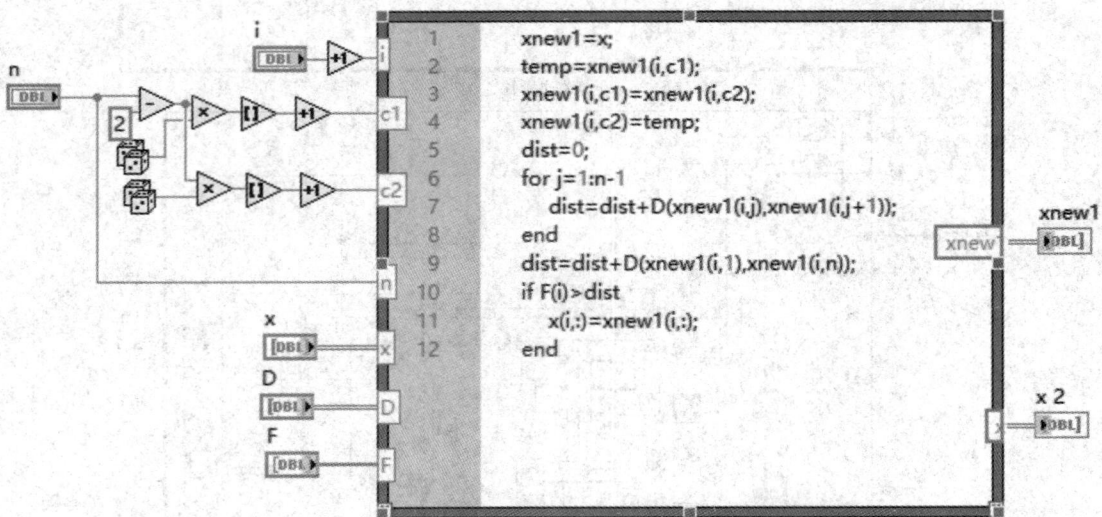

图 4-25　个体变异子 VI 的程序框图

从运行结果可以看出，离散烟花算法能够有效解决小规模旅行商问题，并且能够在很大概率上保证获得最优解。

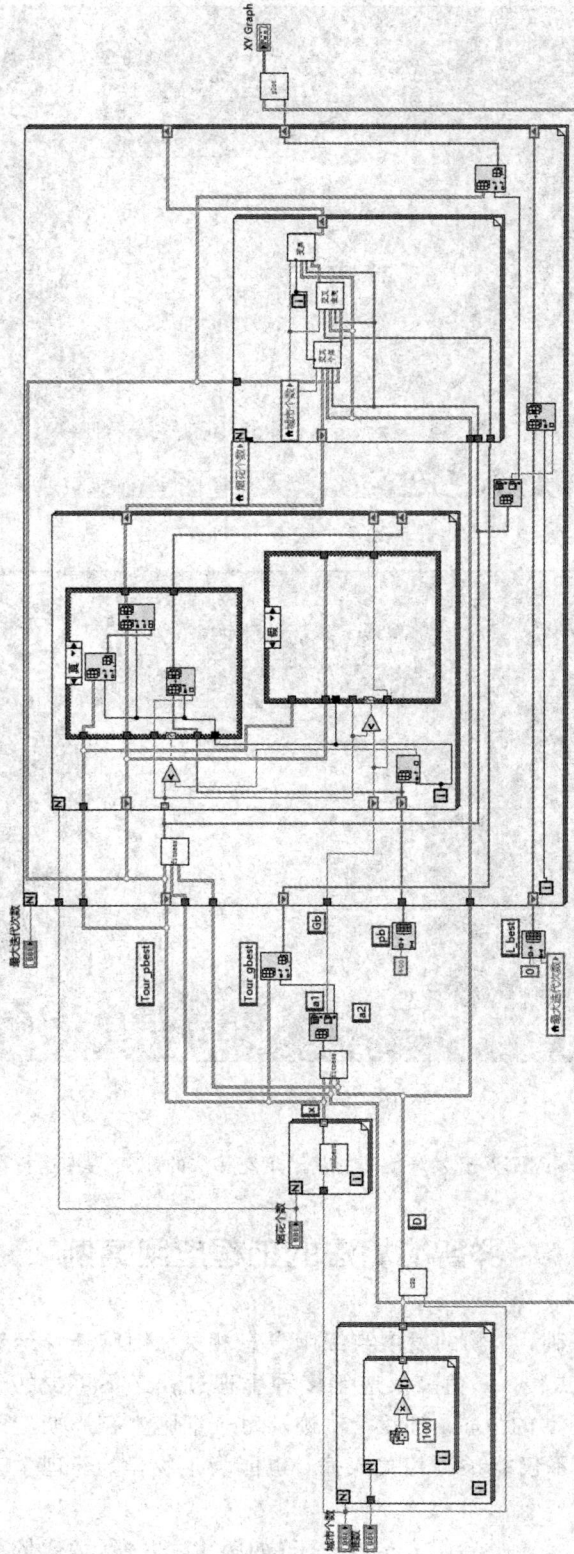

图 4-26　总程序框图

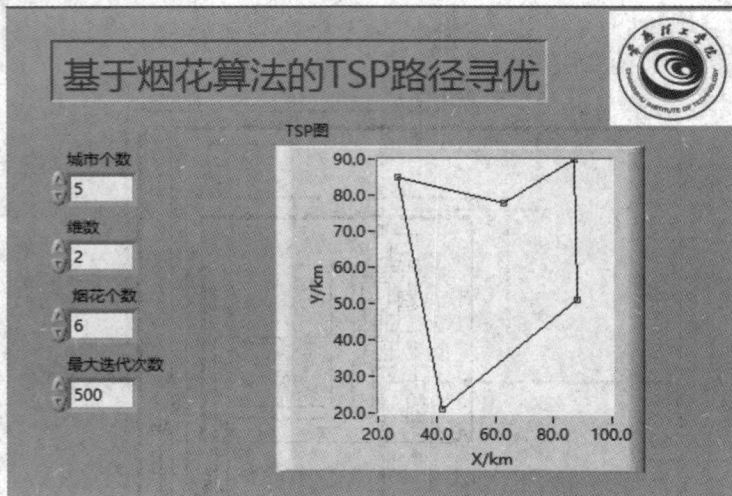

(a) 5 个城市

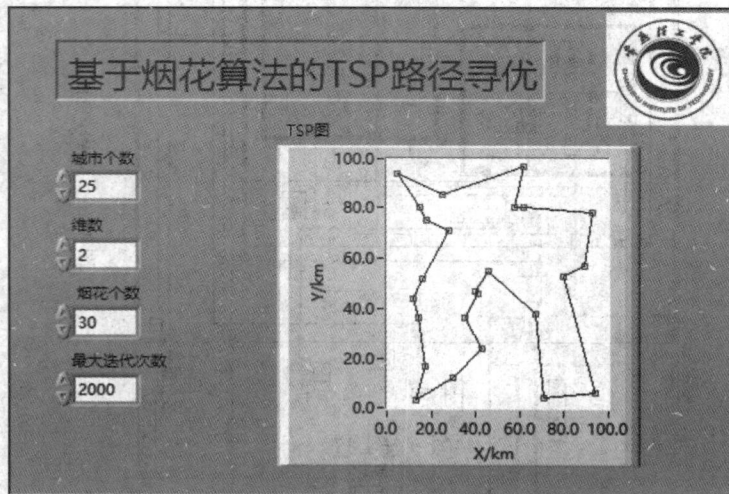

(b) 25 个城市

图 4-27 LabVIEW 开发环境下的基于烟花算法的 TSP 程序运行结果

4.6 群智能算法的工程应用案例

细胞是一切生命的基础，生物的发展与细胞息息相关。细胞迁移运动是血管生成、损伤愈合、胚胎发育、寄生虫侵入、免疫反应等多种生理过程必不可少的环节，对细胞进行分析的目的是获取细胞运动的位置、速度、轨迹及每个细胞生存周期记录并对其进行定量和定性的分析，这项工作不仅能预测相关疾病，也能为生物学、药理学、病理学研究提供相应的依据和方法。

传统的细胞行为分析是通过专门人员的人工（如图 4-28 所示）或依靠计算机辅助的半

人工的细胞跟踪方法来进行的，显然这种传统的方法是一种单调而且乏味的过程，如果需要长时间跟踪大量细胞，就需要更多的人工辅助图像处理工作。

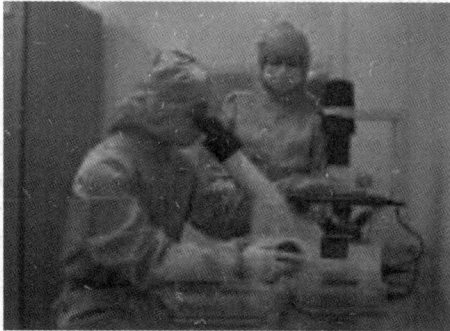

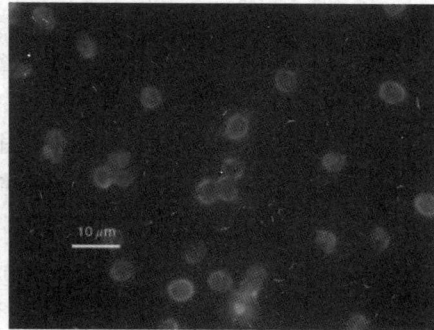

(a) 人工观测细胞　　　　　　　　　　　　(b) 显微镜下的染色细胞

图 4 - 28　人工观测显微镜下的染色细胞

与传统的细胞行为分析方法相比，多细胞自动跟踪方法是细胞行为分析最有效的手段之一，无论是在信息科学领域还是在生命科学领域都是一个极具挑战且应用性很强的课题，其挑战主要来自细胞因素和图像因素。细胞因素主要包括：（1）有些细胞会产生变形，也就是说所跟踪的目标是一个变形体，而非刚体，因此，它不同于传统的点目标跟踪情形，需要考虑细胞的形状和大小；（2）细胞数目随时间产生变化，且在运动过程中会出现近邻、碰撞、分裂、粘连、重叠等现象；（3）细胞特征单一，尺寸与整幅图像相比太小。图像因素主要是由于生物体的呼吸而引起的颤抖、细胞进入或离开共焦平面造成对比度的变化、仪器设备引起的噪声污染或图像模糊，使得所获取的图像质量下降，也就是说获取的细胞序列图像噪声多，图像信噪比低。

目前，多细胞自动跟踪方法可分为确定性（Deterministic）和随机性（Stochastic）两种。确定性跟踪方法最大的弊端就是细胞跟踪精度取决于动力学过程的一些内在因素。当所提取或分割的细胞图像质量不高时，则后续的跟踪或关联的精度将大打折扣。于是，细胞跟踪研究产生了另外一个分支，即随机分析方法，这种方法一般可以描述成 Bayesian 框架下的参数估计问题，是利用先验的一些信息和测量信息来估计细胞状态的后验概率密度函数的。基于随机分析方法的细胞跟踪技术在低 SNR 或噪声密度比较大（即图像质量不高）的情景下其跟踪性能要明显优于确定性的细胞跟踪方法，它代表了未来细胞跟踪的发展方向。因此，研究基于随机分析方法的细胞跟踪技术具有更为重要的理论价值和实用价值。作为随机性方法的一个分支，群智能所具有的自组织、分布式、并行等特征，使得基于群智能框架下的多细胞自动跟踪方法有着更大的发展前景。

4.6.1　基于蚁群算法的多细胞跟踪技术

基于蚁群算法的多细胞跟踪系统分为四个模块：蚁群初始分布模块、蚁群决策模块、信息素释放和更新模块、状态提取与身份管理模块，从而实现多细胞的自动跟踪，跟踪系统框图如图 4 - 29 所示。

图 4-29 跟踪系统框图

1. 蚁群初始分布模块

蚁群的初始分布模块是通过当前帧图像信息给出蚂蚁的初始位置分布，这里根据细胞图像本身信息——局部灰度方差来分布初始蚁群。考虑当前位置的 8 邻域，如图 4-30 所示，利用下述公式求出当前帧图像的局部灰度方差。

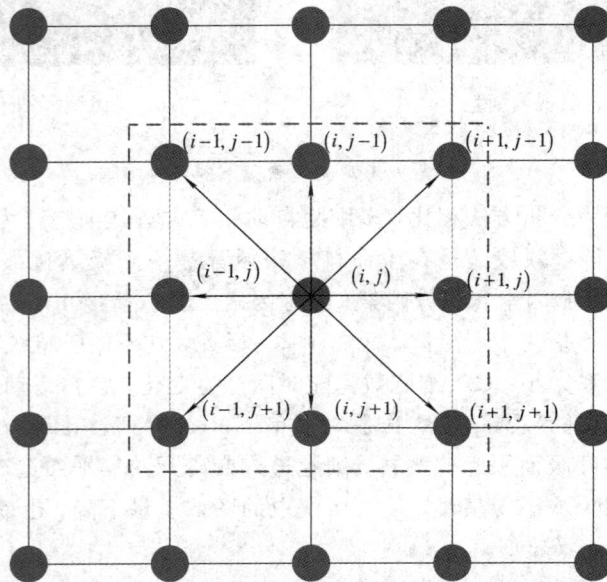

图 4-30 邻域示意图

对于一个给定的像素点(x, y)，其灰度值为 $G(i, j)$，通过其邻域像素点，可求出图像 $I_{(x, y)}$ 的局部灰度方差为

$$\Delta\theta_{(i, j)} = \frac{1}{|N(i, j)|}\sum_{(i', j') \in N(i, j)}\{G_{i', j'} - \overline{G}[N(i, j)]\}^2 \tag{4.24}$$

式中，$N_{(i, j)}$ 表示当前像素点 (i, j) 的邻域像素点，$|N_{(i, j)}|$ 表示其邻域的个数，$\overline{G}[N(i, j)]$ 表示邻域像素点的平均灰度值。

归一化公式如下：

$$\Delta\widetilde{\theta}_{(i, j)} = \frac{\Delta\theta_{(i, j)}}{\max(\Delta\theta_{(·, ·)})} \tag{4.25}$$

由式(4.24)可知，如果当前像素点属于背景和细胞内部时，灰度方差值比较小；在细胞边缘及其附近时，灰度方差值比较大。如果当前位置上的灰度方差值大于给定阈值，说明该位置可能是存在细胞，则分布蚂蚁；反之，则说明是背景或者细胞内部，则不分布蚂蚁，这样会形成一个新的初始蚁群分布，为下一个模块做准备。图 4-31 给出了蚁群初始分布结果，其中图 4-31(a)为细胞原始图像，图 4-31(b)为归一化的灰度方差图，图

4 - 31(c)为蚁群初始分布图。

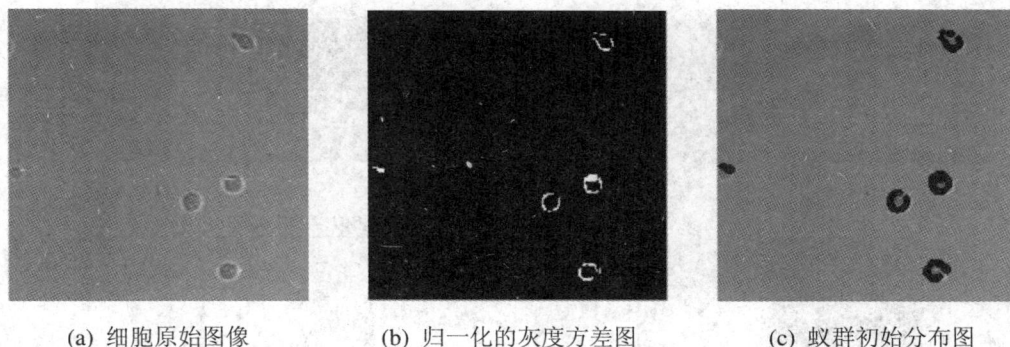

(a) 细胞原始图像　　　　(b) 归一化的灰度方差图　　　　(c) 蚁群初始分布图

图 4 - 31　蚁群初始分布结果

2. 蚁群决策模块

图 4 - 31 说明了环境与蚂蚁之间的约束,每个位置最多只有 8 个邻域与之相连。根据这种定义,每个蚂蚁就能直接移动到其 8 连通邻域上,每次只移动到其中一个邻域,而且同一个像素位置允许多个蚂蚁同时访问。

蚁群决策实质上是根据图像中的先验信息,来引导蚂蚁移动并释放信息素的。假设每只蚂蚁有读取和感受它邻域位置的信息能力,从当前位置 (i, j) 移动到其邻域中的另一个位置的概率为

$$P_{(i', j')}(\hat{t}) = \begin{cases} \dfrac{W[\tau_{(i', j')}(\hat{t})]\eta_{(i', j')}}{\sum\limits_{\substack{(m, n)\in N_{(i, j)} \\ (m, n)\notin \Omega_b}} W[\tau^L_{(m, n)}(\hat{t})]\eta_{(m, n)}} & N_{(i, j)} \not\subset \Omega_b \\ 0 & \text{其他} \end{cases} \tag{4.26}$$

式中,$W[\tau_{(i', j')}(\hat{t})]$ 表示位置 (i', j') 在第 $\hat{t}$ 次迭代时的与信息素相关的函数,$\eta_{(i', j')}$ 表示位置 (i', j') 的似然函数值。

与信息素水平相关函数定义为

$$W[\tau_{(i', j')}(\hat{t})] = \left(1 + \frac{\tau_{(i', j')}(\hat{t})}{1 + \alpha \cdot \tau^L_{(i', j')}(\hat{t})}\right)^{\beta} \tag{4.27}$$

式中,α 表示蚂蚁的感知能力,β 表示控制蚂蚁趋于信息素场的程度。

似然函数用以描述候选目标与真实细胞间的相似度,假设像素点 p 所对应的直方图信息为 u_p,则其启发式函数 η 定义为

$$\eta_p = \mathrm{e}^{-\rho(1-g_p)^{\upsilon}} \tag{4.28}$$

其中

$$g_p = \frac{1}{|T\{0\}|} \sum_{i=1}^{|T\{0\}|} \sum_{j=1}^{n} \min[u_p(j), \bar{u}_i(j)] \tag{4.29}$$

式(4.28)中,ρ、υ 是调节系数,式(4.29)中 $\bar{u}_i(j)$ 是模板库 $T\{0\}$ 中 $\bar{u}_i$ 的第 j 个分量,$u_p(j)$ 是像素点 p 所对应的直方图信息 u_p 的第 j 个分量,$|T\{0\}|$ 表示模板库 $T\{0\}$ 中的数量,n

为分量个数。图 4 - 32 给出了不同感兴趣区域与细胞模板中细胞的相似程度。

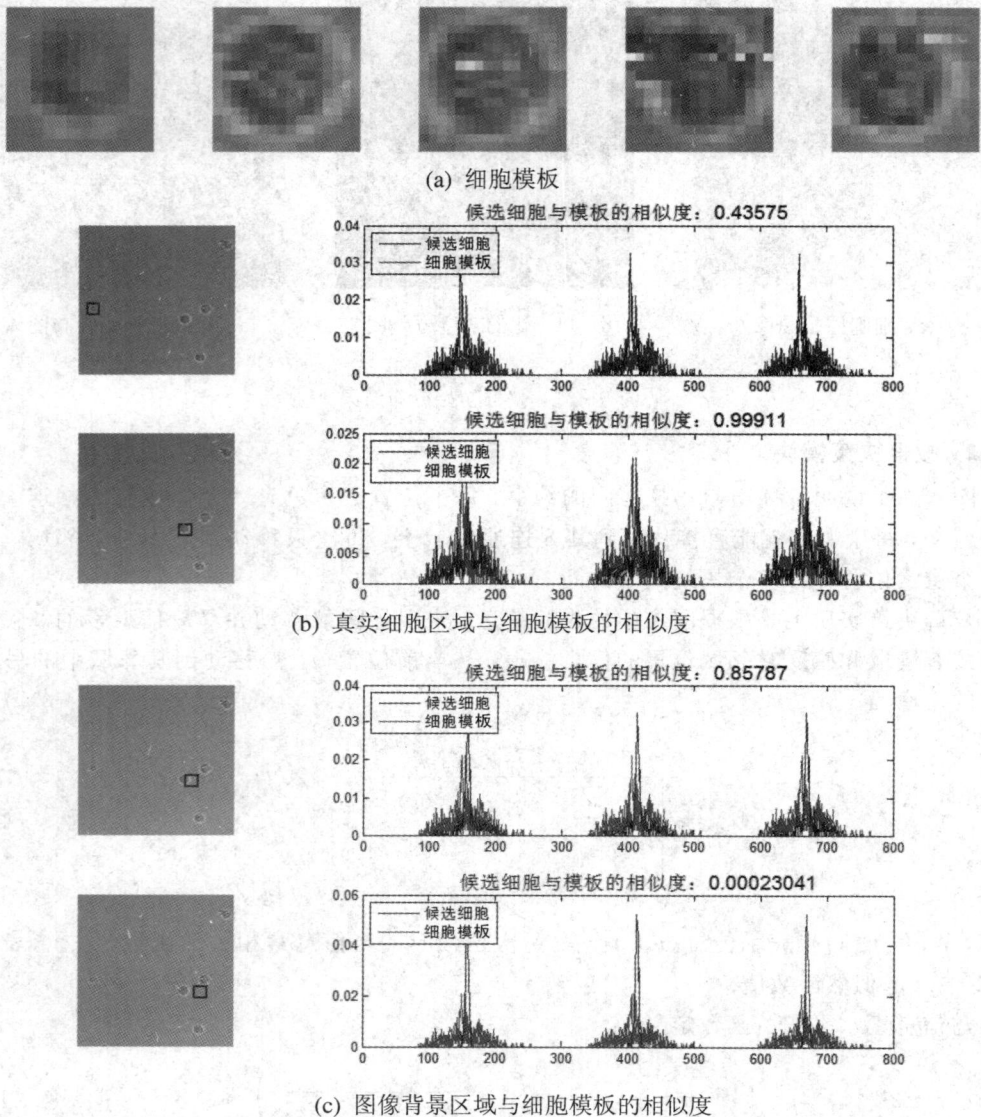

(a) 细胞模板

(b) 真实细胞区域与细胞模板的相似度

(c) 图像背景区域与细胞模板的相似度

图 4 - 32　不同感兴趣区域与细胞模板的相似度

3. 信息素释放和更新模块

蚂蚁在寻找路径时会在路径上释放出信息素，蚂蚁之间的沟通就是通过信息素来完成的。定义了三个信息素工作机制来共同产生有界信息素场：第一，不同蚂蚁个体信息素的释放在同一个像素点位置会叠加，在感兴趣区域会出现信息素峰值；第二，信息素会随着时间挥发，模拟了自然界蚂蚁的记忆能力；最后，信息素扩散机制，建立当前像素点与邻域像素点的信息素联系。

一旦蚂蚁作出 m 次决策后，就会在其路径上的相应像素点处释放不同水平的信息素，这里信息素量计算公式如下：

$$r(\hat{t}) = \begin{cases} (c_1 + c_0) \cdot (1 - e^{-\hat{t}/T_1}) & \eta_m^{\min} > \eta_0, d_m^{\max} > \dfrac{m}{2} \\ c_0 \cdot (1 - e^{-\hat{t}/T_1}) & \text{其他} \end{cases} \qquad (4.30)$$

式中，c_1、c_0、η_0 和 T_1 为常量，$\eta_m^{\min}$ 表示蚂蚁转移 m 步中最小相似度，$d_m^{\max}$ 表示蚂蚁转移 m 步中 x 或 y 方向上最大距离。从感兴趣区域开始搜索，并创建相应的梯度信息素场，这样的策略有助于尽快找到最优解。

当 $m=1$ 时，每个蚂蚁都具有相同长度的记忆力，并且在蚂蚁每次移动时都会释放信息素，但当 $m>1$ 时，信息素是根据一段一段的蚂蚁轨迹来释放的。对于被界标包围的或者不满足公式中限制条件的那些蚂蚁，在其位置处增加的信息素量就比较小（最大为 c_0），最终这些位置在随后的迭代中就会被逐渐忽略。

建立信息素场不仅要考虑信息素的蒸发和信息素的释放，还要考虑信息素的扩散。给定像素点 (i, j)，信息素量随着迭代按照下面公式演化：

$$\tau_{(i, j)}(\hat{t} + 1) = E \cdot \tau_{(i, j)}(\hat{t}) + r_{(i, j)}(\hat{t}) + q_{(i, j)}(\hat{t}) \qquad (4.31)$$

式中，常量 E 为信息素残留系数，$r_{(i, j)}(\hat{t})$ 表示在 $\hat{t}$ 迭代时释放的信息素量，$q_{(i, j)}(\hat{t})$ 表示在 $\hat{t}$ 迭代时信息素的扩散。

可以看出，与传统蚂蚁系统（AS）不同的是，考虑到像素点间的连续性而引入了扩散信息素 $q_{(i, j)}(\hat{t})$，其公式为

$$q_{(i, j)}(\hat{t}) = \sum_{(i', j') \in N_{(i, j)}} \frac{D}{|N_{(i', j')}|} [r_{(i', j')}(\hat{t} - 1) + q_{(i', j')}(\hat{t} - 1)] \qquad (4.32)$$

式中，常量 D 为信息素扩散系数，$0 < D < 1$，$|N_{(i', j')}|$ 表示 $N_{(i', j')}$ 的个数，$D/|N(P')|$ 表示信息素平均扩散系数。

由式（4.31）和式（4.32），可以得出一个结论，信息素场里的信息素量是有界的。

4. 状态提取与身份管理模块

根据上述得到的信息素场和蚁群所在位置，来确定细胞位置和进行数据关联。首先将上述最后一次得到的蚁群进行快速聚类，并与上一帧的细胞进行最近邻法关联。快速聚类方法如下：

（1）在当前的位置信息素场中，找出信息素水平最高的那个像素，以及所对应的蚂蚁 $a_{(i, j)}$，其当前位置为 (i, j)。

（2）$Z_i = (i, j)$ 为聚类中心，将满足与该中心距离小于 μ 的蚂蚁归为此类；将同时满足 $\min(\tau_{(\bar{i}, \bar{j})}^L, \tau_{(i, j)}^L)/\max(\tau_{\bar{i}, \bar{j}}^L, \tau_{(i, j)}^L) > T_2$ 和 $\mu < d([(\bar{i}, \bar{j}), (i, j)] < 2\mu$ 的蚂蚁也归为此类；类的中心即为细胞位置。

（3）对于剩余的蚁群，执行步骤（1）～（2），直至剩余蚂蚁为空。

最后，对于两两类中心距离小于某一阈值的，进行合并，重新计算类中心。上述蚂蚁聚类后，包括有标签与无标签。如果当前蚁群中全为无标签蚁群，那么该蚁群被赋予一个新标签，且对应于一个具有相同标签的新产生细胞。若当前蚁群中包含多个标签，将根据相应概率来确定蚁群标签和对应的细胞标签。如图 4 - 33 所示，若一个蚁群包括 n 组子蚁群，每个子蚁群的蚂蚁数量点比用 P_0，P_1，…，P_n 表示；蚂蚁数量占比 P 所对应的某子蚁

群，它是由上一帧某标签蚁群中占比为 q 蚂蚁所组成的，则当前子蚁群的标签为

$$\tilde{j} = \begin{cases} \max_i \left\{ \dfrac{p_i \cdot q_i}{\sum\limits_{j=0}^{n} p_j \cdot q_j} \right\} & q_i > T_3 \\ \mathrm{NN}(\mathrm{cluster}\{i\}) & \text{其他} \end{cases} \tag{4.33}$$

式中，T_3 为阈值，当该阈值约束条件不能满足时，采用最近邻域方法来确定蚁群与细胞标签。

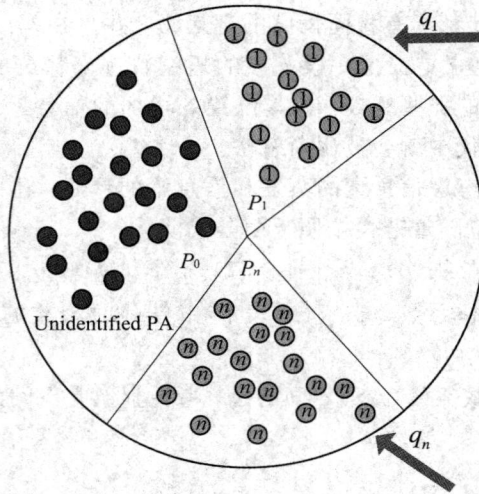

图 4 - 33 当前蚁群构成分布

5. LabVIEW 开发环境下的多细胞跟踪实现

根据上述的基于蚁群算法的多细胞跟踪技术的四个模块，采用模块化、图形化设计思想，利用 LabVIEW 软件平台的功能和强大的函数库，在该平台下实现多细胞的跟踪，程序中包括建立细胞模板库、灰度方差计算、似然函数计算、转移概率计算、信息素更新、快速聚类等子 VI。

第一步，建立细胞模板库，其子 VI 的程序框图如图 4 - 34 所示。

第二步，初始分布蚁群模块中，主要介绍了灰度方差计算子 VI，其程序框图如图 4 - 35 所示。

第三步，蚁群重构模块中，主要介绍了似然函数计算、蚂蚁转移概率计算以及信息素更新，其子 VI 的程序框图分别如图 4 - 36、图 4 - 37、图 4 - 38 所示。

第四步，身份管理与状态提取模块中，主要介绍了快速聚类子 VI，其程序框图如图 4 - 39 所示。

根据上述步骤，LabVIEW 开发环境下基于 ALO 的程序框图如图 4 - 40 所示，程序运行界面如图 4 - 41 所示，并给出了图像序列的部分跟踪结果，如图 4 - 42 所示。

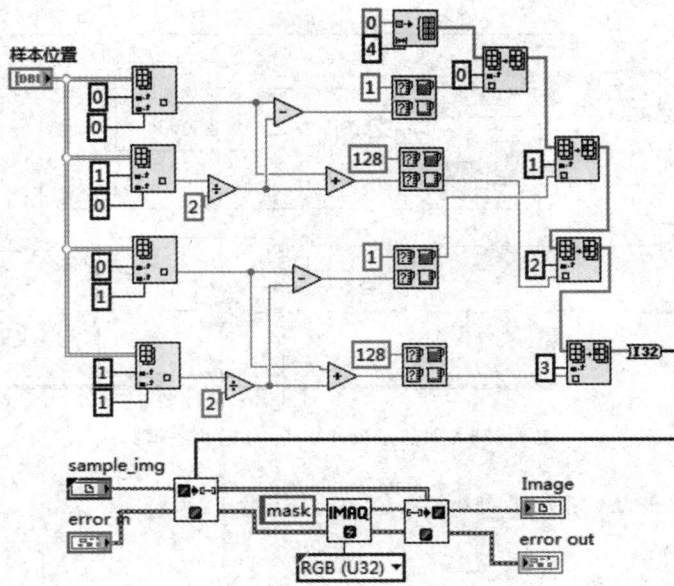

(a) 截取目标区域

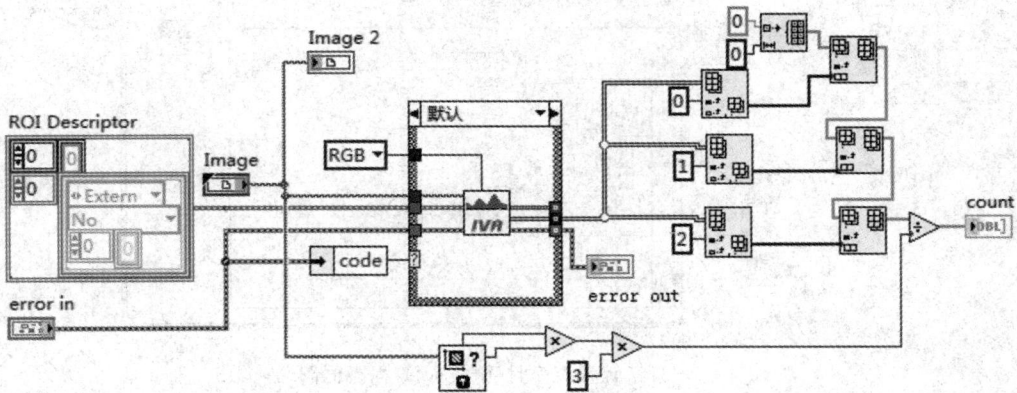

(b) 区域直方图信息

图 4 - 34　建立细胞模板库子 VI 的程序框图

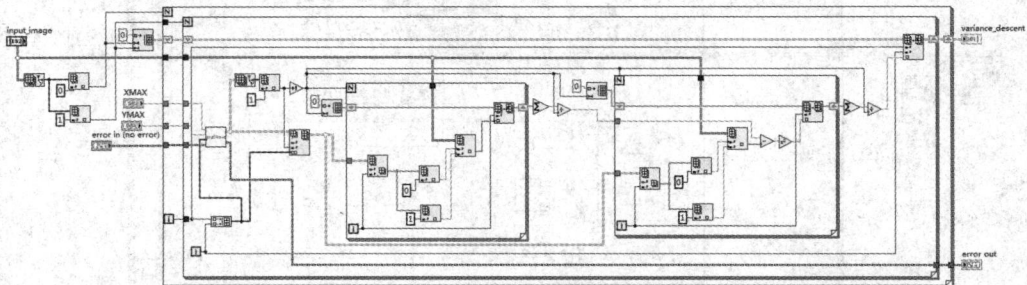

图 4 - 35　灰度方差子 VI 的程序框图

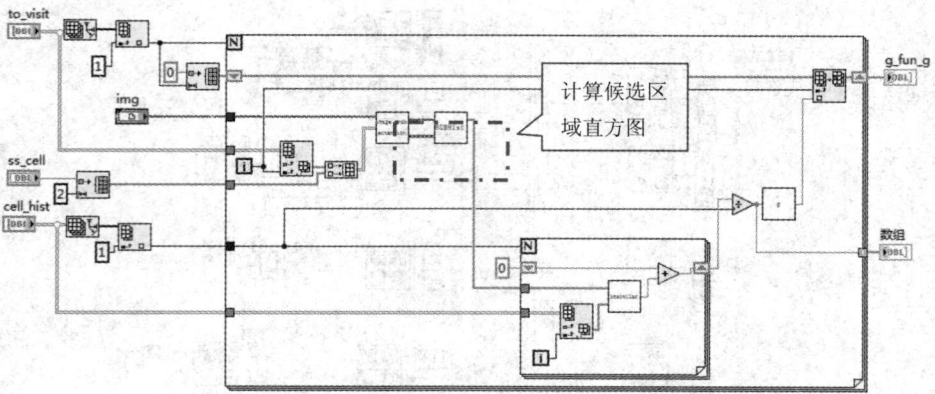

图 4 - 36 似然函数计算子 VI 的程序框图

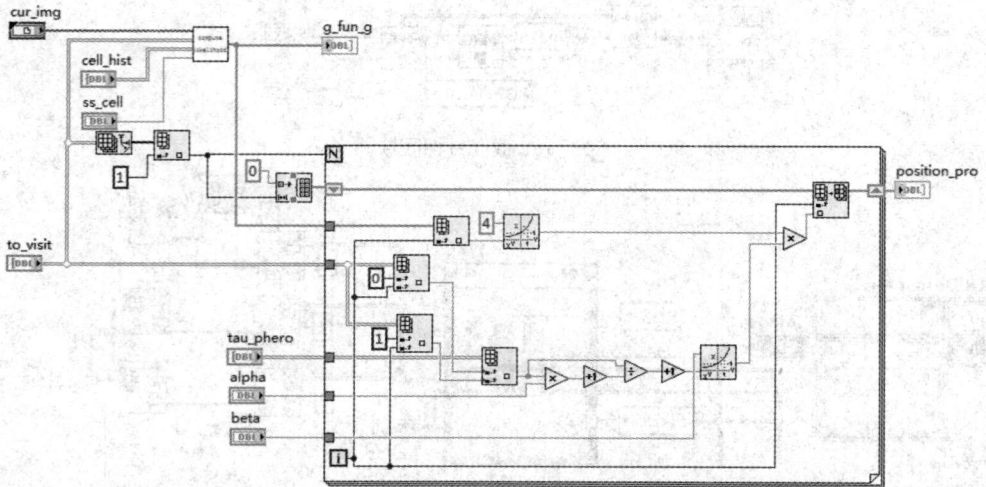

图 4 - 37 转移概率计算子 VI 的程序框图

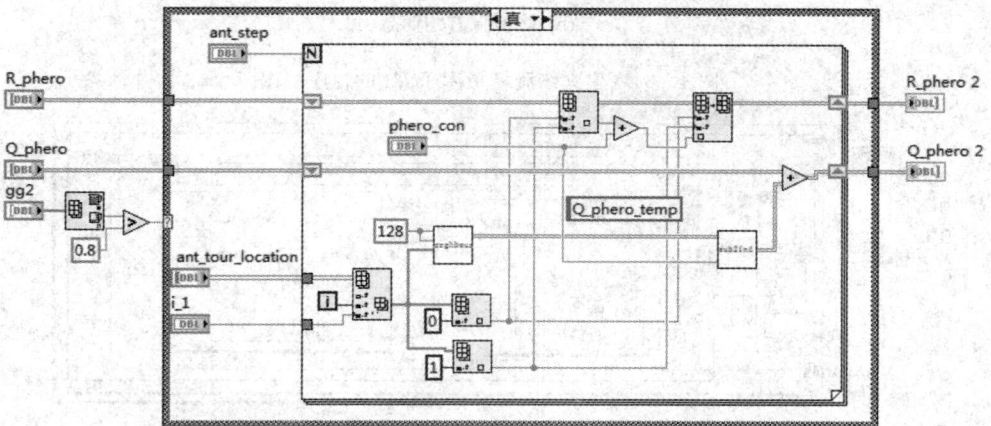

图 4 - 38 信息素更新子 VI(部分程序)程序框图

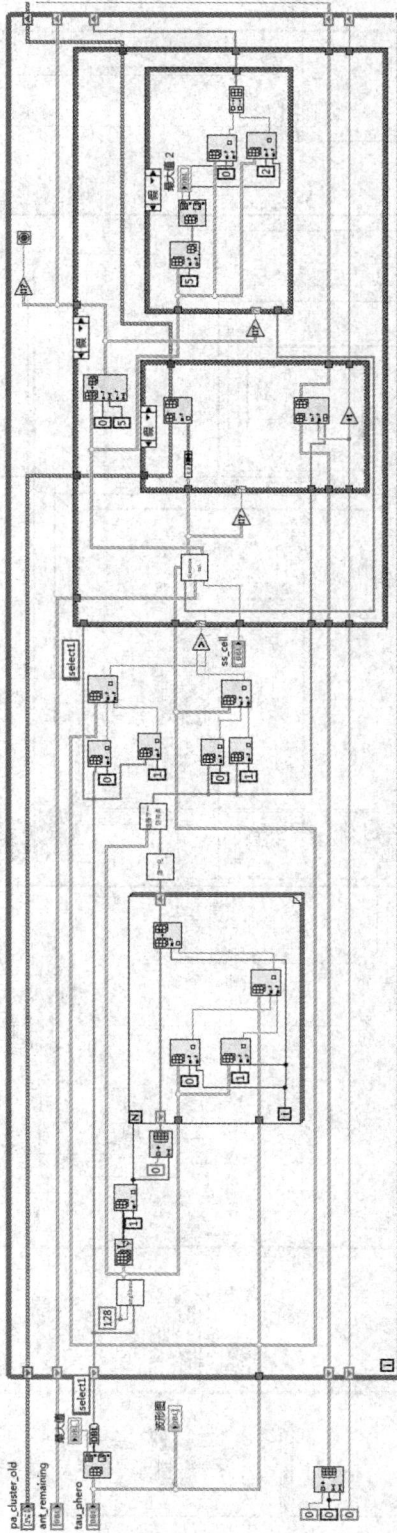

图 4-39 快速聚类子 VI 的程序框图

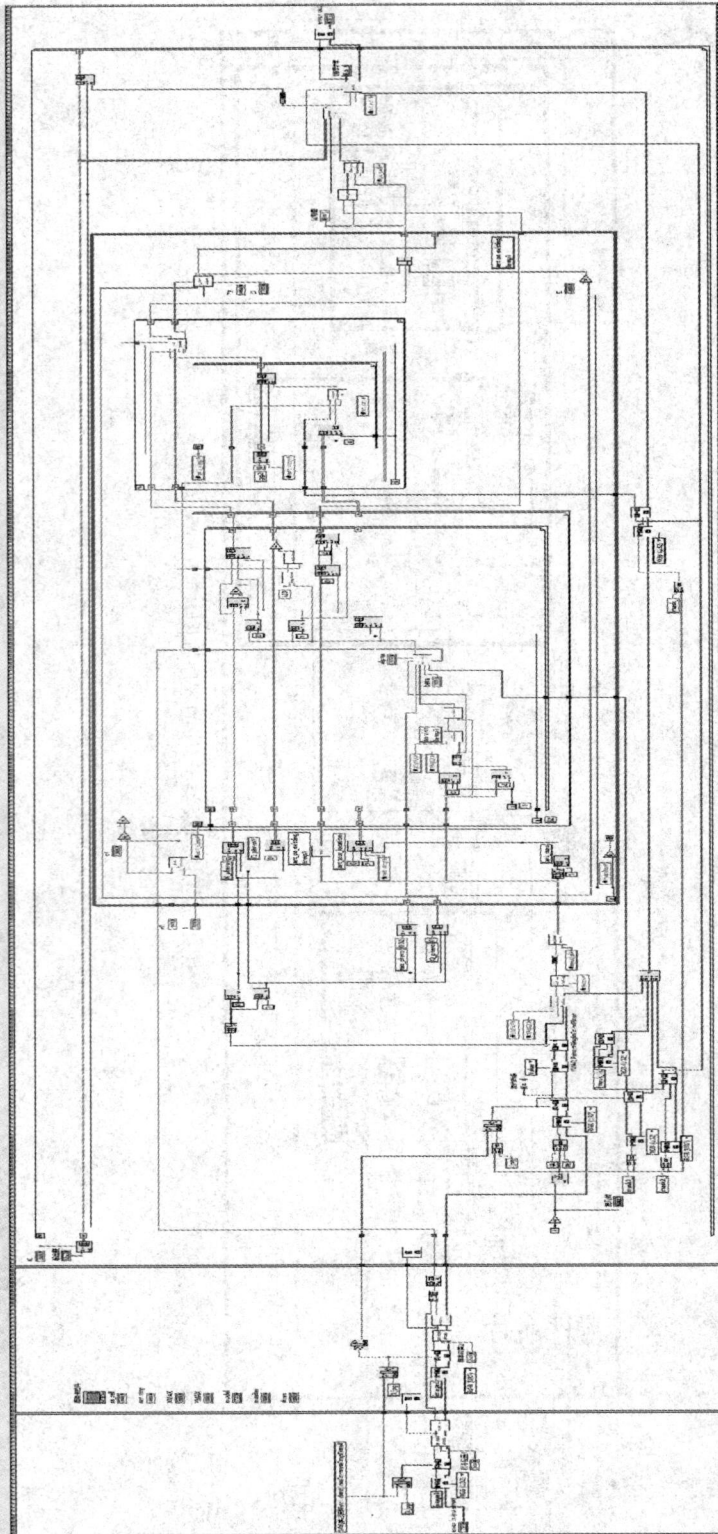

图 4-40　LabVIEW 开发环境下基于 ACO 的程序框图

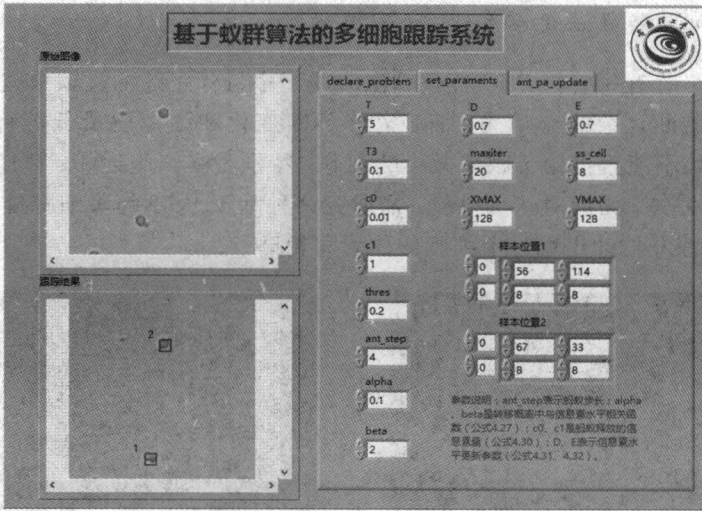

图 4 - 41　LabVIEW 开发环境下基于 ACO 的程序运行界面

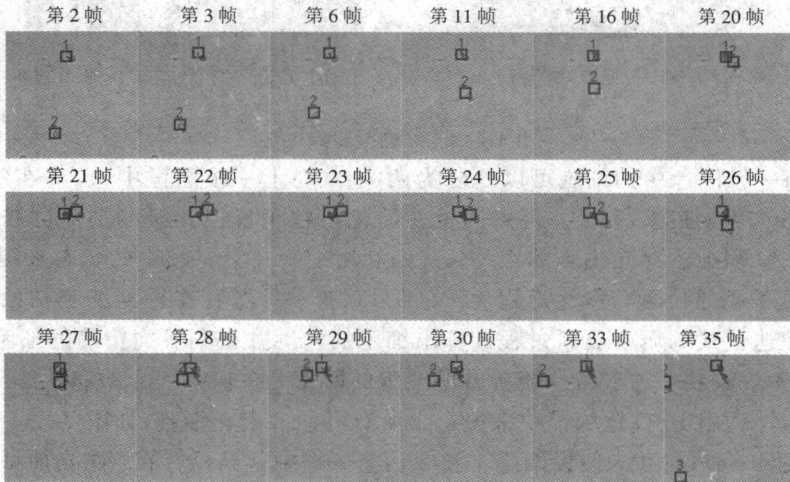

(a) 序列一

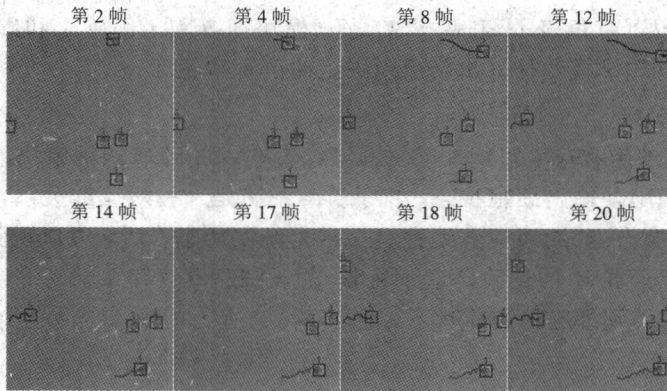

(b) 序列二

图 4 - 42　图像序列的部分跟踪结果

4.6.2　基于粒子群算法的多细胞跟踪技术

　　截至目前，尽管有一些将 PSO 优化算法应用于多目标跟踪的文献报道，但在多细胞跟踪领域，由于细胞间复杂的交互性、细胞外形不断变化和图像质量低等特点（见图 4 - 43（a）），这些方法均不能直接用于跟踪微小的细胞，特别是在细胞近邻、粘连、碰撞时，很容易出现细胞跟踪丢失。为应对这一挑战，需研究一种基于 PSO 的多细胞自动跟踪算法，使该方法能自动跟踪并估计出每一个细胞的位置和轮廓。

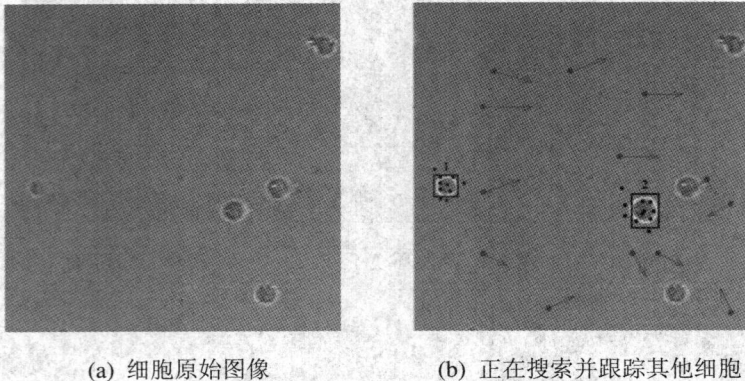

(a) 细胞原始图像　　　　　　(b) 正在搜索并跟踪其他细胞

图 4 - 43　多细胞跟踪态势

　　通常，每一帧图像中的细胞可以划分为两类：（在上一帧图像中）已存在细胞和（当前帧的）新出现（产生）细胞。因此，可以通过初始化与粒子群工作机制的不同来处理这两类细胞。对于上一帧中已存在细胞的跟踪，首先利用细胞在上一帧中的状态来得到特定的一个已存在细胞的初始位置，称此过程为 PSO 跟踪模块。然后在得到细胞初始位置的基础上，通过一种迭代式的质心更新过程计算出细胞的轮廓并得到更加精确的细胞位置，称此过程为 PSO 轮廓模块。对于当前帧新出现细胞的跟踪，在执行一个被称为 PSO 探索模块之后，然后同样利用 PSO 轮廓模块来搜索出所有可能的潜在细胞（如图 4 - 44 所示）。

　　例如在图 4 - 43(b) 中，假设细胞 1 和 2 在上一帧中就已经存在，在当前帧中采用 PSO 跟踪模块和 PSO 轮廓模块之后，就能估计出细胞 1 和细胞 2 的位置和轮廓。对于当前帧中新出现细胞，粒子群（红色表示）利用 PSO 探索模块搜寻除了细胞 1 和细胞 2 之外的新出现细胞，再用 PSO 轮廓模块估计出新出现细胞的位置和轮廓。

1. PSO 跟踪模块

　　通常，已存在细胞有很大可能在下一帧继续存在，而 PSO 跟踪模块就是在当前帧中跟踪先前的已存在细胞并输出细胞状态。粒子群与细胞是一一对应的关系，即用一个粒子群来跟踪一个细胞，粒子群 X_k 对应着细胞 C_k。根据细胞状态 C_k^{t-1}，可以预测细胞 C_k^t 的状态，这样就可以得到粒子群 X_k^t 的先验信息。因此，假设细胞继续存在于当前帧中，就可以用粒子群的搜索机制来得到细胞的当前状态。

1）粒子群初始化

　　对于在第 $t-1$ 帧中的一个细胞 $C_{K_{t-1}(k)}^{t-1}$（$k=1,\cdots,M$），初始化一个群体规模为 N_T 的粒子群 $X_{K_{t-1}(k)}^t = \{x_{i,\,K_{t-1}(k)}\}_{i=1}^{N_T}$ 来跟踪其在第 t 帧中的状态。由于细胞形状具有不规则性，

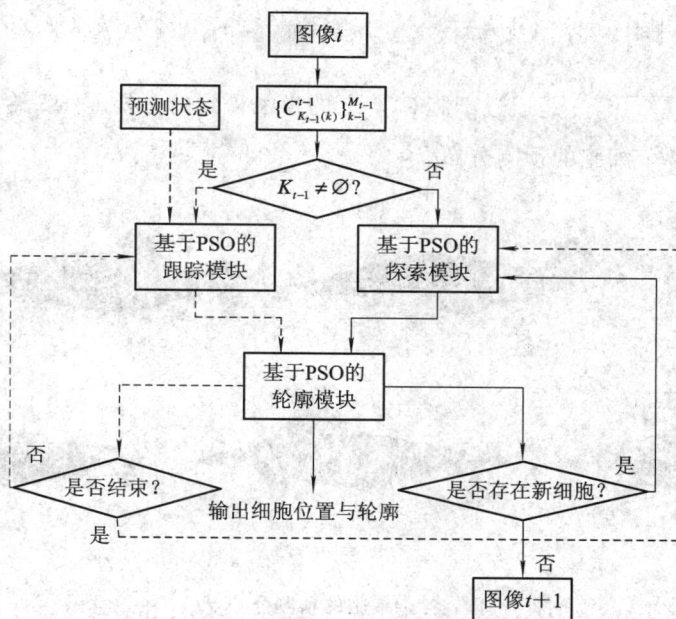

图 4 - 44　基于粒子群多细胞跟踪算法结构图

假设每个粒子表示了一个矩形框，其状态为矩形框的中心坐标和矩形框的长和宽。不失一般性，粒子 i 的状态定义为 $\boldsymbol{x}_{i,K_{t-1}(k)} = [x, y, w, h]$，其中 x 和 y 分别表示矩形框中心的横坐标和纵坐标，w 和 h 分别表示矩形框的长和宽，同时粒子具有一个四维的速度向量 $\boldsymbol{v}_{i,K_{t-1}(k)} = [v_x, v_y, v_w, v_h]$。这些 N_T 个粒子在 PSO 搜索开始时由细胞的先前状态来确定，按高斯分布采样进行初始化：

$$\{\boldsymbol{x}_{i,K_{t-1}(k)}^0\}^t \sim N(\hat{\boldsymbol{x}}_{K_{t-1}(k)}^t, \Sigma) \tag{4.34}$$

式中，Σ 是一个根据细胞速度和形变特征的预定义对角矩阵。第 t 帧中细胞 $\boldsymbol{C}_{K_{t-1}(k)}^t$ 的预测状态根据下式得到

$$\hat{\boldsymbol{x}}_{K_{t-1}(k)}^t = \boldsymbol{p}_{g,K_{t-1}(k)}^{t-1} + \overline{\boldsymbol{v}}_{K_{t-1}(k)}^t \tag{4.35}$$

式中，细胞 $\boldsymbol{C}_{K_{t-1}(k)}^t$ 的预测速度为

$$\overline{\boldsymbol{v}}_{K_{t-1}(k)}^t = \boldsymbol{p}_{g,K_{t-1}(k)}^{t-1} - \boldsymbol{p}_{g,K_{t-1}(k)}^{t-2} \tag{4.36}$$

式中，$\boldsymbol{p}_{g,K_{t-1}(k)}^{t-1}$ 和 $\boldsymbol{p}_{g,K_{t-1}(k)}^{t-2}$ 分别是细胞 $\boldsymbol{C}_{K_{t-1}(k)}$ 在第 $t-1$ 帧和第 $t-2$ 帧中的状态。

粒子的初始速度也是随机的，$\boldsymbol{v}_{i,K_{t-1}(k),j} \in [-V_{\max,j}^T, V_{\max,j}^T]$，$j = 1, \cdots, 4$。

2) 适 应 度 函 数

一般来说，包括基于群智能算法在内的所有视觉跟踪方法，显著地依赖于对背景和目标区域的建模和匹配方法。在计算机视觉的文献中有各种不同的背景/前景建模方法，都面临着如何权衡耗时与精度的问题。这里采用的模型和式(4.28)一样，利用了 RGB 颜色直方图计算候选目标 $\boldsymbol{x}_i$ 与细胞模板库 $\{\boldsymbol{h}_j\}_{j=1}^{N_h}$ 之间的图像相似度，表示为 $f_P(\boldsymbol{x}_i^n)$。

细胞在连续帧中的位移通常是比较小的，因此，细胞 $\boldsymbol{C}_{K_{t-1}(k)}$ 在下一帧各个像素点的预测存在概率可以通过先前的细胞 $\{\boldsymbol{C}_{K_{t-1}(k)}^{-1}\}_{k=1}^M$ 按下式计算得到：

$$\hat{f}_{C_{K_{t-1}(k)}^t}(\hat{x}) = \frac{\kappa(\hat{x}) - \min(\kappa)}{\max(\kappa) - \min(\kappa)} \tag{4.37}$$

式中，$\kappa(\hat{x}) = k_f(\|\hat{x} - \bar{x}^t_{K_{t-1}(k)}\|) - \sum\limits_{k'=1, k' \neq k}^{M} k_f(\|\hat{x} - \bar{x}^t_{K_{t-1}(k')}\|)$，$k_f(\cdot)$ 表示高斯核函数

$k_f(\|\hat{x}-x\|) = \mathrm{e}^{-\frac{\|\hat{x}-x\|^2}{2\sigma^2}}$，$\sigma$ 是通过细胞 $C^{t-1}_{K_{t-1}(k)}$ 的半径得到的。图 4-45 给出了细胞原始图像图 4-43(a)中各个细胞的预测分布 $\hat{f}_{C^t_{K_{t-1}(k)}}$。

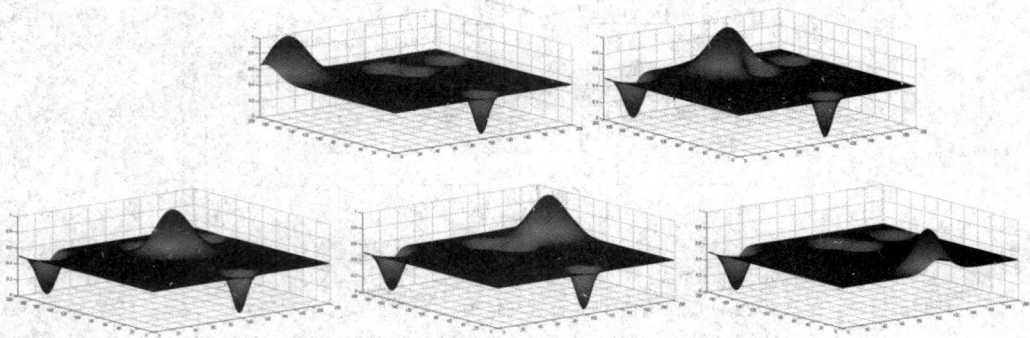

图 4-45　各个细胞的预测分布 $\hat{f}_{C^t_{K_{t-1}(k)}}$

PSO 跟踪模块的适应度函数为

$$f_T(\boldsymbol{x}^n_i) = \begin{cases} \varepsilon & A(\boldsymbol{x}^n_i \bigcap \{\boldsymbol{C}_{K_t(k)}\}^M_{k=1}) > 0 \\ \hat{f}_{C^t_{K_{t-1}(k)}}(\boldsymbol{x}^n_i) \times f_P(\boldsymbol{x}^n_i) & \text{其他} \end{cases} \tag{4.38}$$

式中，$A(\boldsymbol{x}^n_i \bigcap \{\boldsymbol{C}_{K_t(k)}\}^M_{k=1})$ 表示被粒子 $\boldsymbol{x}^n_i$ 所表示的矩形框和当前帧中全部已被跟踪到的细胞 $\{\boldsymbol{C}_{K_t(k)}\}^M_{k=1}$ 之间的重叠面积，ε 的值很小，从而防止不同粒子群反复地跟踪到同一个目标。

3）改进的粒子群优化过程

基本粒子群算法缺少参数控制机制，如对惯性权重 ω、因子 c_1 和 c_2 以及最大速度 $v_{\max, j}$ 的控制，否则在高维空间中就很可能造成种群爆炸和分散。这里用一个改良的 PSO 算法来搜索目标状态，在第 $n+1$ 次迭代时粒子的速度位置更新公式为

$$v^{n+1}_i = \chi[v^n_i + c_1 \eta_1(\boldsymbol{p}^n_i - \boldsymbol{x}^n_i) + c_2 \eta_2(\boldsymbol{p}^n_g - \boldsymbol{x}^n_i)] \tag{4.39}$$

$$\boldsymbol{x}^{n+1}_i = \boldsymbol{x}^n_i + \boldsymbol{v}^{n+1}_i \tag{4.40}$$

式中，$\chi < 1$ 是一个制约因子，定义为

$$\chi = \frac{2}{\|2 - c - \sqrt{c^2 - 4c}\|} \tag{4.41}$$

式中，$c = c_1 + c_2 > 4.0$，个体极值 $\boldsymbol{p}^n_i$ 和全局极值 $\boldsymbol{p}^n_g$ 在每次优化过程的迭代中都会根据适应度函数进行更新。

4）收敛准则

当满足以下条件之一时，粒子群搜索停止：

（1）大部分粒子的平均适应度超过阈值 l：

$$l = \frac{\lambda}{L \times W} \sum\limits_i^L \sum\limits_j^W \hat{f}_{C^t_{K_{t-1}(k)}}(i, j) \tag{4.42}$$

式中，λ 是调节系数，L 和 W 是图像的长和宽，把这些粒子的平均状态作为输出 $\boldsymbol{p}_{g,K_{t-1}(k)}^{t}$。

（2）迭代次数达到预定义的最大值 MI。由于细胞的不规则运动，细胞有可能会离开图像或者是被粒子群跟丢，这样粒子群的输出结果就是一个杂波（虚警）。假如全局极值 $\boldsymbol{p}_{g,K_{t-1}(k)}^{t}$ 满足 $f_P(\boldsymbol{p}_{g,K_{t-1}(k)}^{t})>T_1$，则表示粒子群跟踪到细胞 $\boldsymbol{C}_{K_{t-1}(k)}^{t}$，$T_1$ 为预定义的阈值，否则就表示 $\boldsymbol{C}_{K_{t-1}(k)}^{t}$ 在第 t 帧中跟踪丢失。

2. PSO 探索模块

假设在第 t 帧中已被跟踪到的细胞表示为 $\{\boldsymbol{C}_{K_t(k)}^{t}\}_{k=1}^{M}$，一个群体规模为 N_D 的粒子群 $\boldsymbol{X}_D=\{x_i^D\}_{i=1}^{N_D}$ 将在当前帧中搜索新细胞。粒子 i 的状态表示为 $\boldsymbol{x}_i^D=[x_i,y_i,w_i,h_i]$，所有粒子将随机分布于整个搜索空间中，粒子的速度也随机分布于取值范围 $v_{i,j}^D\in[-V_{\max,j}^D,V_{\max,j}^D]$ 中。

粒子的速度位置更新方式与 PSO 跟踪模块中的一样，使用式（4.39）和式（4.40），而适应度函数变为

$$f_D(\boldsymbol{x}_i^{D,n})=\begin{cases}\varepsilon & A(\boldsymbol{x}_i^{D,n}\bigcap\{\boldsymbol{C}_{K_t(k)}^t\}_{k=1}^M)>0\\ f_P(\boldsymbol{x}_i^{D,n}) & \text{其他}\end{cases} \tag{4.43}$$

兼顾跟踪精度和时间消耗，优化过程在满足以下条件之一时达到收敛：

（1）$f_D(\boldsymbol{p}_g^{C,n})>T_2$，$T_2$ 是预定义的接近 1 的阈值。

（2）$\boldsymbol{p}_g^{C,n}\approx\boldsymbol{p}_g^{C,n-n_1}$，其中 n_1 是一个正整数。

（3）迭代次数达到预定义的最大值。

如果粒子群的输出 $\boldsymbol{p}_g^{C,\text{output}}$ 满足条件 $f_P(\boldsymbol{p}_g^{C,\text{output}})<T_1$，则认为其是杂波（虚警），否则 $\boldsymbol{p}_g^{C,\text{output}}$ 就表示一个真实的细胞。如果该识别出的细胞不能关联到先前已存在的细胞，就标记为一个新细胞 $\boldsymbol{C}_{K,M+1}$。当此次探索过程结束后，就会初始化另一个新的粒子群来寻找其他新细胞，直到粒子群连续 T_{ND} 次收敛到杂波（虚警）。

3. PSO 轮廓模块

虽然细胞在局部呈现出不规则形状，但是整体而言接近圆形，且是封闭的。如果找出轮廓上主要的特征点，也就找出了轮廓，例如图 4-46 是一个细胞轮廓的模拟图（黑线），根据细胞内部的一点分出 16 个方向，与轮廓相交后得到 16 个采样点，这样就得到了细胞的粗略轮廓线。

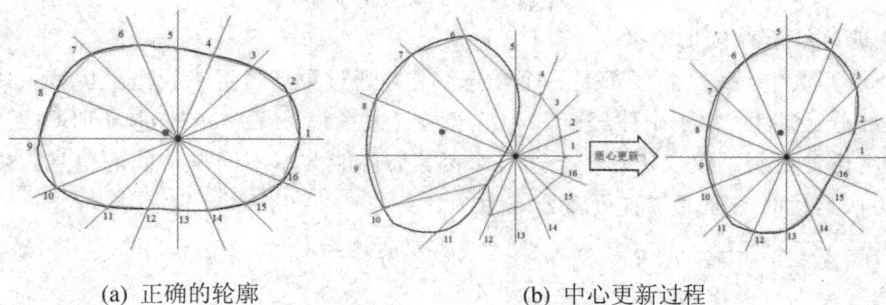

(a) 正确的轮廓　　　　　　　(b) 中心更新过程

图 4-46　细胞轮廓更新框架

1）轮廓模型和种群初始化

已知细胞 $\boldsymbol{C}_k=[x_0,y_0,w_0,h_0]$，分别在以细胞中心为原点，方向 $\Phi=\{\varphi_{\text{id}}\}_{\text{id}=1}^m$ 上 $\varphi_{\text{id}}=$

$2\pi(\mathrm{id}-1)/m$ 上选择 m 个不同的轮廓采样点。为得到每个方向上的最优轮廓点位置，初始化一个群体规模为 N_C 的粒子群 $\boldsymbol{X}_{\mathrm{id}}^C = \{\boldsymbol{x}_{i,\mathrm{id}}^{C,0}\}_{i=1}^{N_C}$，每个粒子都是轮廓点的候选位置，仅用一维状态 $d_{i,\mathrm{id}}$ 表示，$d_{i,\mathrm{id}}$ 定义为粒子与假定中心 $[x_0,y_0]$ 之间的欧式距离。此外，粒子的初始搜索空间为 $S = [\max(R_{\min}, \alpha R_c), \min(R_{\max}, \beta R_c)]$，其中 R_c 表示细胞的近似半径，$R_c = (w_0 + h_0)/4$，$R_{\min}$ 和 $R_{\max}$ 分别是所研究图像序列中细胞的最小半径和最大半径，α 和 β 是调节系数。

2）适应度函数

首先对原始图像的灰度图像利用中值滤波器，降低图像噪声的影响，如图 4-47(a)所示。然后，利用自适应直方图均衡化来增强图像的边缘强度，得到的图像为 $\bar{Y}_t$，如图 4-47(b)所示。对于灰度级图像 $\bar{Y}_t$，像素点 (x,y) 的灰度方差强度在其 8 邻域中计算。在各个像素点的局部灰度方差强度的基础上，描述轮廓相似度的方差分布计算公式为

$$f_d(x,y) = \frac{\Delta\sigma_{(x,y)}}{\max(\Delta\sigma_{(\cdot,\cdot)})} \tag{4.44}$$

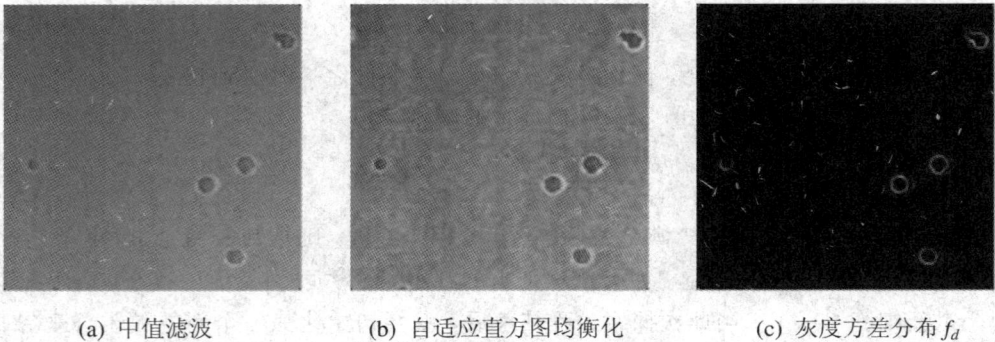

(a) 中值滤波　　　　(b) 自适应直方图均衡化　　　　(c) 灰度方差分布 f_d

图 4-47　细胞图像预处理

图 4-47(c)给出了细胞图像的灰度方差分布 f_d，图中每个像素点的强度值在 $[0,1]$ 中，粒子 $\boldsymbol{x}_{i,\mathrm{id}}^C$ 的状态为 $d_{i,\mathrm{id}}$，那么该粒子在图像中的坐标可以通过下式计算：

$$(x_{i,\mathrm{id}}, y_{i,\mathrm{id}}) \leftarrow ([x_0 + d_{i,\mathrm{id}}\cos\varphi_{\mathrm{id}}], [y_0 - d_{i,\mathrm{id}}\sin\varphi_{\mathrm{id}}]) \tag{4.45}$$

式中，$[\ ]$ 表示取整操作，因此粒子 $x_{i,\mathrm{id}}$ 的适应度为

$$f_C(\boldsymbol{x}_{i,\mathrm{id}}^C) = f_d(x_{i,\mathrm{id}}, y_{i,\mathrm{id}}) \tag{4.46}$$

3）改进的粒子群优化过程

在 PSO 算法中，每个粒子都是一个候选解，并通过更新位置来找出最优解，其依赖于以下三个部分：惯性、粒子个体经验和种群经验。这里设计了一个改进的 PSO 更新规则，粒子的速度位置更新不仅仅依赖于上述三个因素，还能共享不同群体间的信息。粒子 $\boldsymbol{x}_{i,\mathrm{id}}^{C,n}$ 在第 $n+1$ 次迭代时的速度位置更新公式为

$$\boldsymbol{v}_{i,\mathrm{id}}^{C,n+1} = \chi^C(\boldsymbol{v}_{i,\mathrm{id}}^{C,n} + \varphi_1\eta_1(\boldsymbol{p}_{i,\mathrm{id}}^{C,n} - \boldsymbol{x}_{i,\mathrm{id}}^{C,n}) + \varphi_2\eta_2(\boldsymbol{p}_{g,\mathrm{id}}^{C,n} - \boldsymbol{x}_{i,\mathrm{id}}^{C,n}) + \varphi_3\eta_3(\boldsymbol{p}_{\mathrm{id,nb}}^{C,\mathrm{output}} - \boldsymbol{x}_{i,\mathrm{id}}^{C,n}))$$

$$\tag{4.47}$$

$$\boldsymbol{x}_{i,\mathrm{id}}^{C,n+1} = \boldsymbol{x}_{i,\mathrm{id}}^{C,n} + \boldsymbol{v}_{i,\mathrm{id}}^{C,n+1} \tag{4.48}$$

式中，$\boldsymbol{v}_{i,\mathrm{id}}^{C,n}$ 和 $\boldsymbol{x}_{i,\mathrm{id}}^{C,n}$ 分别是第 id 个方向中的粒子 i 在第 n 次迭代时的速度和状态。由于在实际中，相邻方向上的轮廓点采样点到中心的距离是接近的，因此在这里引入了一个基于相

邻粒子群的输出 $\boldsymbol{p}_{\mathrm{id, nb}}^{C, \mathrm{output}}$ 的第四个部分，此部分使得粒子群 $\boldsymbol{X}_{\mathrm{id}}^{C}$ 在其相邻粒子群的输出 $\boldsymbol{p}_{\mathrm{id, nb}}^{C, \mathrm{output}}$ 附近寻找最优解。对于方向 1 上的粒子群，如果中心 $[x_0, y_0]$ 还未发生更新，$\boldsymbol{p}_{1, \mathrm{nb}}^{C, \mathrm{output}}$ 等于 R_c，其他方向上粒子群的相邻群的输出为

$$\boldsymbol{p}_{\mathrm{id, nb}}^{C, \mathrm{output}} = \begin{cases} \boldsymbol{p}_{g, \mathrm{id}-1}^{C, \mathrm{output}} & 2 \leqslant \mathrm{id} \leqslant m-1 \\ \dfrac{\boldsymbol{p}_{g, 1}^{C, \mathrm{output}} + \boldsymbol{p}_{g, m-1}^{C, \mathrm{output}}}{2} & \mathrm{id} = m \end{cases} \tag{4.49}$$

式中，$\boldsymbol{p}_{g, \mathrm{id}}^{C, \mathrm{output}}$ 表示群 id 的输出，η_1、η_2 和 η_3 为 $(0, 1)$ 区间的随机数，φ_1、φ_2 和 φ_3 均为非负数，用于平衡粒子个体、群体和相邻粒子群对速度的影响。$\chi^C < 1$ 且 $\chi^C = \dfrac{2}{\| 2 - \varphi - \sqrt{\varphi^2 - 4\varphi} \|}$，$\varphi = \varphi_1 + (\varphi_2 + \varphi_3)$。

个体极值和全局极值在 PSO 的每次迭代时根据适应度函数 $f_c(\cdot)$ 进行更新，在第 id 方向上，群 $\boldsymbol{X}_{\mathrm{id}}^{C}$ 迭代 MI_C 次后的输出将作为一个轮廓采样点，这样就可以得到 m 个轮廓采样点 $P = \{\boldsymbol{p}_{g, \mathrm{id}}^{C, \mathrm{output}}\}_{\mathrm{id}=1}^{m}$。

4) 中心更新

通常，只有在中心 $[x_0, y_0]$ 接近细胞的真实中心时，通过一次上述过程就能得到细胞的近似轮廓，如图 4-44(a) 所示，若中心 $[x_0, y_0]$ 离真实中心很远或位于细胞区域外部时，就需要更新中心点的位置，使得其靠近真实的中心。

采样点表示为 $P = \{\boldsymbol{p}_{g, \mathrm{id}}^{C, \mathrm{output}}\}_{\mathrm{id}=1}^{m}$，把这些点分为两类，即在真实细胞轮廓上的点和其他位置点，分别表示为 P_1 和 P_2。P_2 集合中点的个数可通过下式计算：

$$N_{P_2} = | \arg[f_C(\boldsymbol{p}_{g, \mathrm{id}}^{C, \mathrm{output}}) < \mathrm{TH}] | \tag{4.50}$$

式中，TH 是 0 到 1 间的一个阈值，可通过 Otsu 方法得到。

当 P_2 中的点过多时，认为中心点 $[x_0, y_0]$ 在细胞外部，需要更新中心点的位置并重新寻找轮廓采样点。首先，通过公式 (4.51) 计算粒子 $\boldsymbol{p}_{g, \mathrm{id}}^{C, \mathrm{output}}$ 在图像中的二维坐标 $(x_{g, \mathrm{id}}, y_{g, \mathrm{id}})$，然后计算中心偏移量：

$$[\hat{x}, \hat{y}] = \dfrac{\sum\limits_{\mathrm{id}=1}^{m} (x_{g, \mathrm{id}} - x_0, y_{g, \mathrm{id}} - y_0) f_C(\boldsymbol{p}_{g, \mathrm{id}}^{C, \mathrm{output}})}{\sum\limits_{\mathrm{id}=1}^{m} f_C(\boldsymbol{p}_{g, \mathrm{id}}^{C, \mathrm{output}})} \tag{4.51}$$

那么，更新后的中心为

$$[x_0, y_0] \leftarrow [x_0 + \hat{x}, y_0 + \hat{y}] \tag{4.52}$$

当中心点在细胞内部时，其更新公式为

$$[x_0, y_0] \leftarrow \left[\dfrac{1}{m} \sum\limits_{\mathrm{id}=1}^{m} x_{g, \mathrm{id}}, \dfrac{1}{m} \sum\limits_{\mathrm{id}=1}^{m} y_{g, \mathrm{id}} \right] \tag{4.53}$$

中心点会随着中心更新过程而逐渐移至真实的细胞中心附近，轮廓采样点也会在每次更新后重新利用 PSO 算法得到。在中心点的偏移量非常小时，就会停止更新中心，得到最终的细胞轮廓点 $P = \{\boldsymbol{p}_{g, \mathrm{id}}^{C, \mathrm{output}}\}_{\mathrm{id}=1}^{m}$。按顺序把这些点连接，得到连续的细胞近似轮廓 $P_C = \{\boldsymbol{y}_i^{C}\}_{i=1}^{M_C}$，$\boldsymbol{y}_i^{C} = (x_i, y_i)$ 是轮廓上的第 i 个点，M_C 是轮廓上像素点的总数。

由于不同细胞间的特征（如面积和轮廓等）也不相同，可以计算出每个细胞的显著性指标，进而使得细胞能够更容易地被粒子群跟踪到。假设具有大的显著性指标的细胞更容易

被粒子群跟踪到，根据轮廓信息 $P_C = \{y_i^C\}_{i=1}^{M_C}$，显著性指标定义为

$$l_s(P_C) = A(P_C) \sum_{i=1}^{M_C} f_c(y_i^C) \tag{4.54}$$

式中，$A(P_C)$表示由轮廓 P_C 表示的细胞面积，$f_C(\cdot)$是轮廓适应度函数。

根据基于粒子群算法的多细胞跟踪技术的三个模块（即 PSO 跟踪模块、PSO 探索模块和 PSO 轮廓模块）的具体步骤，采用模块化、图形化设计思想，利用 LabVIEW 软件平台的功能和强大的函数库，在该平台下实现多细胞的跟踪及轮廓估计，程序中包括模板库的建立、粒子群的更新、粒子群寻优、粒子群采样、质心更新等子 VI。

PSO 跟踪模块与 PSO 探索模块具体步骤如下：

第一步，粒子群的初始化，样本库的建立与基于蚁群算法的多细胞跟踪技术中的样本库一样，这里就不再赘述了。下面主要介绍适应度值计算，其程序框图如 4-48 所示。

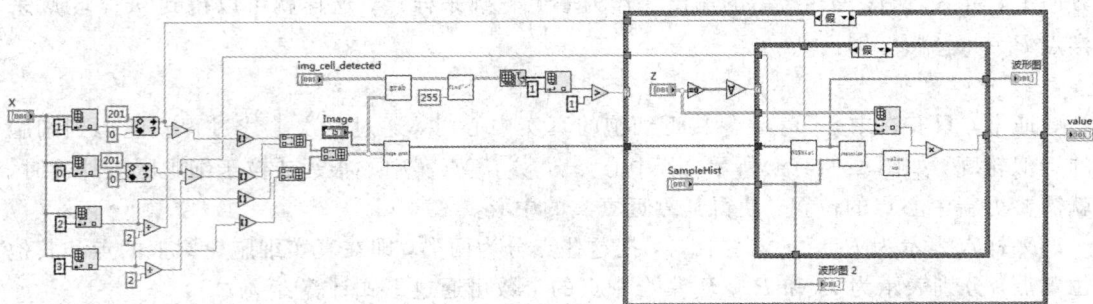

图 4-48　适应度值计算子 VI 的程序框图

第二步，跟踪模块与探索模块的粒子群更新公式一样，其程序框图如图 4-49 所示。

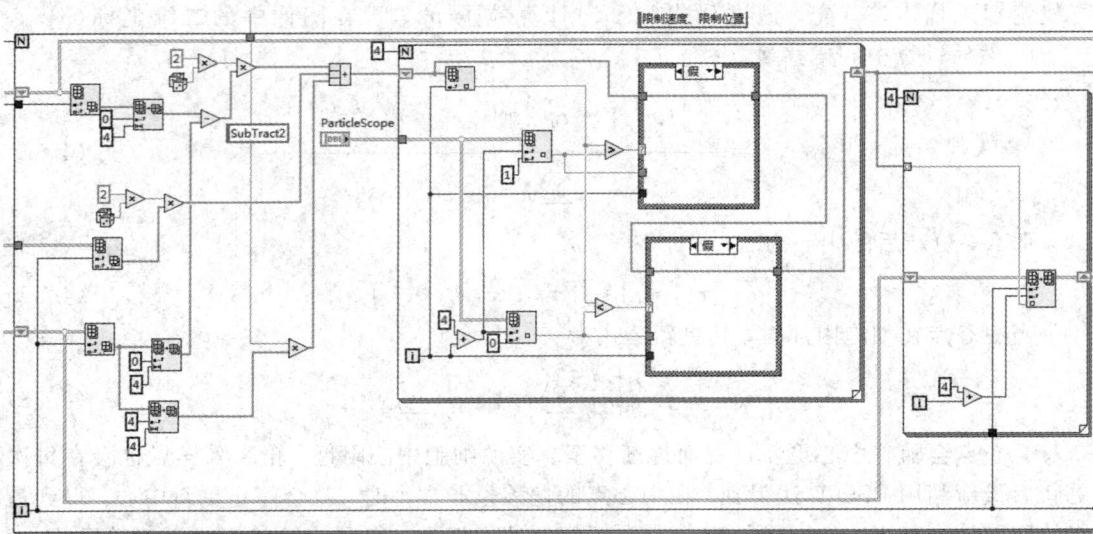

图 4-49　粒子群更新子 VI（跟踪模块与发现模块）的程序框图

第三步,粒子群寻优过程,其程序框图如图4-50所示。

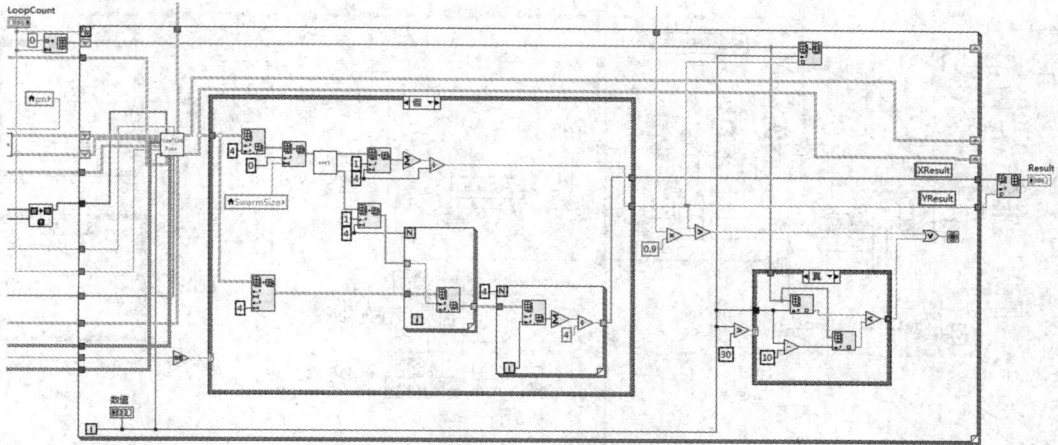

图4-50 粒子群寻优过程子VI(跟踪模块与探索模块)的程序框图

PSO轮廓模块的具体步骤如下:

第一步,粒子群的初始化,主要介绍适应度值计算,其程序框图如图4-51所示。

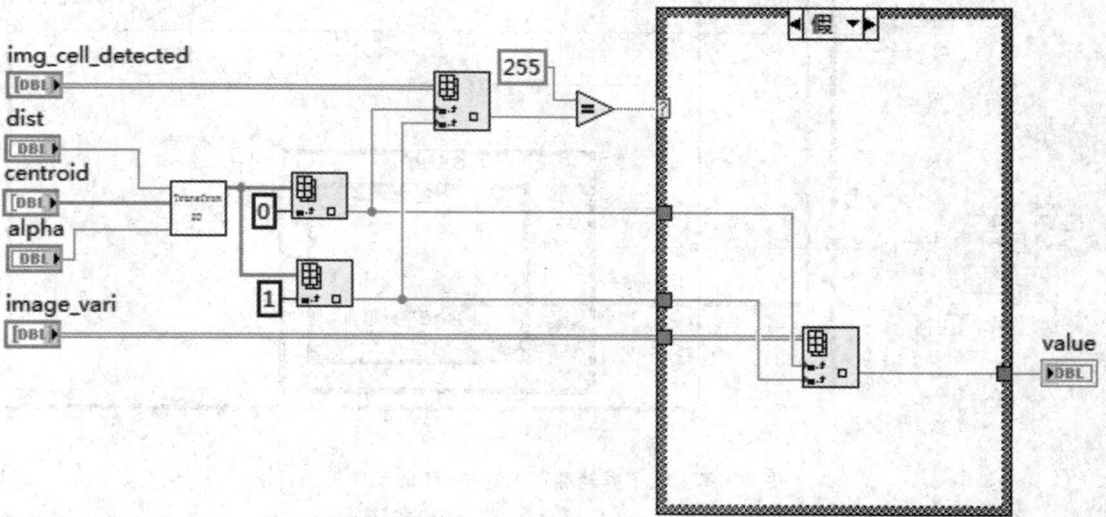

图4-51 适应度值计算子VI(轮廓模块)的程序框图

第二步,粒子群的更新,其程序框图如图4-52所示。

第三步,粒子群对细胞轮廓点采样,其程序框图如图4-53所示。

第四步,细胞质心的更新,其程序框图如图4-54所示。

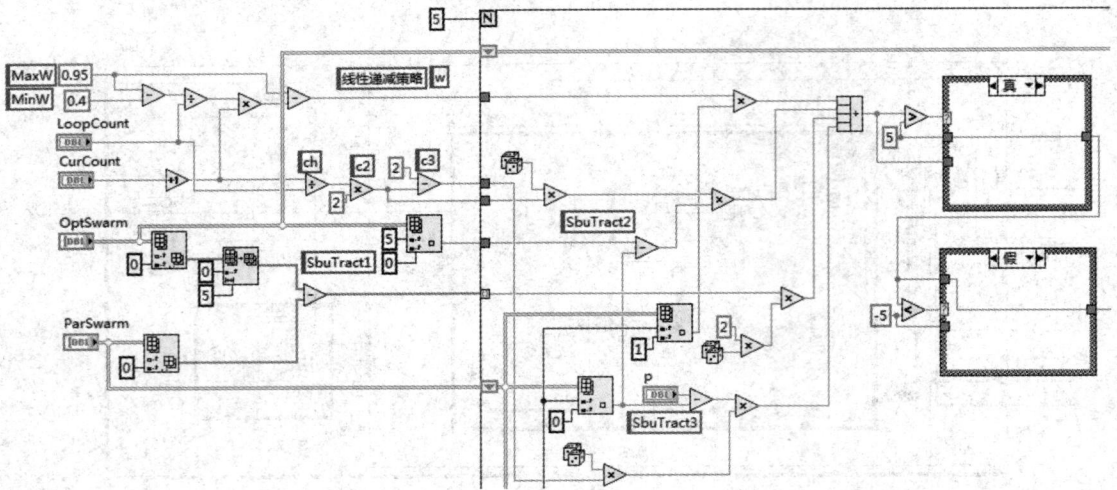

图 4-52　粒子群更新子 VI(轮廓模块)的程序框图

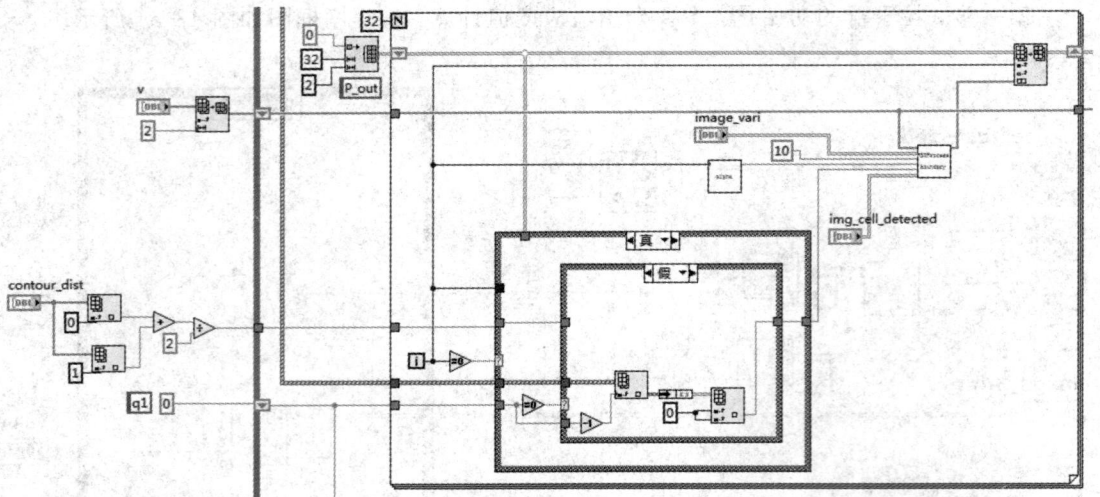

图 4-53　粒子群轮廓点采样子 VI 的程序框图

　　根据设计要求，在 LabVIEW 环境下，根据三个模块(即 PSO 跟踪模块、PSO 探索模块和 PSO 轮廓模块)的具体步骤，进行编程仿真实现细胞的自动跟踪，其主程序方框图如图 4-55 所示，程序界面如图 4-56 所示。

　　图 4-57 给出了部分实验结果。精确的细胞面积是理解细胞生长状态的重要特征，细胞 3 的面积在其离开图像时(第 10 帧后)迅速地减小了，其他靠近图像边缘的细胞的面积变化比较明显，如图 4-58 所示。

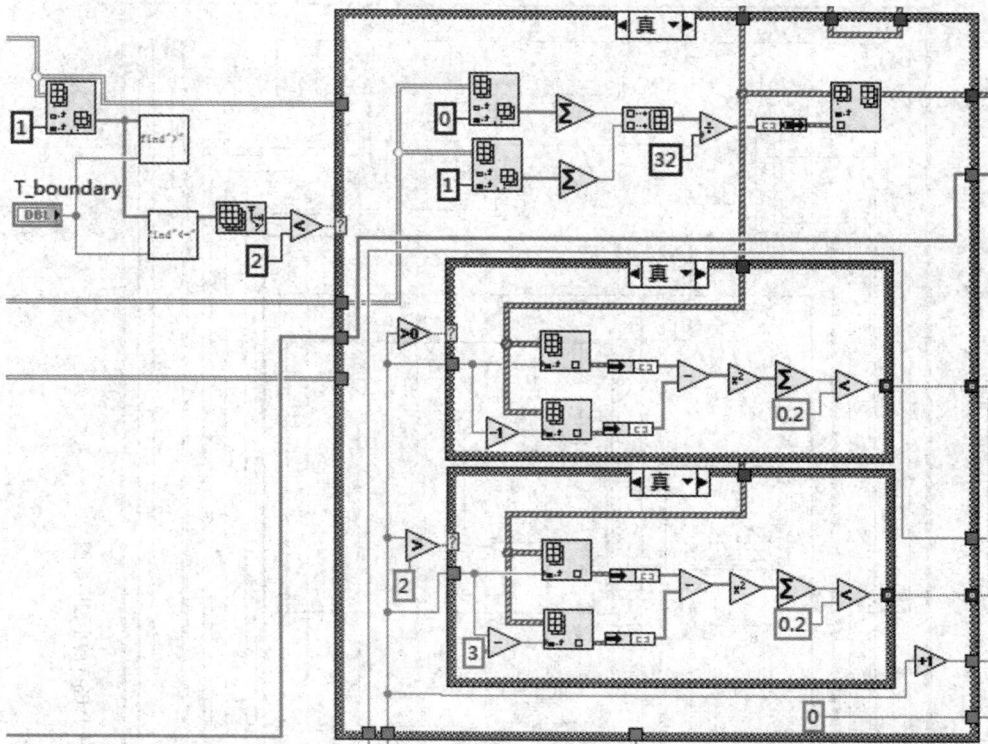

(a) 质心位置在细胞内部

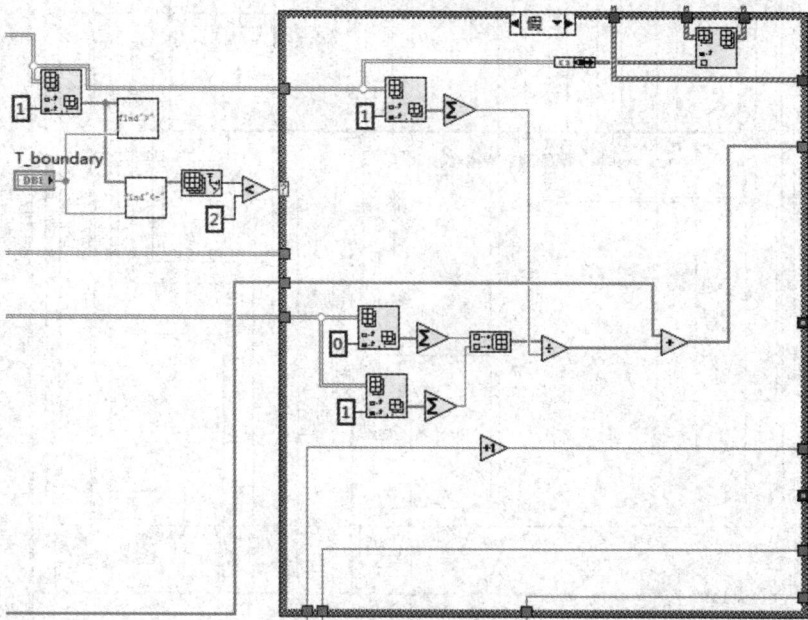

(b) 质心位置在细胞外部

图 4 - 54　质心更新子 VI 的程序框图

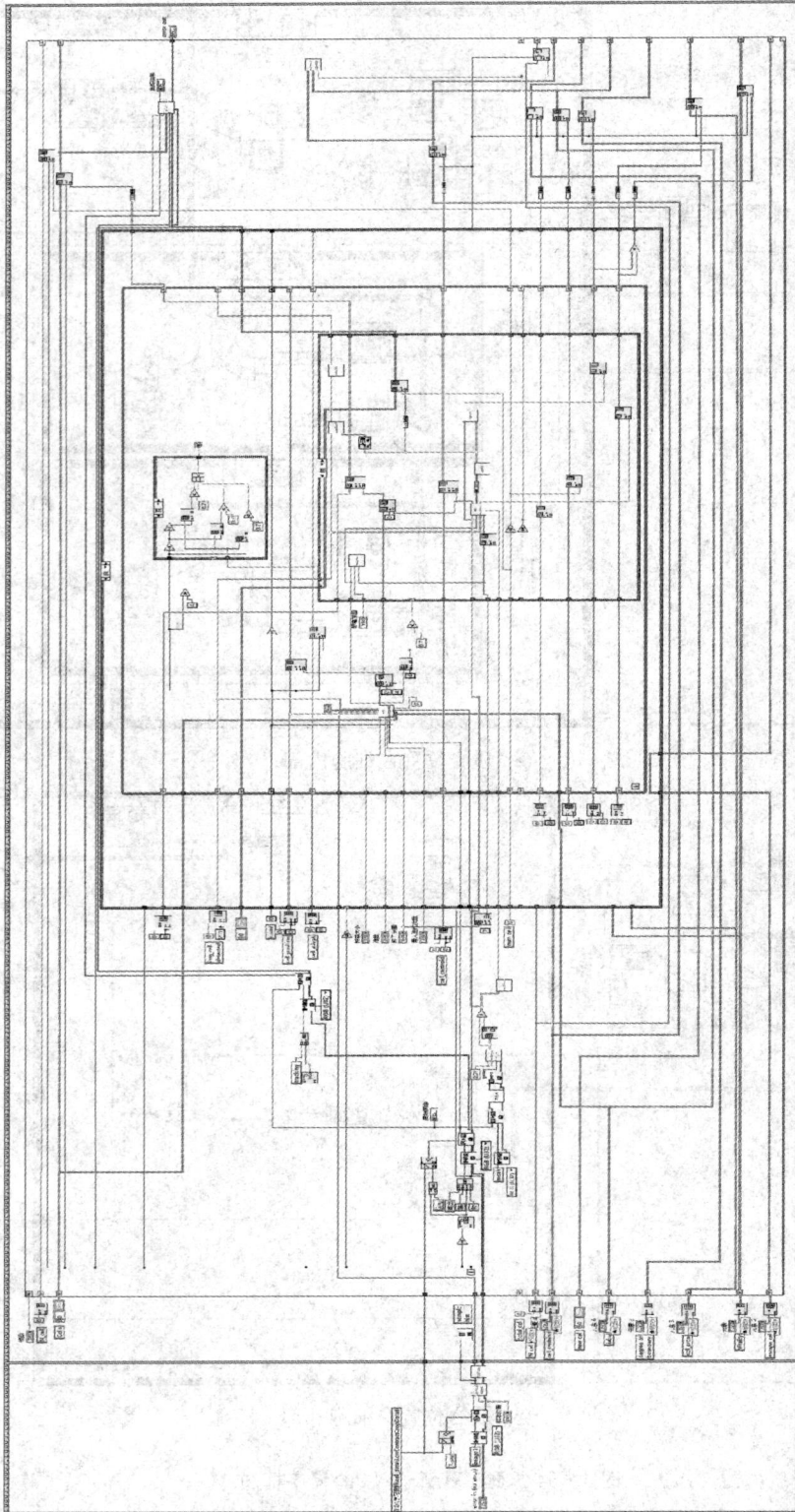

图 4-55 LabVIEW 开发环境下基于 PSO 的主程序框图

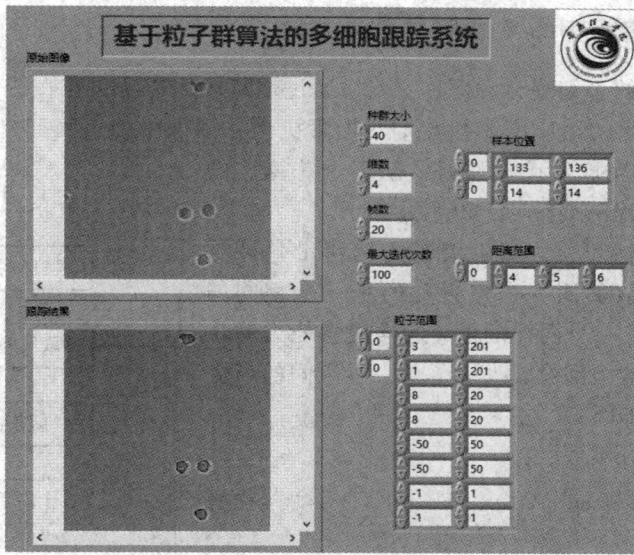

图 4-56 LabVIEW 开发环境下基于 PSO 的程序运行界面

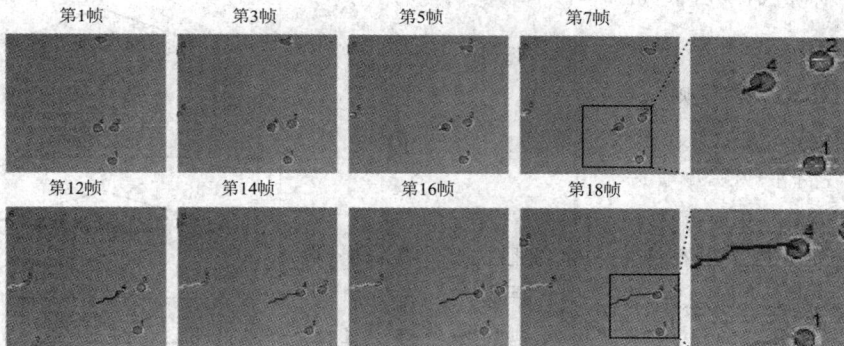

图 4-57 基于 PSO 的多细胞跟踪结果

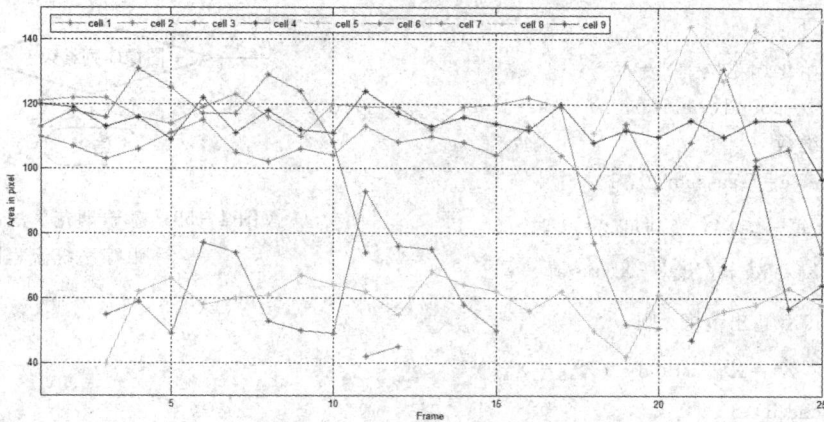

图 4-58 基于 PSO 的细胞面积估计结果

4.6.3 基于烟花算法的多细胞跟踪技术

基于烟花算法的多细胞自动跟踪系统，通过烟花爆炸产生火花在图像序列中生成潜在细胞，然后根据适当的适应度函数与烟花搜索机制在图像中搜索匹配得到真正的细胞，最后应用最近邻关联完成细胞的跟踪。基于烟花算法的多细胞跟踪系统流程图如图 4-59 所示。

由标准烟花算法可知，产生烟花的偏移量只计算了一次，且给定维数的同一个位置加的是一个相同的量。显然，每次加上一个同样的值，这样搜索能力明显会下降。为了解决这个问题，改进了每一维空间的产生烟花，其具体程序如下：

初始化烟花位置 $\widehat{X}_i = X_i$

设 $z = round(rand(0, 1))$, $k = 1, 2, \cdots, d$ %d 表示维数

for 每一维 $\widehat{X}_i^k$，当满足 $z^k = 1$ 时

    计算 $\Delta X^k = A_i \times rand(-1, 1)$

    $\widehat{X}_i^k = \widehat{X}_i^k + \Delta X^k$

    if $\widehat{X}_i^k$ 超出范围，则

        $\widehat{X}_i^k = \widehat{X}_{min}^k + \widehat{X}_i^k \% (X_{max}^k - X_{min}^k)$

    end if

end for

该算法中，每个烟花决定一个细胞状态，然后根据细胞位置的启发式信息调整下一个爆炸点。这里启发式信息同样利用当前区域与模板区域的相似度，具体公式说明与蚁群算法一致，这里就不再赘述了。

改进了产生烟花的同时，也改进了高斯火花，其程序伪代码如下：

初始化烟花位置 $\widetilde{X}_i = X_i$

设 $z = round(rand(0, 1))$, $k = 1, 2, \cdots, d$ %d 表示维数

计算 $e = Guassian(0, 1)$

for 每一维 $\widetilde{X}_i^k$，当满足 $z^k = 1$ 时

    $\widetilde{X}_i^k = \widetilde{X}_i^k + (X_{Best}^k - \widetilde{X}_i^k) \cdot e$

    if $\widetilde{X}_i^k$ 超出范围，则

        $\widetilde{X}_i^k = X_{min}^k + rand \cdot (X_{max}^k - X_{min}^k)$

    end if

end for

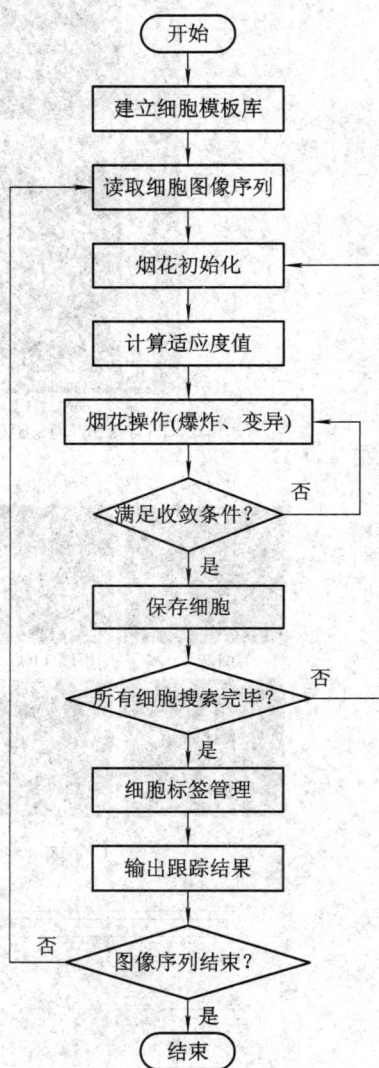

图 4-59 基于烟花算法的多细胞跟踪系统流程图

新的搜索会在当前位置和最近烟花位置之间搜索，这样既保证了搜索的多样性，也能

找到目标的最优位置。

基于烟花算法的多细胞跟踪方法，按照以下步骤进行：

步骤 1：烟花的初始化，在图像区域内初始化烟花即细胞的位置。在每一帧图像区域内初始化 N 个烟花（细胞）位置，并设定烟花最大爆炸半径 $\hat{A}$ 与爆炸规模 M_e。

步骤 2：建立合适的适应度函数。潜在细胞个体的适应度函数定义为

$$f(x) = 1 - (e^{-\alpha[1-\beta d(u_p)]^{\gamma}})^{\xi} \tag{4.55}$$

式中，$d(u_p) = \dfrac{1}{|T|} \sum\limits_{i=1}^{|T|} \sum\limits_{j=1}^{n} \min[u_p(j)u_i^*(j)]$ 用于度量预测细胞与模板之间的距离；$u_p(j)$ 为潜在细胞 x 直方图 u_p 的第 j 个分量，$u_i^*(j)$ 是模块库 T 中 u_i^* 的第 j 个分量，n 为直方图分量数目，$T = \{u_i^*\}_{i=1}^{|T|}$，$|T|$ 表示 T 的势，为模板中直方图的数量；α、β、γ、ξ 为调节因子。

步骤 3：通过烟花搜索策略更新细胞位置。根据爆炸算子计算爆炸规模：

$$s_i = M_e \cdot \dfrac{y_{\max} - f(x_i) + \zeta}{\sum\limits_{N}[y_{\max} - f(x_i)] + \zeta} \tag{4.56}$$

式中，$f(x_i)$ 为烟花（潜在细胞）x_i 的适应度，s_i 为该烟花产生火花的数目，M_e 为爆炸规模上限，用于控制生成潜在细胞的总体数目，$y_{\max} = \max[f(x_i)]$ $(i=1, 2, \cdots, N)$，表示当前最差的适应度。ζ 为一极小的常数，用于避免分母出现零的情况。

进一步计算烟花的爆炸半径：

$$A_i = \hat{A} \cdot \dfrac{f(x_i) - y_{\min} + \zeta}{\sum\limits_{i=1}^{N}[f(x_i) - y_{\min}] + \zeta} \tag{4.57}$$

式中，A_i 为烟花 x_i 的爆炸半径，$\hat{A}$ 为所有烟花最大爆炸，$y_{\min} = \min(f(x_i))$ $(i=1, 2, \cdots, N)$，表示当前潜在细胞的最佳适应度。随机选取烟花的维度进行爆炸操作产生火花，完成对细胞位置的更新：

$$x_i^k = x_i^k + A_i \times r \tag{4.58}$$

式中，r 为 $[-1, 1]$ 之间均匀分布的随机数，k 为细胞 x_i 发生爆炸的维度。随机选取火花的维度进行高斯变异操作：

$$x_i^k = x_i^k + (x_{\text{Best}}^k - x_i^k) \cdot e \tag{4.59}$$

式中，e 为 $[0, 1]$ 之间高斯分布的随机数，k 为发生变异的维度，x_{Best} 为当前适应度最优的细胞。

步骤 4：收敛条件，即细胞跟踪结束。

当火花的适应度大于设定阈值 T_1，或者达到最大迭代次数 M_1，则结束本次搜索。若潜在细胞的适应度 $f(x_i) > T_1$，则表示跟踪到细胞，否则，标记本次搜索结果为杂波。当连续若干次的搜索皆为杂波时，认为当前帧中的所有细胞已被跟踪。

根据基于烟花算法的多细胞跟踪技术的具体步骤，采用模块化、图形化设计思想，利用 LabVIEW 软件平台的功能和强大的函数库，在该平台下实现多细胞的跟踪，程序中包括适应度值计算、烟花爆炸、产生高斯火花等子 VI。

第一步，烟花的初始化，在每一帧图像区域内初始化烟花（细胞）位置，这一过程较简

单，这里就不详细讲述了。

第二步，适应度函数的计算，这里采用 LabVIEW 与 MATLAB 混合编程，其程序框图如图 4-60 所示。

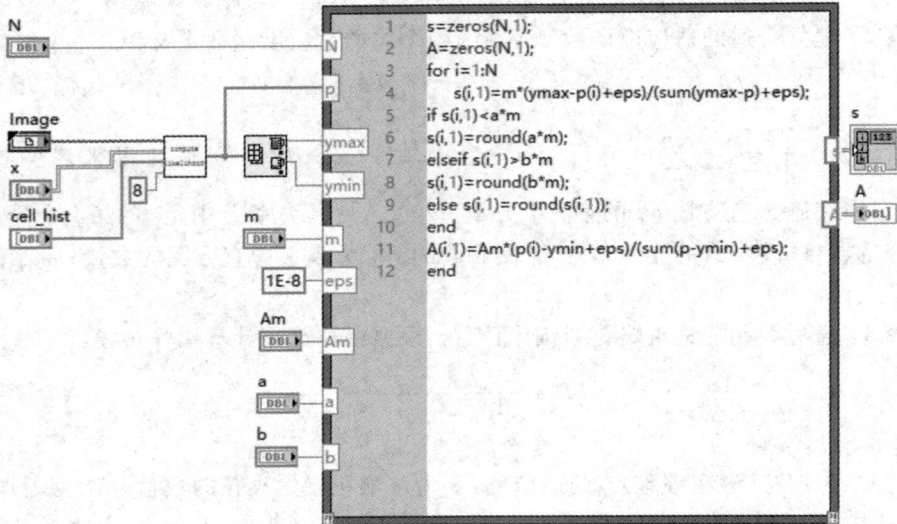

图 4-60 适应度值计算子 VI(FW)的程序框图

第三步，通过烟花搜索策略更新细胞位置，这里主要介绍烟花爆炸与产生高斯火花子 VI 的程序框图，如图 4-61、图 4-62 所示。

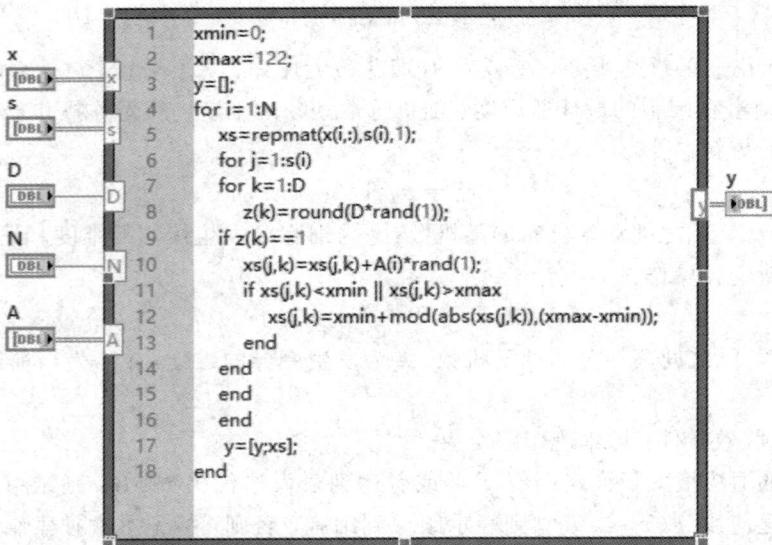

图 4-61 烟花爆炸子 VI 的程序框图

LabVIEW 开发环境下基于烟花算法的多细胞跟踪系统主程序框图如图 4-63 所示，其跟踪系统界面如图 4-64 所示，并给出了图像序列的部分自动跟踪结果，如图 4-65 所示。

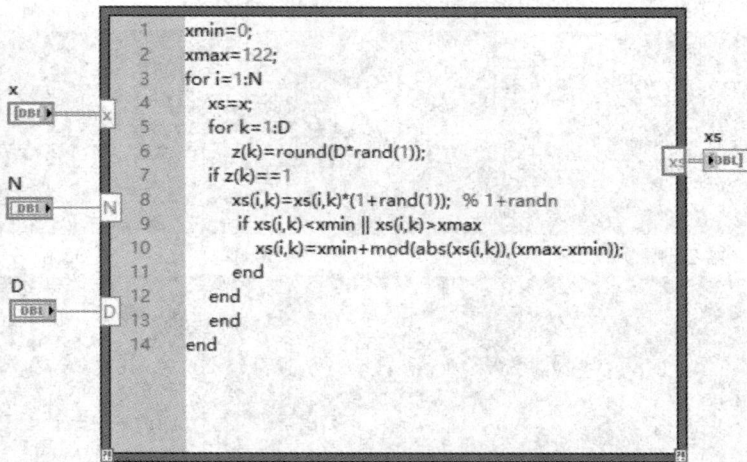

图 4-62 产生高斯火花子 VI 的程序框图

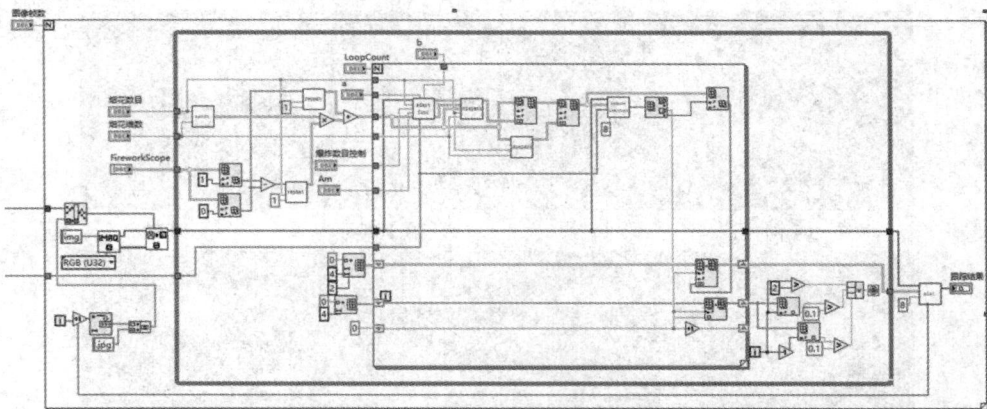

图 4-63 LabVIEW 开发环境下基于烟花算法的多细胞跟踪系统主程序框图

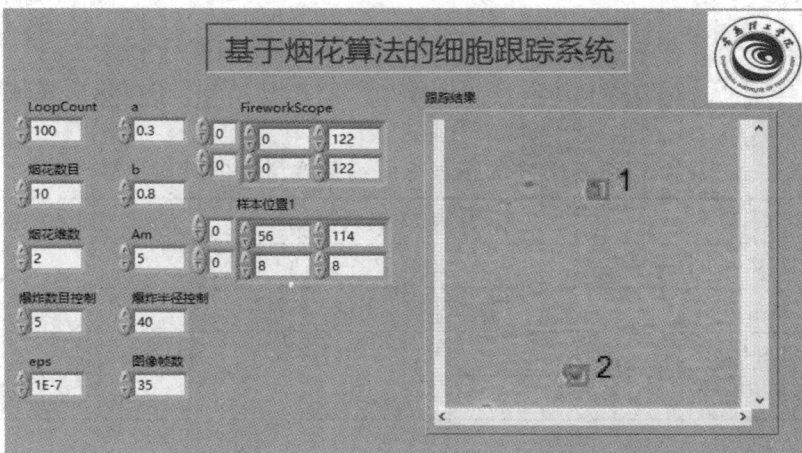

图 4-64 LabVIEW 开发环境下基于烟花算法的细胞跟踪系统界面

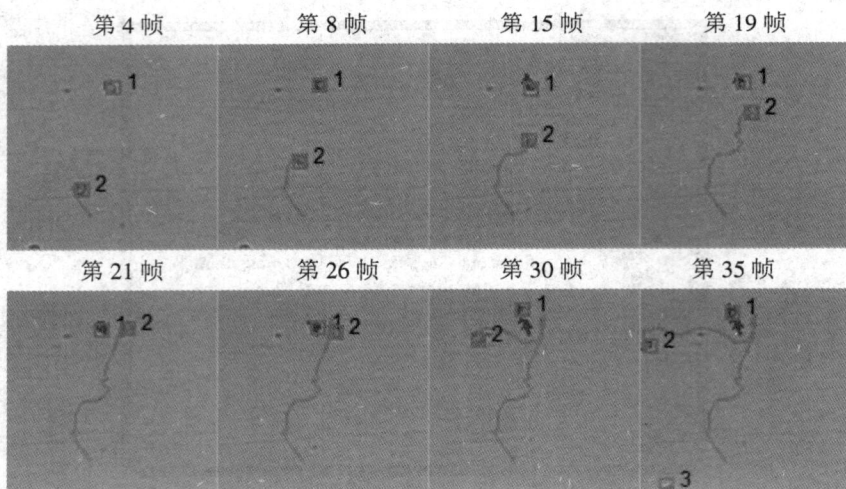

(a) 序列一

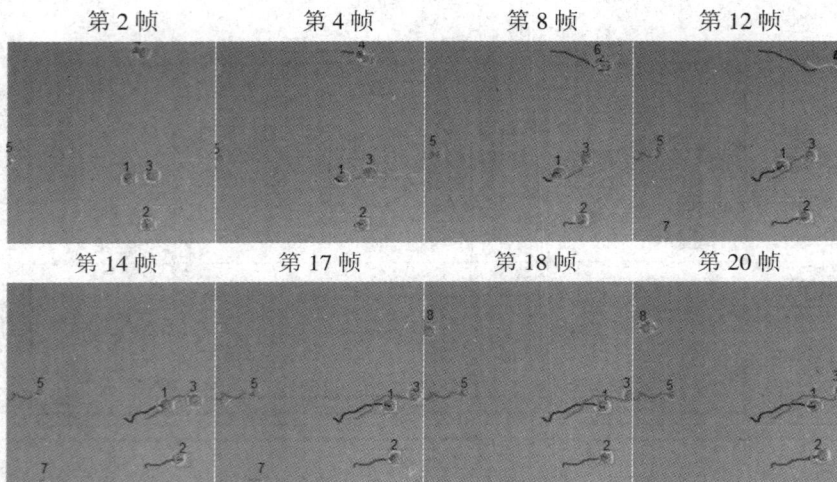

(b) 序列二

图 4-65　图像序列的部分自动跟踪结果

表 4-4 给出了不同方法在跟踪两组图像序列的耗时，从图中可以明显地看出三个算法的耗时。

表 4-4　不同方法在跟踪两组图像序列的耗时比较

方　法	序列 1/(秒/帧)	序列 2/(秒/帧)
基于多贝努利方法	1.63	1.84
基于蚁群方法	20.25	11.83
基于 PSO 方法	5.48	6.28
基于烟花算法	25.13	29.22

习　　题

4.1　简述蚁群优化算法（ACO）基本思想。

4.2　简述粒子群优化算法（PSO）基本思想。

4.3　简述烟花算法（FW）基本思想。

4.4　如何理解旅行商（TSP）问题。

4.5　简述烟花算法求解旅行商问题的基本思想。

4.6　简述基于蚁群算法的细胞跟踪算法的基本原理。

4.7　简述基于粒子群算法的细胞跟踪算法的基本原理。

4.8　简述基于烟花算法的细胞跟踪算法的基本原理。

参 考 文 献

[1] Konar A，Computational intelligence：principals，techniques and applications．Springer，2006.

[2] Harris C J．Advances in intelligent control．CRC Press，1994.

[3] Chen G，Pham T T．Introduction to fuzzy sets，fuzzy logic，and fuzzy control systems．CRC press，2000.

[4] Dubois D，Hanss M．Applied Fuzzy Arithmetic：An introduction with engineering applications．Springer，2005.

[5] Hagan M T，Demuth H B，Beale M H．Neural network design．PWS Pub. Co.，，1995.

[6] Haykin S S．Neural networks and learning machines．Prentice Hall，2008.

[7] Bonabeau E，Dorigo M，Theraulaz G．Swarm intelligence：from natural to artificial systems．Oxford University Press，1999.

[8] Kennedy J，Eberhart R C，Shi YH．Swarm intelligence．Morgan Kaufmann，2001.

[9] Johnson G W．LabVIEW graphical programming．McGraw-Hill Professional Publishing，2006.

[10] 李少远. 智能控制. 北京：机械工业出版社，2005.

[11] 李士勇. 模糊控制. 哈尔滨：哈尔滨工业大学出版社，2011.

[12] 胡守仁. 神经网络导论. 长沙：国防科技大学出版社，1993.

[13] 张乃尧，阎平凡. 神经网络与模糊控制. 北京：清华大学出版社，1998.

[14] 黄卫华. 模糊控制系统及应用. 北京：电子工业出版社，2012.

[15] 曹谢东. 模糊信息处理及应用. 北京：科学出版社，2003.

[16] 韩峻峰，李玉惠. 模糊控制技术. 重庆：重庆大学出版社，2003.

[17] 李士勇. 模糊控制. 哈尔滨：哈尔滨工业大学出版社，2011.

[18] 诸静. 模糊控制理论与系统原理. 北京：机械工业出版社，2005.

[19] 刘曙光. 模糊控制技术. 北京：纺织工业出版社，2001.

[20] 席爱民. 模糊控制技术. 西安：西安电子科技大学出版社，2008.

[21] 冯冬青. 模糊智能控制. 北京：化学工业出版社，1998.

[22] 张国良. 模糊控制及其 MATLAB 应用. 西安：西安交通大学出版社，2002.

[23] 周德俭. 智能控制. 重庆：重庆大学出版社，2005.

[24] 马锐. 人工神经网络原理. 北京：机械工业出版社，2010.

[25] 曾光奇. 模糊控制理论与工程应用. 武汉：华中科技大学出版社，2006.

[26] 李国勇. 神经模糊控制理论及应用. 北京：电子工业出版社，2009.

[27] 孙增圻，邓志东，张再兴. 智能控制理论与技术. 北京：清华大学出版社，2011.

[28] 刘金琨. 智能控制. 北京：电子工业出版社，2014.

[29] 易继锴，侯媛彬. 智能控制技术. 北京：北京工业大学出版社，1999.

[30] 张化光，孟祥萍. 智能控制基础理论及应用. 北京：机械工业出版社，2005.

[31] 董海鹰. 智能控制理论及应用. 北京：中国铁道出版社，2006.

[32] 张铭钧. 智能控制技术. 哈尔滨：哈尔滨工程大学出版社，2008.

[33] 许力. 智能控制与智能系统. 北京：机械工业出版社，2007.

[34] 蔡自兴. 智能控制原理与应用. 北京：清华大学出版社，2007.

[35] 丛爽. 智能控制系统及其应用. 合肥：中国科学技术大学出版社，2013.

[36] 段海滨. 蚁群算法原理及其应用. 北京：科学出版社，2005.

[37] 谭营. 烟花算法引论. 北京：科学出版社，2015.

[38] 杨乐平. LabVIEW 程序设计与应用. 北京：电子工业出版社，2001.